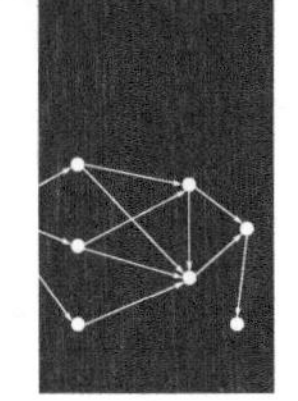

算法设计与分析

李梦雯　主　编
李　晓　洪留荣　副主编

·北京·

内 容 简 介

本书以算法设计策略为知识单元，系统地介绍了算法设计与分析的概念和方法。全书内容包括算法的基本概念、排序及并查集算法、递归与分治策略、贪婪算法、动态规划算法、回溯法、分支与限界法、随机算法、NP 完全问题等。本书从一些经典问题入手，分析如何求解问题，然后使用伪代码对问题的算法进行描述，最后对算法的时间复杂度进行分析。为了便于读者学习和实践，本书采用 C 语言对算法进行描述，可读性强。每章内容后附有习题，便于读者复习巩固。

本书可作为高等院校计算机专业本科生和研究生的教材，也可作为希望进行算法学习和研究的相关人员的参考资料。

图书在版编目（CIP）数据

算法设计与分析 / 李梦雯主编；李晓，洪留荣副主编. —北京：化学工业出版社，2021.12（2022.9 重印）
ISBN 978-7-122-39886-4

Ⅰ. ①算… Ⅱ. ①李… ②李… ③洪… Ⅲ. ①电子计算机-算法设计-教材②电子计算机-算法分析-教材 Ⅳ. ①TP301.6

中国版本图书馆 CIP 数据核字（2021）第 187530 号

责任编辑：彭爱铭　　　　装帧设计：刘丽华
责任校对：宋　玮

出版发行：化学工业出版社（北京市东城区青年湖南街 13 号　邮政编码 100011）
印　　装：北京科印技术咨询服务有限公司数码印刷分部
710mm×1000mm　1/16　印张 17¼　字数 304 千字　　2022 年 9 月北京第 1 版第 3 次印刷

购书咨询：010-64518888　　　　售后服务：010-64518899
网　　址：http://www.cip.com.cn
凡购买本书，如有缺损质量问题，本社销售中心负责调换。

定　　价：69.00 元

前言

在人工智能大数据时代的今天，各种应用软件被广泛使用，极大地影响了人们的工作和生活。这些软件都是按照特定的算法来予以实现的，算法性能的好坏决定了软件性能的高低。由于计算机的时间和空间资源有限，如何开发出运行时间快、内存占用少、符合人们需求的高质量软件，需要设计合理的数据组织和高效的算法，因此数据结构和算法是计算机科学的重要研究领域和基础性研究内容。

算法设计与分析是计算机专业学生必修的一门重要的专业基础课。通过对这门课程的学习，学生可以理解掌握算法设计的主要思想和方法，具有正确分析算法计算复杂性的能力，并能够利用这些方法解决实际问题。

全书共分为9章。

第1章介绍算法的基本概念及算法时间复杂性的分析方法，其中包括对算法最好情况、最坏情况、平均情况的分析以及递归算法的复杂性分析，是后续章节内容的基础。

第2章介绍排序及并查集算法。排序算法是计算机技术中最基本的算法，许多复杂的算法都会用到排序，本章介绍了几种常用排序算法的思想和原理。

第3章介绍递归与分治策略。作为一种简单有效的算法策略，分治法将大规模问题分解为若干小规模问题，递归求解，分而治之。

第4章介绍贪婪算法。贪婪算法是一种对某些求最优解问题的更简单、更迅速的设计技术。该算法在对问题求解时，通过贪婪策略，做出在当前看来最好的选择，得到某种意义上的局部最优解。

第5章介绍动态规划算法，该算法通常用于求解具有某种最优性质的问题。动态规划算法与分治法类似，其基本思想也是将待求解问题分解成若干个子问题，与分治法不同的是，动态规划分解得到的子问题往往不是互相独立的。

第6章和第7章分别介绍回溯法和分支与限界法。这两种都是搜索算法，通过对状态空间树的有效搜索，寻求问题的解。

第8章介绍随机算法。随机算法把随机性注入算法之中，改善了算法设计与分析的灵活性，提高了算法的解题能力。

第9章介绍NP完全问题。NP完全问题是世界七大数学难题之一，具有很高的实用价值。

本书在组织各章节内容时，首先介绍算法的基本思想，其次为了帮助读者更好地掌握算法设计的方法，从一些经典问题入手，分析如何求解问题，然后使用伪代码对问题的算法进行描述，最后对算法的时间复杂度进行分析。值得注意的是，本书中有些问题可以采用不同算法进行求解，读者应对不同方法进行比较，体会每种算法的设计要点。此外，每章内容后附有习题，以便读者能巩固所学的知识点。

本书第2章、第9章由洪留荣编写，第1章和第3～第5章由李梦雯编写，第6～第8章由李晓编写。本书的编写得到淮北师范大学计算机科学与技术学院的大力支持，作者在此表示衷心感谢。在编写本书过程中参考了大量的相关文献，对这些文献的作者表示真诚的感谢。由于作者的知识和写作水平有限，书中难免存在缺点和疏漏之处，热忱欢迎同行专家和读者批评指正。

本书得到安徽省高等学校省级质量工程项目“一流（品牌）专业计算机科学与技术”（编号：2018ylzy022）和安徽省高等学校省级质量工程项目“计算机类一流本科人才示范引领基地”（编号：2019rcsfjd044）资助。

编　者

2021年2月

目录

第1章 算法的基本概念

第2章 排序及并查集算法

第3章

递归与分治

第4章

贪婪法

第 5 章
动态规划

第 6 章 回溯

第 7 章 分支与限界

第 8 章 随机算法

第 9 章 NP 完全问题

第 1 章

算法的基本概念

在计算机科学领域，算法（algorithm）是一个非常重要的概念。著名计算机科学家 Niklaus Wirth 提出公式：算法 + 数据结构 = 程序。程序中的操作语句实际上就是算法的体现，不了解算法就谈不上程序设计，因此算法是程序的灵魂。计算机中使用的操作系统、语言编译系统、数据库管理系统以及各种各样的应用系统软件，都用具体的算法来实现。由于计算机的时间和空间资源有限，因此算法的好坏决定了所实现软件性能的优劣。在实现一个软件时，必须解决用什么方法设计算法、如何判定算法的性能等问题。

1.1 算法的定义和特征

对于给定的问题，一个计算机算法就是解决该问题的过程或者步骤。一般来说，算法是由若干条指令组成的有穷序列。算法必须满足以下五个重要特征。

① 输入　一个算法有零个或多个输入作为加工数据。有些输入需要外部提供，在算法运行过程中输入，有些输入则被封装在算法内部。

② 输出　一个算法有一个或多个输出作为加工得到的结果，这些输出与输入有某种特定的关系。

③ 有穷性　一个算法在执行有穷步之后必须结束，也就是说一个算法所包含的计算步骤是有限的。

④ 确定性　算法执行的每步操作都是清晰的、无歧义的。

⑤ 可行性　算法执行的任何操作都是可以被分解为基本的可执行的操作步骤。

下面来看两个具体例子。算法 1.1 和算法 1.2 介绍了两种排序算法：冒泡排序和选择排序。值得注意的是，这两个例子采用 C 语言对算法进行描述。这里需要大家区分程序和算法两个不同的概念。大部分的算法最终是需要通过程序来实现的。所谓“程序”是指对所要解决问题的各个对象和处理规则的描述，或者说是数据结构和算法的描述。程序也是由一系列指令组成的，但是这些指令必须是计算机可以执行的，而组成算法的指令没有这个限制。此外，程序可以不满足算法的第 3 个特性。例如操作系统，它是在无限循环中执行的程序，因而不是算法。

算法 1.1　冒泡排序。

输入：待排序数组 A，元素个数 n。

输出：按递增顺序排序的数组 A。

```
1.   void BubbleSort(int A[], int n)
2.   {
3.       int i, j, temp;
4.       for(i=0; i<n-1; i++)
5.           for(j=0; j<n-i-1; j++)
6.           {
7.               if(A[j] > A[j+1])
8.               {
9.                   temp = A[j];
10.                  A[j] = A[j+1];
11.                  A[j+1] = temp;
12.              }
13.          }
14.  }
```

算法 1.2　选择排序。

输入：待排序数组 A，元素个数 n。

输出：按递增顺序排序的数组 A。

```
1.  void SelectionSort(int A[], int n)
2.  {
3.      int i, j, index, temp;
```

```
4.      for(i=0; i<n-1; i++)
5.      {
6.          index = i;
7.          for(j=i+1; j<n; j++)
8.          {
9.              if(A[j]<A[index])
10.             index = j;
11.         }
12.         temp = A[i];
13.         A[i] = A[index];
14.         A[index] = temp;
15.     }
16. }
```

1.2 算法复杂性分析

一般来说，我们使用复杂性来反映一个算法的效率。算法复杂性的高低主要基于运行该算法所需要的计算机资源的多少。通常，我们主要考虑算法执行时所需要的时间资源和空间资源。因此，算法的复杂性分为时间复杂性和空间复杂性。如果算法所需的资源越多，则该算法的复杂性越高；反之，如果算法所需的资源越少，则该算法的复杂性越低。面对具体的问题，应尽可能设计出复杂性较低的算法，以减少运行算法时所消耗的计算机资源。此外，当给定的问题有多种算法时，应选用其中复杂性最低的算法。因此，算法的复杂性分析对算法的设计或选用有着重要的指导意义和实用价值。由于时间复杂性和空间复杂性的概念类同，计算方法相似，且空间复杂性的分析相对简单，因此本书后续在对算法进行复杂性分析时，主要讨论时间复杂性。

算法的执行时间和实现算法的程序设计语言、编译产生的机器代码的质量、计算机执行指令的速度等因素有关。在分析某个算法的时间复杂性时，并不需要实际运行该算法。由于不同计算机在软硬件上存在差异，无法准确地计算算法的执行时间，因此在估算算法的时间复杂度时，要将其从实际的计算机中抽象出来。为此，假定一种计算模型，在该模型下，所有的操作数都具有相同的固定字长，且所有操作的时间花费均为一个常数时间间隔。我们把这种操作称为初等操作，如算术运算、比较运算、逻辑运算和赋值运算等。

假设某算法包含 k 种初等操作，分别记为 C_1，C_2，…，C_k，每种初等操作的

执行时间为 t_1，t_2，…，t_k，重复执行的次数为 n_1，n_2，…，n_k，则该算法的执行时间 $T(n)$为：

$$T(n)=\sum_{i=1}^{k} t_i n_i \tag{1-1}$$

在下述算法 1.3 中，操作 i=0 的执行次数为 1，执行时间为 t_1；操作 j=0，i<n 和 i++的执行次数为 n，执行时间分别为 t_2，t_3 和 t_4；操作 j<n，j++和 C[i][j]=A[i][j]+B[i][j]的执行次数为 n^2，执行时间分别为 t_5，t_6 和 t_7。因此：

$$T_1(n)=t_1+(t_2+t_3+t_4)n+(t_5+t_6+t_7)n^2 \tag{1-2}$$

算法 1.3 两个 n 阶方阵求和。

输入：n 阶方阵 A 和 B。

输出：n 阶方阵 C。

```
1.  void AddMatrix(int A[][], int B[][], int C[][], int n)
2.  {
3.      int i, j;
4.      for (i=0; i<n; i++)
5.          for (j=0; j<n; j++)
6.              C[i][j] = A[i][j] + B[i][j];
7.   }
```

算法 1.4 两个 n 阶方阵的乘积运算。

输入：n 阶方阵 A 和 B。

输出：n 阶方阵 C。

```
1.  void ProductMatrix(int A[][], int B[][], int C[][], int n)
2.  {
3.      int i, j, k;
4.      for (i=0; i<n; i++)
5.          for (j=0; j<n; j++)
6.          {
7.              C[i][j] = 0;
8.              for (k=0; k<n; k++)
9.                  C[i][j] = C[i][j] + A[i][k]*B[k][j];
10.         }
11.  }
```

算法 1.4 中，操作 i=0 的执行次数为 1，执行时间为 t_1；操作 j=0，i<n 和 i++

的执行次数为 n，执行时间分别为 t_2，t_3 和 t_4；操作 j<n，j++，k=0 和 C[i][j]=0 的执行次数为 n^2，执行时间分别为 t_5，t_6，t_7 和 t_8；操作 k<n，k++ 和 C[i][j]=C[i][j]+A[i][k]*B[k][j]的执行次数为 n^3，执行时间分别为 t_9，t_{10}，t_{11}。因此：

$$T_2(n) = t_1 + (t_2 + t_3 + t_4)n + (t_5 + t_6 + t_7 + t_8)n^2 + (t_9 + t_{10} + t_{11})n^3 \tag{1-3}$$

由此可见，算法的时间复杂度是输入规模的函数。实际上，我们在估计算法的时间复杂度时，不需要考虑所有操作，只需要选取算法中的一个初等操作作为基本操作，然后估计这个操作在算法中的执行次数。但是不是任何操作都可以作为基本操作，所选取的初等操作在算法中的执行次数必须至少和算法中的任何其他操作一样多。例如，算法 1.3 可以选择“C[i][j] = A[i][j] + B[i][j]”作为基本操作，算法 1.4 可以选择“C[i][j] = C[i][j] + A[i][k]*B[k][j]”作为基本操作。

进一步分析发现，当 n 增大时，$T_1(n)$的增长主要取决于$(t_5+t_6+t_7)n^2$，其他项的影响较小，同时，系数$(t_5+t_6+t_7)$的影响也变得不重要。所以，$T_1(n)$可以写成：

$$T_1^*(n) \approx c_1 n^2, c_1 > 0 \tag{1-4}$$

这时，称 $T_1^*(n)$ 的阶为 n^2。

同样，随着 n 的增大，$T_2(n)$可以写成：

$$T_2^*(n) \approx c_2 n^3, c_2 > 0 \tag{1-5}$$

称 $T_2^*(n)$ 的阶为 n^3。因此，当输入规模足够大时，我们主要研究算法的渐进效率，即算法的渐进时间复杂性。

定义 1.1 设算法的执行时间为 $T(n)$，如果存在 $T^*(n)$，使得：

$$\lim_{n\to\infty} \frac{T(n) - T^*(n)}{T(n)} = 0 \tag{1-6}$$

就称 $T^*(n)$ 为算法的渐进时间复杂性。

在数学上，当 $n\to\infty$时，$T(n)$渐进于 $T^*(n)$。由于 $T^*(n)$的形式比 $T(n)$更加简单，因此，我们可以用 $T^*(n)$来代替 $T(n)$作为算法在 $n\to\infty$时复杂性的度量，从而达到简化算法复杂性分析的目的。此外，如果要比较两个算法的渐进时间复杂性，只要能够确定两个算法的阶，就可以判定哪个算法的效率更高。

1.3 渐进记号

为了考查算法的性能，我们考虑当输入规模足够大时，算法的复杂性在渐进意义下的阶。下面我们引入渐进记号 O，Ω，Θ，o 和 ω。

定义 1.2 设 f 和 g 是定义域为自然数集 **N** 上的函数，若存在自然数 n_0 和正常数 c，使得对所有的 $n \geqslant n_0$，都有 $f(n) \leqslant cg(n)$，就称函数 $f(n)$ 的渐进上界是 $g(n)$，记作 $f(n)=O(g(n))$。

图 1-1 给出了 O 记号的示意图。值得注意的是，对在 n_0 左边的 n 值，并不要求有 $f(n) \leqslant cg(n)$。当 $f(n)=O(g(n))$ 时，$f(n)$ 的阶可能低于或等于 $g(n)$ 的阶。为了比较算法的效率，算法的渐进时间复杂度一般可以表示为以下几种阶：$O(1)$，$O(\log n)$，$O(n)$，$O(n\log n)$，$O(n^c)$，$O(c^n)$，$O(n!)$。其中，n 为问题规模，c 为常量。以上时间复杂度由低到高。这里需要说明的是，对数函数 $\log n$ 是以 2 为底数。在本书后续的章节中，如无特殊说明，对数函数均以 2 为底。

定义 1.3 设 f 和 g 是定义域为自然数集 **N** 上的函数，若存在自然数 n_0 和正常数 c，使得对所有的 $n \geqslant n_0$，都有 $f(n) \geqslant cg(n)$，就称函数 $f(n)$ 的渐进下界是 $g(n)$，记作 $f(n)=\Omega(g(n))$。

图 1-2 给出了 Ω 记号的示意图。当 $f(n)=\Omega(g(n))$ 时，$f(n)$ 的阶可能高于或等于 $g(n)$ 的阶。

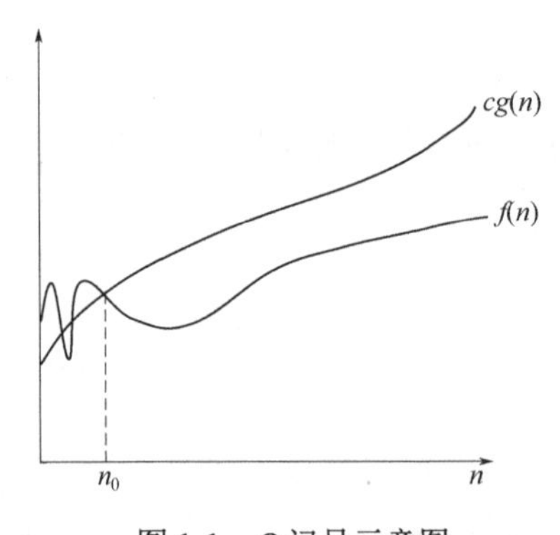

图 1-1 O 记号示意图

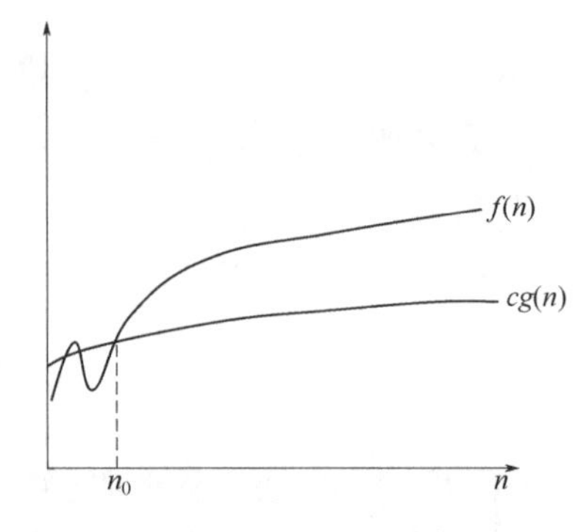

图 1-2 Ω 记号示意图

定义 1.4 设 f 和 g 是定义域为自然数集 **N** 上的函数，若存在自然数 n_0 和正常数 $0 \leqslant c_1 \leqslant c_2$，使得对所有的 $n \geqslant n_0$，都有 $c_1g(n) \leqslant f(n) \leqslant c_2g(n)$，就称函数 $f(n)$ 的渐进紧确界是 $g(n)$，记作 $f(n)=\Theta(g(n))$。

图 1-3 给出了 Θ 记号的示意图。定义 1.4 表明，当 $f(n)=O(g(n))$ 且 $f(n)=\Omega(g(n))$ 时，有 $f(n)=\Theta(g(n))$，此时 $f(n)$ 与 $g(n)$ 同阶。

下面是一些函数的 O 记号、Ω 记号和 Θ 记号的例子。

【例 1.1】 $f(n)=2020$，设 $g(n)=1$，令 $n_0=0$，$c=2020$，当 $n \geqslant n_0$ 时，有：

$$f(n) \leqslant 2020 \times 1$$

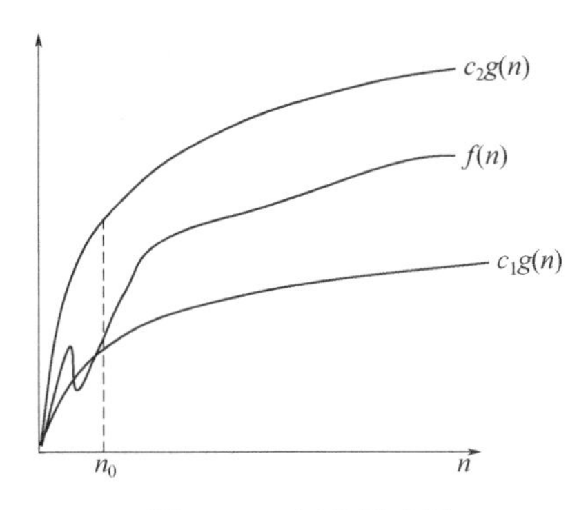

图 1-3　Θ记号示意图

所以，$f(n)=O(1)$。同样：

$$f(n) \geqslant 2020 \times 1$$

所以，$f(n)=\Omega(1)$。因为：

$$2020 \times 1 \leqslant f(n) \leqslant 2020 \times 1$$

所以，$f(n)=\Theta(1)$。

【例 1.2】 $f(n)=3n+5$，设 $g(n)=n$，令 $n_0=0$，$c_1=3$，当 $n \geqslant n_0$ 时，有：

$$f(n) \geqslant 3n$$

所以，$f(n)=\Omega(n)$。

令 $n_0=6$，$c_2=4$，当 $n \geqslant n_0$ 时，有：

$$f(n) \leqslant 4n$$

所以，$f(n)=O(n)$。因为有：

$$3n \leqslant f(n) \leqslant 4n$$

所以，$f(n)=\Theta(n)$。

【例 1.3】 $f(n)=6n^3+n^2+2$，设 $g(n)=n^3$，令 $n_0=0$，$c_1=6$，当 $n \geqslant n_0$ 时，有：

$$f(n) \geqslant 6n^3$$

所以，$f(n)=\Omega(n^3)$。

令 $n_0=2$，$c_2=7$，当 $n \geqslant n_0$ 时，有：

$$f(n) \leqslant 7n^3$$

所以，$f(n)=O(n^3)$。因为有：

$$6n^3 \leqslant f(n) \leqslant 7n^3$$

所以，$f(n)=\Theta(n^3)$。

【例 1.4】 $f(n)=\log n^k$，$k>0$，设 $g(n)=\log n$，令 $n_0=1$，$c_1=k-1$，当 $n \geqslant n_0$ 时，有：

$$f(n)=k\log n \geqslant (k-1)\log n$$

所以，$f(n)=\Omega(\log n)$。

令 $n_0=1$，$c_2=k+1$，当 $n \geqslant n_0$ 时，有：

$$f(n)=k\log n \leqslant (k+1)\log n$$

所以，$f(n)=O(\log n)$。因为有：

$$(k-1)\log n \leqslant f(n) \leqslant (k+1)\log n$$

所以，$f(n)=\Theta(\log n)$。

【例 1.5】 $f(n)=2^n+n$，设 $g(n)=2^n$，令 $n_0=0$，$c_1=1$，当 $n \geqslant n_0$ 时，有：

$$f(n) \geqslant 2^n$$

所以，$f(n)=\Omega(2^n)$。

令 $n_0=0$，$c_2=3$，当 $n \geqslant n_0$ 时，有：

$$f(n) \leqslant 3\times 2^n$$

所以，$f(n)=O(2^n)$。因为有：

$$2^n \leqslant f(n) \leqslant 3\times 2^n$$

所以，$f(n)=\Theta(2^n)$。

下面考查 O、Ω 和 Θ 的性质。

定理 1.1 设 f、g、h 是定义在自然数集 $\mathbf{N}$ 上的函数：

① 如果 $f(n)=O(g(n))$ 且 $g(n)=O(h(n))$，则 $f(n)=O(h(n))$。

② 如果 $f(n)=\Omega(g(n))$ 且 $g(n)=\Omega(h(n))$，则 $f(n)=\Omega(h(n))$。

③ 如果 $f(n)=\Theta(g(n))$ 且 $g(n)=\Theta(h(n))$，则 $f(n)=\Theta(h(n))$。

证明：

① 因为 $f(n)=O(g(n))$，根据定义，存在某个常数 c_1 和 n_1，对所有的 $n \geqslant n_1$，有 $f(n) \leqslant c_1 g(n)$；又因为 $g(n)=O(h(n))$，所以，存在某个常数 c_2 和 n_2，对所有的 $n \geqslant n_2$，有 $g(n) \leqslant c_2 h(n)$。于是，令 $n_0=\max\{n_1, n_2\}$，当 $n \geqslant n_0$ 时，有 $f(n) \leqslant c_1 g(n) \leqslant c_1 c_2 h(n)$，因此 $f(n)=O(h(n))$。

② 因为 $f(n)=\Omega(g(n))$，根据定义，存在某个常数 c_1 和 n_1，对所有的 $n \geqslant n_1$，有 $f(n) \geqslant c_1 g(n)$；又因为 $g(n)=\Omega(h(n))$，所以，存在某个常数 c_2 和 n_2，对所有的 $n \geqslant n_2$，有 $g(n) \geqslant c_2 h(n)$。于是，令 $n_0=\max\{n_1, n_2\}$，当 $n \geqslant n_0$ 时，有 $f(n) \geqslant c_1 g(n) \geqslant c_1 c_2 h(n)$，因此 $f(n)=\Omega(h(n))$。

③ 因为 $f(n)=\Theta(g(n))$，根据定义，存在常数 c_1、c_2 和 n_1，对所有的 $n \geqslant n_1$，有

$c_1g(n) \leqslant f(n) \leqslant c_2g(n)$；又因为 $g(n)=\Theta(h(n))$，所以，存在常数 c_3、c_4 和 n_2，对所有的 $n \geqslant n_2$，有 $c_3h(n) \leqslant g(n) \leqslant c_4h(n)$。于是，令 $n_0=\max\{n_1, n_2\}$，当 $n \geqslant n_0$ 时，有 $f(n) \geqslant c_1g(n) \geqslant c_1c_3h(n)$，且 $f(n) \leqslant c_2g(n) \leqslant c_2c_4h(n)$，因此 $f(n)=\Theta(h(n))$。

定理 1.2 假设 f、g、h_1 和 h_2 是定义在自然数集 **N** 上的函数，如果 $f(n)=O(h_1(n))$，$g(n)=O(h_2(n))$，则 $f(n)+g(n)=O(\max(h_1(n), h_2(n)))$。

证明：因为 $f(n)=O(h_1(n))$，根据定义，存在某个常数 c_1 和 n_1，对所有的 $n \geqslant n_1$，有 $f(n) \leqslant c_1h_1(n)$；因为 $g(n)=O(h_2(n))$，所以，存在某个常数 c_2 和 n_2，对所有的 $n \geqslant n_2$，有 $g(n) \leqslant c_2h_2(n)$。于是，令 $n_0=\max\{n_1, n_2\}$，$c=\max\{c_1, c_2\}$，当 $n \geqslant n_0$ 时，有：

$$f(n)+g(n) \leqslant c_1h_1(n)+c_2h_2(n) \leqslant 2c\max\{h_1(n), h_2(n)\}$$

因此，$f(n)+g(n)=O(\max(h_1(n), h_2(n)))$。

定理 1.3 假设 f、g、h_1 和 h_2 是定义在自然数集 **N** 上的函数，如果 $f(n)=\Omega(h_1(n))$，$g(n)=\Omega(h_2(n))$，则 $f(n)+g(n)=\Omega(\min(h_1(n), h_2(n)))$。

证明：因为 $f(n)=\Omega(h_1(n))$，根据定义，存在某个常数 c_1 和 n_1，对所有的 $n \geqslant n_1$，有 $f(n) \geqslant c_1h_1(n)$；因为 $g(n)=\Omega(h_2(n))$，所以，存在某个常数 c_2 和 n_2，对所有的 $n \geqslant n_2$，有 $g(n) \geqslant c_2h_2(n)$。于是，令 $n_0=\max\{n_1, n_2\}$，$c=\min\{c_1, c_2\}$，当 $n \geqslant n_0$ 时，有：

$$f(n)+g(n) \geqslant c_1h_1(n)+c_2h_2(n) \geqslant 2c\min\{h_1(n), h_2(n)\}$$

因此，$f(n)+g(n)=\Omega(\min(h_1(n), h_2(n)))$。

推论 1.1 如果 $f(n)=O(h(n))$，$g(n)=O(h(n))$，则 $f(n)+g(n)=O(h(n))$。

使用数学归纳法可以证明上述推论可以推广到 k 个函数相加的情况。即如果 $f_i=O(h(n))$，$i=1,2,\cdots,k$，那么 $f_1+f_2+\cdots+f_k=O(h(\mathrm{n}))$。

定理 1.4 假设 f 和 g 是定义在自然数集 **N** 上的函数，如果 $g(n)=O(f(n))$，则 $f(n)+g(n)=\Theta(f(n))$。

证明：因为 $g(n)=O(f(n))$，根据定义，存在某个常数 c_1 和 n_0，对所有的 $n \geqslant n_0$，有 $g(n) \leqslant c_1f(n)$。于是，令 $c=c_1+1$，当 $n \geqslant n_0$ 时，有：

$$f(n)+g(n) \leqslant f(n)+c_1f(n) = (c_1+1)f(n) = cf(n)$$

因此，$f(n)+g(n)=O(f(n))$。

因为 $g(n) \leqslant c_1f(n)$，所以 $f(n) \geqslant 1/c_1g(n)$。令 $c=1+1/c_1$，当 $n \geqslant n_0$ 时，有：

$$f(n)+g(n) \geqslant 1/c_1g(n)+g(n) = (1+1/c_1)g(n) = cf(n)$$

因此，$f(n)+g(n)=\Omega(f(n))$。故 $f(n)+g(n)=\Theta(f(n))$。

对于较复杂的算法，在分析时间复杂度时，可以先将其分为若干部分，分别分析每个部分的时间复杂度，然后利用上述定理和推论得到整个算法的时间复杂度。

定义 1.5 设 f 和 g 是定义域为自然数集 **N** 上的函数，若对于任意正常数 c，都存在 n_0，使得对所有的 $n \geqslant n_0$，都有 $f(n) < cg(n)$，则记作 $f(n)=o(g(n))$。

数学上，如果 $\lim\limits_{n\to\infty}\dfrac{f(n)}{g(n)}=0$，那么 $f(n)=o(g(n))$。这里大家需要注意"大 O 记号"与"小 o 记号"间的区别。当 $f(n)=O(g(n))$ 时，$f(n)$ 的阶可能低于 $g(n)$ 的阶，也可能等于 $g(n)$ 的阶。而 $f(n)=o(g(n))$ 时，$f(n)$ 的阶只能低于 $g(n)$ 的阶。也就是说，由 $f(n)=o(g(n))$ 可以推出 $f(n)=O(g(n))$，但是反过来不成立。

定义 1.6 设 f 和 g 是定义域为自然数集 **N** 上的函数，若对于任意正常数 c，都存在 n_0，使得对所有的 $n \geqslant n_0$，都有 $f(n) > cg(n)$，则记作 $f(n)=\omega(g(n))$。

数学上，如果 $\lim\limits_{n\to\infty}\dfrac{f(n)}{g(n)}=+\infty$，那么 $f(n)=\omega(g(n))$。$f(n)=\omega(g(n))$ 表明，当 n 充分大时，$f(n)$ 的阶要高于 $g(n)$ 的阶。

【例 1.6】 设 $f(n)=5n^2+2$，证明 $f(n)=O(n^2)$，$f(n)\neq o(n^2)$。

证明：令 $n_0=1$，$c=6$，当 $n \geqslant n_0$ 时，有 $f(n)=5n^2+2 \leqslant 6n^2$，因此 $f(n)=O(n^2)$。

因为 $\lim\limits_{n\to\infty}\dfrac{5n^2+2}{n^2}=5\neq 0$，所以 $f(n)\neq o(n^2)$。

1.4 最好情况、最坏情况和平均情况分析

有些算法的时间复杂度仅依赖于问题的规模，例如算法 1.3 两个 n 阶方阵求和，算法 1.4 两个 n 阶方阵的乘积运算，和方阵的具体数据无关。但是大部分算法的时间复杂度不仅与问题规模有关，还与输入实例有关。这时再考查算法的时间复杂度时，一般分为最好情况、最坏情况和平均情况。

算法的最好情况或最坏情况是在某一输入实例下，算法的最短或最长运行时间。一个算法的最坏情况运行时间给出了运行时间的一个上界。知道了这个界，就能确保该算法不需要更长的时间。而算法的最好情况运行时间给出了运行时间的一个下界，算法所有输入实例的运行时间不会低于这个下界。

平均情况的分析比较复杂，需要考虑算法所有可能的输入实例。假设算法的输入集合为 S，某一输入实例 $I\in S$ 出现的概率为 p_I，执行基本操作的次数为 n_I，则算法平均情况下的时间复杂度为 $\sum\limits_{I\in S} n_I p_I$。因此，为了分析平均情况，要预先知道所有输入的分布情况。一般情况下，我们假定输入是均匀分布的，即所有输入出现的概率相等。

算法 1.5 线性检索算法。

输入：数组 A，元素 x。

输出：若 x 在数组 A 中，则输出 x 在数组中的下标，否则输出−1。

```
1.  int LinSearch(int A[], int n, int x)
2.  {
3.       int i = 0;
4.       while (i<n && A[i]!=x)
5.            i++;
6.       if (i<n)
7.            return i;
8.       else
9.            return-1;
10. }
```

线性检索的主要操作是元素比较，因此我们把循环语句中的“A[i]!=x”作为讨论算法复杂度的基本操作。如果数组 A 中第一个元素就是待查找的元素 x，则该算法只执行了 1 次比较操作，这是算法的最好情况，执行时间是 $\Omega(1)$。如果数组 A 中的最后一个元素是待查找元素，或者数组 A 中不存在元素 x，则该算法需要执行 n 次比较操作，这个是算法的最坏情况，执行时间是 $O(n)$。

下面我们考虑线性检索算法的平均情况。令 j=1 为第 1 种可能：元素 x 是数组的第 1 个元素，这时需要执行 1 次比较；当 j=2 时，是第 2 种可能，元素 x 是数组的第 2 个元素，这时需要执行 2 次比较。以此类推，如果元素 x 是数组的第 j 个元素，则需要执行 j 次比较。因此，平均比较次数为：

$$T=\frac{1}{n}\sum_{j=1}^{n}j=\frac{n+1}{2}$$

于是，线性检索在平均情况下的时间复杂性为 $\Theta(n)$。

算法 1.6 二叉检索算法。

输入：已排序过的数组 A，元素 x。

输出：若 x 在数组 A 中，则输出 x 在数组中的下标，否则输出−1。

```
1.  int BinSearch(int A[], int n, int x)
2.  {
3.       int low, high, mid, ind;
4.       low = 0;
5.       high = n-1;
6.       ind = -1;
```

```
7.        while (low<=high && ind<0)
8.        {
9.            mid = (low+high)/2;
10.           if (A[mid]==x)
11.               ind = mid;
12.           else if (A[mid]>x)
13.               high = mid-1;
14.               else
15.                   low = mid + 1;
16.       }
17.       return ind;
18.   }
```

假设 $n=2^k$，在二叉检索算法中，我们同样选择比较操作“A[mid]==x”作为分析时间复杂度的基本操作。如果待查找元素 x 为数组 A 中的第 $n/2$ 个元素，则只要执行一次比较操作即可结束算法，这是算法的最好情况，时间复杂度是 $\Omega(1)$。如果元素 x 是数组的第 1 个元素或最后一个元素，或者数组中不存在元素 x，这是算法的最坏情况。如果 x 是数组的最后一个元素，则在第 1 次比较之后，数组中的元素被分为两半。第 2 次查找将在数组后半部分 $n/2$ 个元素中进行。在第 3 次进行检索时，元素数量是 $n/4$。以此类推，在第 j 次进行检索时，元素的个数是 $n/2^{j-1}$，直到被检索的元素个数为 1。假设检索 x 需要的最大比较次数是 k，则：

$$n/2^{k-1}=1$$

得到 $k=\log_2 n+1$。这表明，在最坏情况下，二叉检索算法的比较次数最多为 $\log_2 n+1$ 次。此时，算法的时间复杂性为 $O(\log n)$。

下面考虑算法的平均情况。需要进行 1 次查找的元素有 1 个，需要进行 2 次查找的元素有 2 个，需要进行 3 次查找的元素有 4 个，以此类推，需要进行 j 次查找的元素有 2^{j-1} 个。假设最多可以查找 m 次，由于一共有 n 个元素，则：

$$\sum_{j=1}^{m} 2^{j-1}=n$$

得到 $m=\log_2(n+1)$。因此，平均查找次数为：

$$T=\frac{1}{n}\sum_{i=1}^{m} i\times 2^{i-1}=\frac{(m-1)\times 2^m+1}{n}=(1+\frac{1}{n})\log_2(n+1)-1$$

于是，二叉检索算法的平均时间复杂度为 $\Theta(\log n)$。

算法 1.7 插入排序。

输入：含有 n 个元素的待排序数组 A。

输出：按递增顺序排序的数组 A。

```
1.  void InsertSort(int A[], int n)
2.  {
3.        int a, i, j;
4.        for(i=1; i<n; i++)
5.        {
6.              a = A[i];
7.              j = i-1;
8.              while(j>=0 && A[j]>a)
9.              {
10.                   A[j+1] = A[j];
11.                   j--;
12.             }
13.             A[j+1] = a;
14.       }
15.  }
```

假定数组 A 为$\{x_1, x_2,\cdots, x_n\}$。插入排序算法通过外部的 for 循环对每个元素进行排序。第 1 趟 for 循环结束时，数组的前 2 个元素有序，第 2 趟 for 循环结束时，数组的前 3 个元素有序。一般地，在第 i 趟 for 循环结束时，数组的前 i+1 个元素有序。在每趟 for 循环中，通过 while 循环将元素 $A[i]$与其前面的元素进行比较，找到合适的位置，将 $A[i]$插入。因此，我们可以选择“$A[j]>a$”作为基本操作，分析该算法的时间复杂度。元素比较次数取决于数组中元素的初始排列顺序。如果初始数组已经是按递增顺序排列的，则每个元素 $A[i]$只需要与其前一个元素 $A[i-1]$进行比较即可。因此，整个算法只执行了 $n-1$ 次比较操作，这是该算法的最好情况，执行时间是 $\Omega(n)$。如果初始数组是按递减顺序排列的，则每个元素 $A[i]$需要和它前面的 i 个元素进行比较。因此，整个算法执行比较操作的次数为：

$$T = \sum_{i=1}^{n-1} i = \frac{1}{2}n(n-1)$$

这是算法的最坏情况，执行时间是 $O(n^2)$。

因为 n 个元素共有 $n!$种排列，因此插入排序算法有 $n!$种可能输入，并假定每种输入出现的概率相同，为 $1/n!$。如果前面 $i-1$ 个元素已经按递增顺序排好，现在把元素 x_i 插入到合适的位置，有 i 种可能，每种可能的概率均为 $1/i$。令 j=1 为第 1 种可能：x_i 是 i 个元素中最小的，为把其插入第 1 个位置，算法需要执行 $i-1$ 次比较；当 j=2 时，是第 2 种可能，x_i 是 i 个元素中第 2 小的，为把其插入第 2 个位置，

算法仍需执行 $i-1$ 次比较；当 $j=3$ 时，是第 3 种可能，x_i是 i 个元素中第 3 小的，为把其插入第 3 个位置，需要执行 $i-2$ 次比较；当 $j=i$ 时，是第 i 种可能，x_i是 i 个元素中最大的，只需要执行 1 次比较。因此，把 x_i插入到一个合适的位置，所需要的平均比较次数为：

$$T_i = \frac{i-1}{i} + \sum_{j=2}^{i} \frac{i-j+1}{i} = \frac{1}{2} + \frac{i}{2} - \frac{1}{i}$$

所以，把 $x_2, x_3, \cdots, x_n$ 插入到合适位置所需的平均比较次数为：

$$T = \sum_{i=2}^{n} T_i = \sum_{i=2}^{n} \left(\frac{1}{2} + \frac{i}{2} - \frac{1}{i} \right) = \frac{1}{4}(n^2 + 3n) - \sum_{i=1}^{n} \frac{1}{i}$$

因为：

$$\ln(n+1) \leqslant \sum_{i=1}^{n} \frac{1}{i} \leqslant \ln n + 1$$

所以：

$$T \approx \frac{1}{4}(n^2 + 3n) - \ln n$$

于是，插入排序在平均情况下的时间复杂性为 $\Theta(n^2)$。

1.5 递归算法分析

【例 1.7】 Hanoi 塔。

图 1-4 中有 A、B、C 三根柱子，在 A 柱上放着 n 个圆盘，其中小圆盘放在大圆盘的上边。借助 B 柱，将这些圆盘从 A 柱移到 C 柱上去，每次移动一个圆盘，不允许把大圆盘放到小圆盘上面。

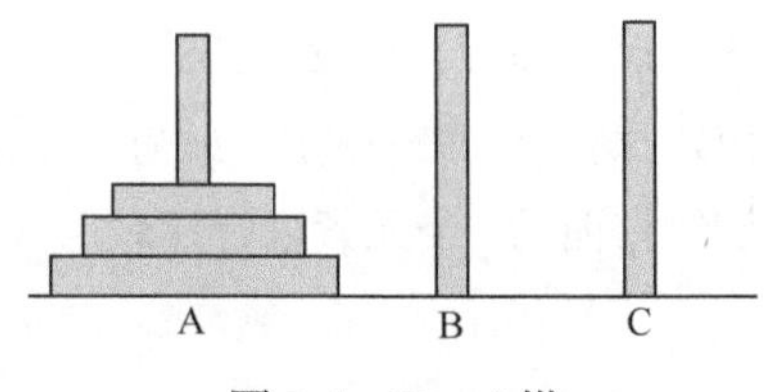

图 1-4 Hanoi 塔

算法 1.8 Hanoi 塔。

输入：圆盘个数 n，圆盘柱 A、C。

输出：移动步骤。

```
1.  void Hanoi(char A, char C, int n)
2.  {
3.       if(n==1)
4.            move(A, C);
```

```
5.        else
6.        {
7.             Hanoi(A, B, n-1);
8.             move(A, C)
9.             Hanoi(B, C, n-1);
10.       }
11.  }
```

我们把圆盘移动操作作为算法的基本操作，假设 $h(n)$为移动 n 个圆盘的移动次数，则算法的时间复杂性由 $h(n)$确定。下面估计 $h(n)$的大小：

① 当 $n=1$ 时，只有 1 个圆盘，只需移动 1 次，则 $h(1)=1$。

② 当 $n>1$ 时，行 7 与行 9 有两次递归调用，每次调用的输入规模为 $n-1$，因此移动次数为 $h(n-1)$，行 8 有 1 次移动，从而得到如下递推方程：

$$h(n)=2h(n-1)+1$$

因此，该算法的时间复杂性 $h(n)$满足的关系为：

$$\begin{cases} h(n)=2h(n-1)+1 \\ h(1)=1 \end{cases}$$

【例 1.8】 使用合并排序算法对数组进行排序，试确定算法在最坏情况下的时间复杂度。为简单起见，设数组元素的个数 $n=2^k$，k 为正整数。

合并排序的基本思想是：将被排序的数组分成相等的两个子数组，然后使用递归算法对两个子数组分别排序，最后将两个排好序的子数组归并成一个数组。用伪代码描述如下。

算法 1.9 合并排序。

输入：数组 A，下标 p 和 r。

输出：按递增顺序排好序的数组 A。

```
1.  MergeSort(int A[], int p, int r)
2.  {
3.        int q;
4.        if(p<r)
5.        {
6.             q= (p+ r) / 2;
7.             Mergesort(A, p, q);
8.             Mergesort(A, q+1, r);
9.             Merge(A, p, q, r);
10.       }
11.  }
```

其中 Merge(A, p, q, r)是将两个排好序的数组 $A[p]$～$A[q]$与 $A[q+1]$～$A[r]$合并成一个有序的数组。数组合并的基本思想是：分配一个新数组 B，用于存放排序结果。从元素 $A[p]$和 $A[q+1]$进行比较，如果哪个元素小，就把它移到 B 中，每比较 1 次，移走 $A[p]$～$A[q]$或 $A[q+1]$～$A[r]$中的 1 个元素。如果其中一个变成空数组，那么就把另一个数组剩下的所有元素复制到 B 中。最后，将 B 中的元素复制到 $A[p]$～$A[r]$中。用伪代码描述如下。

算法 1.10 合并两个有序的子数组。

输入：按递增顺序排列的数组 $A[p]$～$A[q]$与 $A[q+1]$～$A[r]$。

输出：按递增顺序排列的数组 $A[p]$～$A[r]$。

```
1.  void Merge(int A[], int p, int q, int r)
2.  {
3.        int *B = new int[r-p+1];
4.        int i, j, k;
5.        i = p; j = q + 1; k = 0;
6.        while(i<=q && j<=r)
7.        {
8.              if(A[i]<=A[j])
9.                    B[k++] = A[i++];
10.             else
11.                   B[k++] = A[j++];
12.       }
13.       if(i==q+1)
14.             while(j<=r)
15.                   B[k++] = A[j++];
16.       else
17.             while(i<=q)
18.                   B[k++] = A[i++];
19.       k = 0;
20.       for(i=p; i<=r; i++)
21.             A[i] = B[k++];
22.       delete B;
23. }
```

如果对 $A[1]$～$A[n]$进行排序，调用 MergeSort(A, 1, n)即可。设 $C(n)$表示合并排序算法在最坏情况下所做的比较次数。算法 1.9 中的行 7 与行 8 是对输入规模为 $n/2$ 的两子问题进行递归求解，第 9 行进行子数组的合并，合并算法在最坏情况下需要进行 $n-1$ 比较。因此，$C(n)$满足如下递推方程：

$$\begin{cases} C(n) = 2C(n/2) + n - 1 \\ C(1) = 0 \end{cases}$$

【例 1.9】 使用快速排序算法对数组进行排序，试确定算法在最好情况下的时间复杂度。为简单起见，设数组元素的个数 $n=2^k$，k 为正整数。

快速排序算法的基本思想是：首先，用数组 A 的首元素作为枢点元素，将 A 划分为两部分，前一部分的元素都比枢点元素小，后一部分的元素都比枢点元素大。然后，分别对前后两部分子数组进行递归求解。算法的关键在于如何使用枢点元素对原数组进行划分。算法的伪代码描述如下。

算法 1.11 快速排序。

输入：数组 $A[p]$～$A[r]$。

输出：按递增顺序排好序的数组 A。

```
1.  void QuickSort(int A[], int p, int r)
2.  {
3.        int k;
4.        if(p<r)
5.        {
6.              k = Partition(A, p, r);
7.              QuickSort(A, p, k-1);
8.              QuickSort(A, k+1, r);
9.        }
10. }
```

Partition 算法是快速排序的关键，其基本思想为：从后向前扫描数组 A，直到找到第一个不小于 $A[p]$的元素 $A[i]$，然后从后向前扫描数组 A，直到找到第一个小于 $A[p]$的元素 $A[j]$。如果 $i<j$，则交换 $A[i]$和 $A[j]$。下一次分别从 i 和 j 继续进行上述的扫描过程，直到 i 和 j 相遇。按枢点元素划分序列的算法描述如下。

算法 1.12 按枢点元素划分序列。

输入：数组 $A[p]$～$A[r]$。

输出：枢点元素最终的位置。

```
1.  int Partition(int A[], int p, int r)
2.  {
3.        int i, j, key, temp;
4.        key = A[p]; i = p; j = r;
5.        while(i<j)
6.        {
```

```
7.            while(i<j && A[i]<=key)
8.                i = i + 1;
9.            while(i<j && A[j]>=key)
10.               j = j-1;
11.           temp = A[i];
12.           A[i] = A[j];
13.           A[j] = temp;
14.       }
15.       temp = A[p];
16.       A[p] = A[i];
17.       A[i] = temp;
18.       return i;
19.   }
```

如果对 $A[1]$～$A[n]$进行排序，调用 QuickSort(A, 1, n)即可。算法 Partition 在对数组进行划分时，每个元素都需要与枢点元素进行比较，所以划分算法的时间复杂度为 $\Theta(n)$。由于输入实例的不同，原数组经过划分后，前后两个子数组的规模可能不一样。如果每次划分后，两个子问题的规模相同，都为 $n/2$，这是快速排序算法的最好情况。设 $W(n)$表示快速排序算法在最好情况下所做的比较次数。算法 1.11 中的行 6 是对数组按枢点元素进行划分，行 7 与行 8 是对输入规模为 $n/2$ 的两子问题进行递归求解。因此，$W(n)$满足如下递推方程：

$$\begin{cases} W(n) = 2W(n/2) + \Theta(n) \\ W(1) = 0 \end{cases}$$

经过上述例子的分析，我们发现递归算法的时间复杂度满足某个递归方程，这时需要对该递归方程进行求解。迭代法是求解递归方程最常用的方法之一。下面通过具体的例子进行讲解。

【例 1.10】 求解关于 Hanoi 塔算法的递推方程

$$\begin{cases} h(n) = 2h(n-1) + 1 \\ h(1) = 1 \end{cases}$$

解：

$$\begin{aligned} h(n) &= 2h(n-1)+1 = 2[2h(n-2)+1]+1 = 2^2 h(n-2)+2+1 \\ &= 2^2[2h(n-3)+1]+2+1 = 2^3 h(n-3)+2^2+2+1 \\ &= \cdots \\ &= 2^{n-1}h(1)+2^{n-2}+2^{n-3}+\cdots+2+1 \\ &= 2^{n-1}+2^{n-2}+2^{n-3}+\cdots+2+1 = 2^n-1 \end{aligned}$$

因此，Hanoi 塔算法的时间复杂度为 $O(2^n)$。

【例 1.11】 求解关于合并排序算法在最坏情况下的递推方程

$$\begin{cases} C(n) = 2C(n/2) + n - 1 \\ C(1) = 0 \end{cases}$$

其中，$n=2^k$，k 为正常数。

解：

将 $n=2^k$ 代入递推方程得：

$$\begin{cases} C(2^k) = 2C(2^{k-1}) + 2^k - 1 \\ C(2^0) = 0 \end{cases}$$

令 $f(k)=C(2^k)$，上式可写为：

$$\begin{cases} f(k) = 2f(k-1) + 2^k - 1 \\ f(0) = 0 \end{cases}$$

对上述方程进行递推，有：

$$\begin{aligned} f(k) &= 2f(k-1) + 2^k - 1 = 2[2f(k-2) + 2^{k-1} - 1] + 2^k - 1 \\ &= 2^2 f(k-2) + 2\times 2^k - 2 - 1 \\ &= 2^3 f(k-3) + 3\times 2^k - 2^2 - 2 - 1 \\ &= \cdots \\ &= 2^k f(0) + k\times 2^k - \sum_{i=0}^{k-1} 2^i \\ &= k\times 2^k - (2^k - 1) \\ &= n\log n - n + 1 \end{aligned}$$

因此，合并排序算法在最坏情况下的时间复杂度为 $O(n\log n)$。

【例 1.12】 求解关于快速排序算法在最好情况下的递推方程

$$\begin{cases} W(n) = 2W(n/2) + \Theta(n) \\ W(1) = 0 \end{cases}$$

其中，$n=2^k$，k 为正常数。

解：

根据 Θ 记号的定义，上述递推方程可写为：

$$\begin{cases} W(n) = 2W(n/2) + an + b, \quad a > 0 \\ W(1) = 0 \end{cases}$$

将 $n=2^k$ 代入递推方程得：

$$\begin{cases} W(2^k) = 2W(2^{k-1}) + a\times 2^k + b \\ W(1) = 0 \end{cases}$$

令 $f(k)=W(2^k)$，上式可写为：

$$\begin{cases} f(k)=2f(k-1)+a\times 2^k+b \\ f(0)=0 \end{cases}$$

对上述方程进行递推，有：

$$\begin{aligned} f(k) &= 2f(k-1)+a\times 2^k+b=2[2f(k-2)+a\times 2^{k-1}+b]+a\times 2^k+b \\ &= 2^2 f(k-2)+2a\times 2^k+2b+b \\ &= 2^3 f(k-3)+3a\times 2^k+2^2 b+2b+b \\ &= \cdots \\ &= 2^k f(0)+ka\times 2^k+b\sum_{i=0}^{k-1}2^i \\ &= ka\times 2^k+b(2^k-1) \\ &= an\log n+bn-b \end{aligned}$$

因此，快速排序算法在最好情况下的时间复杂度为 $\Omega(n\log n)$。

定理 1.5　设 $a>1$，$b>1$ 为常数，$f(n)$为函数，$T(n)$为非负整数，且 $T(n)$满足递推方程：

$$T(n)=aT(n/b)+f(n)$$

则有以下结果：

① 若 $f(n)=O(n^{\log_b a-\varepsilon})$，$\varepsilon>0$，那么 $T(n)=\Theta(n^{\log_b a})$

② 若 $f(n)=\Theta(n^{\log_b a})$，那么 $T(n)=\Theta(n^{\log_b a}\log n)$

③ 若 $f(n)=\Omega(n^{\log_b a+\varepsilon})$，$\varepsilon>0$，且对于某个常数 $c<1$ 和所有充分大的 n 有 $af(n/b)\leqslant cf(n)$，那么 $T(n)=\Theta(f(n))$

【例 1.13】　求解递推方程 $T(n) = 4T(n/2) + n$。

解：上述递推方程中 $a=4$，$b=2$，$f(n)=n$。由于 $n^{\log_2 4}=n^2$，$f(n)=O(n^{\log_2 4-1})$，因此可以应用定理 1.5①，得到 $T(n)=\Theta(n^2)$。

【例 1.14】　求解递推方程 $T(n) = 9T(n/3) + n^2$。

解：上述递推方程中 $a=9$，$b=3$，$f(n)=n^2$。由于 $n^{\log_3 9}=n^2$，$f(n)=\Theta(n^{\log_3 9})$，因此可以应用定理 1.5②，得到 $T(n)=\Theta(n^2\log n)$。

习　题

1．考虑下面的算法。

输入：含有 n 个元素的数组 A。

输出：按递增顺序排序的数组 A。

```
void BubbleSort(int *A, int n)
{
    int i, k, flag, temp;
    k = n - 1;
    flag = 1;
    while(flag)
    {
        k = k-1;
        flag = 0;
        for(i=0; i<=k; i++)
        {
            if(A[i] > A[i+1])
            {
                temp = A[i];
                A[i] = A[i+1];
                A[i+1] = temp;
                flag = 1;
            }
        }
    }
}
```

（1）该算法在最坏情况下做多少次比较运算？这种情况在什么输入条件下发生？

（2）该算法在最好情况下做多少次比较运算？这种情况在什么输入条件下发生？

2．求下列函数的渐进表达式。

$$2n^2+5n，n\log n+10n，\log n^3，n+2^n$$

3．考虑下面每对函数 $f(n)$和 $g(n)$，确定关系 $f(n)=O(g(n))$，$f(n)=\Omega(g(n))$，$f(n)=\Theta(g(n))$是否成立。

（1）$f(n)=\log n^2$，$g(n)=\log n+5$

（2）$f(n)=(n^2-n)/2$，$g(n)=6n$

（3）$f(n)=\log n^2$，$g(n)=\sqrt{n}$

（4）$f(n)=n+2\sqrt{n}$，$g(n)=n^2$

（5）$f(n)=2\log^2 n$，$g(n)=\log n+1$

4．按照渐进阶从低到高的顺序排列下列表达式。

$$2n^2，4\log n，2^n，10n，3，n^{2/3}，n!$$

5．在表 1-1 中填入 true 或 false。

表 1-1　函数 f 与 g

$f(n)$	$g(n)$	$f=O(g)$	$f=\Omega(g)$	$f=\Theta(g)$
$2n^3+3n$	$100n^2+2n+100$			
$50n+\log n$	$10n+\log\log n$			
$50n\log n$	$10n\log\log n$			
$\log n$	$\log^2 n$			
$n!$	5^n			

6．求解以下递推方程。

（1）$\begin{cases} T(n)=T(n-1)+n^2 \\ T(1)=1 \end{cases}$

（2）$\begin{cases} f(n)=4f(n/2)+n \\ f(1)=1 \end{cases}$，其中 n 是 2 的幂。

第 2 章

排序及并查集算法

排序是计算机信息处理的一个基本问题，将没有按某种顺序排列的数据元素，通过一定的方法按关键字顺序排列的过程叫作排序。通常情况下，数据元素是按某种形式组织起来的，比如数组、链表或其他数据结构。

排序之所以重要，是因为计算机系统中算法有一个宗旨：越快越好。比如我们熟悉的数据查询，我们希望越快找到待查询数据越好。例如高考成绩查询问题，计算机存放了 50 万个学生的数据，如果学生考号是无序的，那么一个学生要找到自己的数据，就要从头到尾依次去比对。有的可能第一次比对后就找到了，但有的可能要找到第 50 万个才能找到。平均意义上讲，一个人要比对 25 万次才能找到想要的数据。如果是 50 万个学生都要找自己的成绩，那么平均要比对（25 万×50 万）次，这就非常慢了。这还是比较少的学生数据，随着数据量的增大，这种查询方式就需要改进。如果我们把数据库里的成绩先排好序，那么就可以用折半查找的方法。该方法只需要进行 log250000×50 万≈18×50 万次对比，查询速度比顺序查找提高近 14000 倍！这就是排序的“威力”。

常见的排序算法有冒泡排序、选择排序、归并排序、堆排序、快速排序、希尔排序、基数排序、折半排序等。

本章的重点在于排序，最后一节讲述离散集合操作问题，主要是为了在交并集查询中进行应用。

2.1 冒泡排序

冒泡排序是一种简单的排序算法。它的算法思想也很简单，对一组数据，比如 $A[10]=\{54,26,93,17,77,31,44,55,20,58\}$ 这 10 个数据，想要把它们按从小到大的顺序排列。首先从第 1 个元素开始，把相邻两个数进行比较，如果前一个比后一个大，则把两个数互换位置，这样一直到第 10 个数，那么第 10 个数一定是最大的。前面 9 个数一定小于或等于（等于是因为可能有多个最大的数）第 10 个数。代码实现为：

```
for(i=0; i<n-1; i++)     //n 为数组元素的个数
    if(A[i] > A[i+1])
    {
        temp = A[i];
        A[i] = A[i+1];
    A[i+1] = temp;
}
```

通过这个过程把最大的数放在了最后。现在，我们再考虑前 9 个数据，如果再从第 1 个数据到第 9 个数据按上述方法进行交换，把前 9 个数据的最大值放在第 9 个位置，那么，第 9 个位置上的数据就是 10 个数据中次大的。一直按照上述方式处理，第 8 个位置放的就是整个数组中第 3 大的，当处理到第 1 个数据时，数组就排好序了。

实现这个过程只要很简单的一个双重循环就可以了，算法描述如下。

算法 2.1 冒泡排序。

输入：待排序数组 A，元素个数 n。

输出：按递增顺序排序的数组 A。

```
1.  void BubbleSort(int A[], int n)
2.  {
3.      int i, k, temp;
4.      for(k=n-1; k>0; k--)
5.          for(i=0; i<k; i++)
6.              if(A[i] > A[i+1])
7.              {
8.                  temp = A[i];
9.                  A[i] = A[i+1];
10.                 A[i+1] = temp;
```

```
11.                 }
12. }
```

上述代码中的内层循环就相当于把前 n 个数的最大值放到第 n 个位置。冒泡排序每次只能移动相邻两个数据，时间复杂度为 $O(n^2)$。

2.2 选择排序

上面的冒泡算法把相邻两个数据比较，如果前一个数据大（按从小到大排序），就互换。每次互换要进行三次赋值运算，如果有很多对数据需要互换，则要进行多次赋值运算。如果我们换一种方式，首先用一个循环把 1～n 个数据中最大值的位置找到，等这个循环结束后，再把最大值与第 n 个互换，也可以达到把前 n 个数据的最大值放到第 n 个位置的目标。代码如下：

```
pos = 0;
for(i=0; i<n; i++)
{
     if(A[pos] < A[i])
          pos = i;
}
temp = A[pos];
A[pos] = A[n-1];
A[n-1] = temp;
```

这样做的好处是节省了大量的互换操作，不需要相邻比较的互换，同时因为 A[pos]保持的是前面数据的最大值，也减小了 pos=i 的概率。所以总体上讲，选择算法具体执行的操作比冒泡算法少了很多。

所以选择算法的基本思想就是用一个循环找到前 n 个数据的最大值，然后把最大值与第 n 个数据互换。这样，可以保证把前 n 个数据的最大值放到第 n 个位置。再处理第 1 到 $n-1$ 个数据，把前 $n-1$ 个数据的最大值调到第 $n-1$ 个位置。依次类推，到最后一个数据，就完成了排序。算法描述如下。

算法 2.2 选择排序。

输入：待排序数组 A，元素个数 n。

输出：按递增顺序排序的数组 A。

```
1.  void SelectSort(int A[], int n)
2.  {
```

```
3.   int i, j, pos, temp;
4.   for(i=n-1; i>=0; i--)
5.   {
6.        pos =0;
7.        for(j=0; j<=i; j++)
8.        {
9.              if(A[pos] > A[j])
10.             pos = j;
11.       }
12.       if(i != pos)
13.       {
14.             temp = A[pos];
15.             A[pos] = A[i];
16.             A[i] = temp;
17.       }
18.   }
19. }
```

因为用到了两个循环，选择算法的时间复杂度还是 $O(n^2)$。

2.3 合并排序

2.3.1 merge 算法

在讲合并排序之前，我们先来看一个特殊实例。如果有两组数据，它们均按从小到大的方式排好序了，现在要合并这两组数据，使得合并后的数据也按从小到大的顺序排列。

第一组：$A[4]$={23，35，46，72}。第二组：$B[5]$={4，18，53，67，89}。

方法是用一个数组 $C[N]$放置合并后的排序数据，N 为两个数组数据的总个数。用 i 和 j 分别指向 A、B 的第一个数，比较 $A[i]$和 $B[j]$，哪个小就把哪个数据放在 C 中，同时把相应的下标加 1。这样一直重复进行，直到 A、B 的下标有一个超出元素个数，就把另一个数组中剩下的数据接到 C 的后面，这样 C 中的数据就排好序了。这种算法称为 merge 算法。

更进一步，我们考虑数组 A，其中 $A[p]$～$A[q]$是有序的，$A[q+1]$～$A[r]$也是有序的。然后，我们要把这两部分合并，使得整个数组有序。

例如：$A[10]$={23，35，46，72，4，18，53，67，89，92}下标1～4是排好序的，下标5～10是排好序的。现在要把它变成：$A[10]$={4，18，23，35，46，53，67，72，89，92}，即下标1～10之间是排序好的。算法描述如下。

算法2.3 合并两个有序的子数组。

输入：按递增顺序排列的数组$A[p]$～$A[q]$与$A[q+1]$～$A[r]$。

输出：按递增顺序排列的数组$A[p]$～$A[r]$。

```
1.  void merge(int A[], int p, int q, int r)
2.  {
3.        int  *bp = new int[r-p+1];       //分配缓冲区，存放被排序的元素
4.        int  i, j, k;
5.        i = p;  j = q + 1;  k = 0;
6.        while (i<=q && j<=r)
7.        {  //逐一判断两子数组的元素
8.            if (A[i] <= A[j])   //按两种情况，把小的元素拷贝到缓冲区
9.                   bp[k++] = A[i++];
10.           else
11.                 bp[k++] = A[j++];
12.       }
13.
14.       if (i == q+1)   //按两种情况，处理其余元素
15.       {
16.             for (; j<=r; j++)  //把A[j]～A[r]拷贝到缓冲区
17.                 bp[k++] = A[j];
18.       }
19.        else
20.       {
21.             for (; i<=q; i++)
22.                 bp[k++] = A[i];  //把A[i]～A[q]拷贝到缓冲区
23.       }
24.       k = 0;
25.       for (i=p; i<=r; i++)   //最后，把数组bp的内容拷贝到A[p]～A[r]
26.              A[i] = bp[k++];
27.       delete bp;
28.  }
```

2.3.2 合并排序算法的具体内容

有了前面的基础，现在看一下合并排序算法。考虑对一组N个无序的数据用

merge 算法按非递减的顺序进行排列。如果把每 2 个数据作为一组，每组数据分为两个部分，此时每一部分只有一个数据，可以认为这一个数据是排好序的，就可以利用 merge 算法把这两个数据合并成有序序列，如图 2-1 所示。

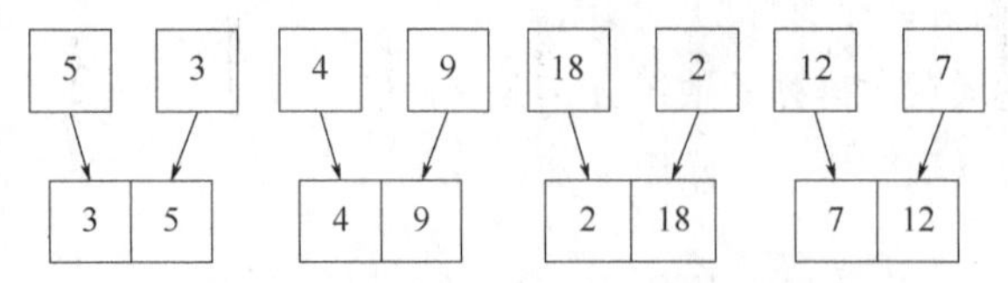

图 2-1　8 个元素的第一轮合并结果

这样，N 个数据就形成 $N/2$ 组有序的数据。如果再顺序地把两个有序数组应用 merge 算法，就可以成 4 个一组的有序数据。这样不断地应用下去，最终就会形成一组有序数据，如图 2-2 所示。

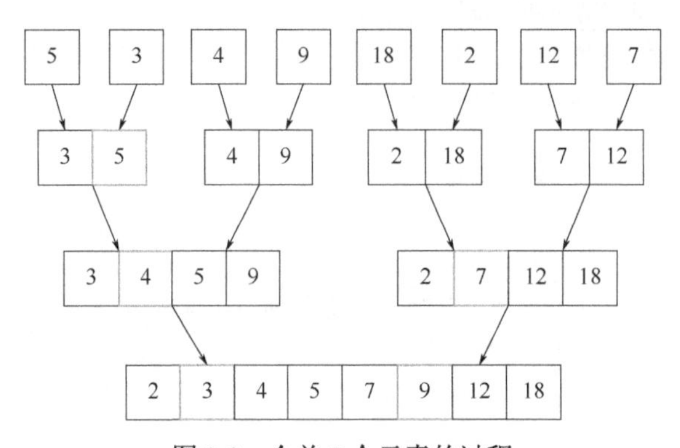

图 2-2　合并 8 个元素的过程

令 s 为每一轮形成的基本有序序列中元素的个数，则 s 对应为 1，2，4，8，…，第一轮中的 s 为 1，第二轮中的 s 为 2，第三轮中的 s 为 4，等等。

上面这种情况比较理想，但是也存在数据无法成组的情况。比如是 11 个数，第一轮两两结合后，就会剩下一个数，如图 2-3 所示。

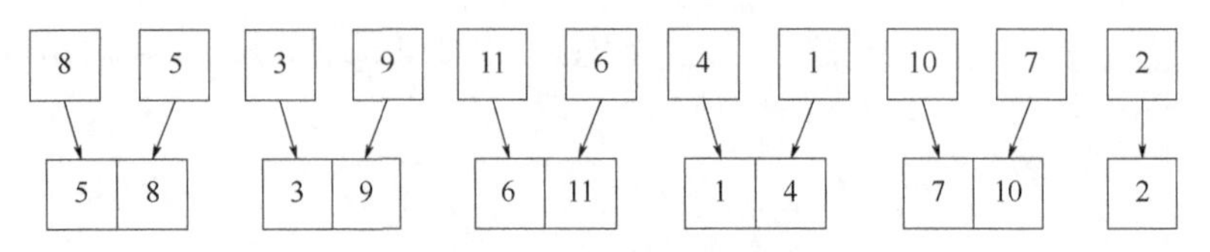

图 2-3　11 个元素的第一轮合并结果

那如何处理呢？采用的方法是，当 N 不是本轮中 $2s$ 的倍数时，被合并序列的起始位置为 i，加上 $2s$ 后，超出了数组边界 N，就结束本轮的两个 s 的合并；剩下未合并的序列是否需要合并，分两种情况：如果 i 加上本轮的 s 小于边界 N，就再执行一次合并工作，即把最后不足 $2s$ 但超过 s 的两个有序序列合并起来；如果不小于 N，则放弃合并。图 2-4 给出了一个实例。

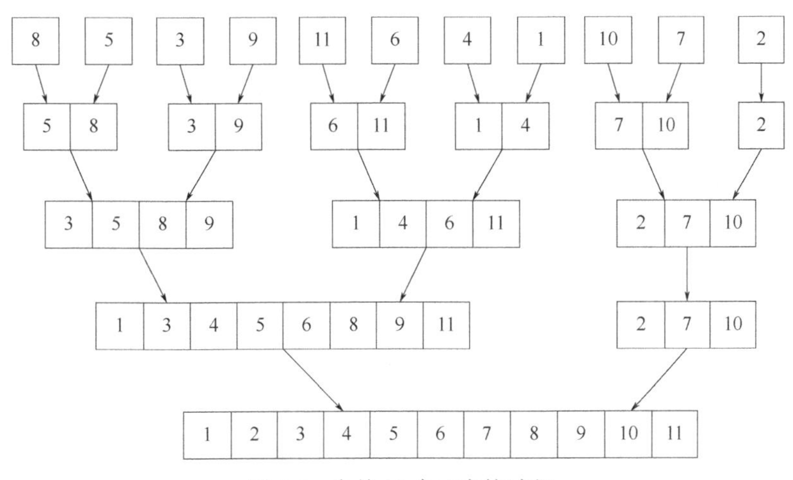

图 2-4　合并 11 个元素的过程

合并排序算法的描述如下。

算法 2.4　合并排序。

输入：待排序数组 A，元素个数 n。

输出：按递增顺序排序的数组 A。

```
1.  void merge_sort(int A[], int n)
2.  {
3.        int  i, s, t =1;   // s为合并前序列的大小，t为合并后序列的大小
4.        while (t < n)
5.        {
6.              s = t;
7.              t = 2 * s;
8.              i = 0;
9.              while (i + t < n)
10.             {
11.                   merge(A, i, i+s-1, i+t-1);   //合并两个子数组
12.                   i = i + t;
13.             }
14.             if (i + s < n)
15.             merge(A, i, i+s-1, n-1);   //不足2s但超过s的两个有序序
                                              列合并
```

```
16.        }
17.  }
```

2.3.3 合并排序算法分析

根据上述算法步骤，合并算法的时间复杂度在于 merge 算法的执行次数以及每次执行 merge 算法的元素比较次数。假设两个有序子数组的元素个数分别为 n_1 和 n_2，且 $n_1+n_2=n$，分析可得，完成一次 merge 算法，比较次数最少是 $\min(n_1, n_2)$，最多是 $n-1$。

为了方便说明，假设 n 是 2 的 k 次幂，$n_1=n_2=n/2$，那么，算法要执行 $k=\log n$ 轮合并。第一轮中，每个 merge 算法合并 2 个数据，比较操作最少执行 1 次，最多执行 1 次。此轮共执行了 $n/2$ 次 merge 算法。所以，第一轮中比较操作最少执行 $n/2$ 次，最多也执行了 $n/2$ 次。第二轮中，每个 merge 算法合并 4 个数据，比较操作最少执行 2 次，最多执行 3 次，此轮共执行了 $n/4$ 次 merge 算法。所以，第二轮中比较操作最少执行 $2n/4$ 次，最多执行了 $3n/4$ 次。对于第 j 轮，每个 merge 算法对 2 个大小为 2^{j-1} 的子数组进行合并，比较操作最少执行 2^{j-1} 次，最多执行 2^j-1 次，此轮中共执行了 $n/2^j$ 次 merge 算法。所以，第 j 轮中比较操作最少执行 $2^{j-1}\times n/2^j$ 次，最多执行$(2^j-1)\times n/2^j$ 次。因此，对于整个合并算法而言，比较操作最少的执行次数为：

$$\sum_{j=1}^{k}\frac{n}{2^j}\times 2^{j-1}=\sum_{j=1}^{k}\frac{n}{2}=\frac{1}{2}kn=\frac{1}{2}n\log n \qquad (2\text{-}1)$$

最多的执行次数为：

$$\sum_{j=1}^{k}\frac{n}{2^j}\times(2^j-1)=\sum_{j=1}^{k}(n-\frac{n}{2^j})=kn-n(1-\frac{1}{2^k})=n\log n-n+1 \qquad (2\text{-}2)$$

综上分析，合并算法的时间复杂度至少为 $\Omega(n\log n)$，至多为 $O(n\log n)$，准确界为 $\Theta(n\log n)$。所以，合并排序相对于冒泡排序与选择排序算法在时间复杂度上有了较大的改善。对于空间复杂度，很明显，因为 merge 算法在运行的过程中要有 n 个数据的空间，因此工作空间为 $\Theta(n)$。因为工作空间的原因，所排序的数据个数较多时，内部排序一般不用此排序方法。

2.4 堆及堆排序

堆是一种数据结构，它存在一些特殊性质，堆结构可以有效地访问结点数据，实现数据的插入删除等操作。堆排序就是应用堆的这些特点来实现数据的排序。

2.4.1 堆的概念及性质

堆是一个近似完全二叉树的结构，并同时满足堆积的性质：即子结点的键值或索引总是小于（或者大于）它的父结点。父结点小于子结点的堆称为最小堆，也称小顶堆；父结点大于子结点的堆称为最大堆，也称大顶堆。图 2-5 给出了两个堆的实例。

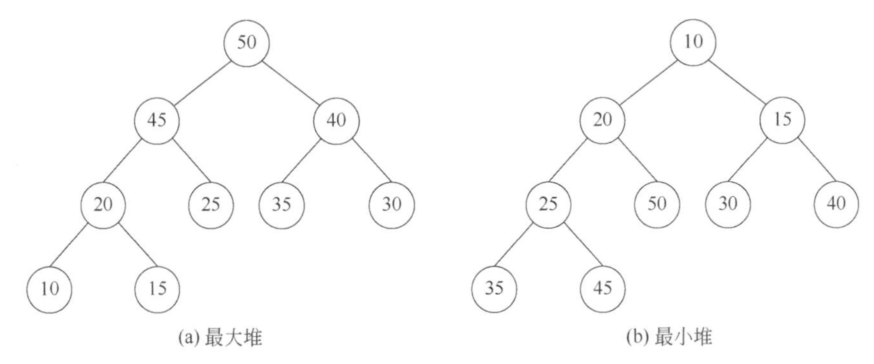

图 2-5　最大堆和最小堆

堆是以数组的形式存放数据的，可以把它看成一棵完全二叉树，所以，如果数组中的下标从 1 开始计数的话，对于数组 A 存放的最大堆数据元素有如下性质：

当$1 \leqslant i \leqslant \lfloor n/2 \rfloor$时，$A[i] \geqslant A[2i]$且 $A[i] \geqslant A[2i+1]$。

对于最小堆而言具有如下性质：

当$1 \leqslant i \leqslant \lfloor n/2 \rfloor$时，$A[i] \leqslant A[2i]$且 $A[i] \leqslant A[2i+1]$。

例如，对于图 2-6（a）最大堆中的数据用数组 A 存放如图 2-6（b）所示。

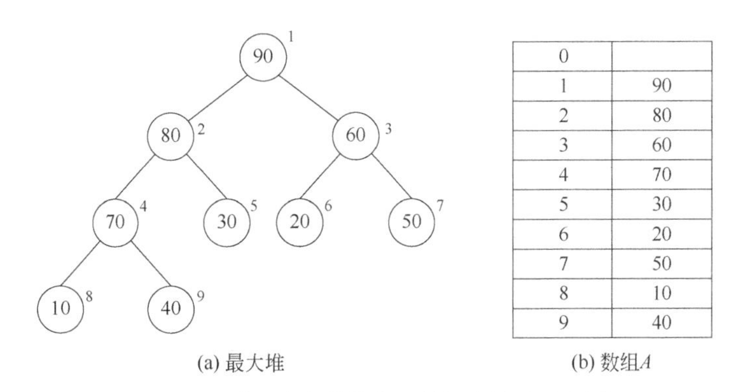

0	
1	90
2	80
3	60
4	70
5	30
6	20
7	50
8	10
9	40

图 2-6　最大堆中的数据用数组存放的示意图

下标 0 处不用，这主要是为了在编程时，直接应用堆的上述两个性质以方便快速构建父子结点。很明显，对于一个有 n 个结点的堆，需要一个能存放 n+1 个单元的数组，存放的原则如下。

① 根结点数据存放在 $A[1]$。

② 对于结点 x，假设它存放在 $A[i]$，那么如果它有左子结点，则左子结点存放在 $A[2i]$；如果它有右子结点，右子结点存放在 $A[2i+1]$。

③ 对于非根结点，如果它存放在 $A[i]$，则它的父结点存放在 $A\left[\lfloor i/2 \rfloor\right]$。

如果用一个只有 n 单元的数组来存放有 n 个结点的堆，则如果数组中父结点的下标为 i，它的左右子结点存放处的下标分别是：$2i+1$ 和 $2i+2$。对于非根结点，如果它存放在数组中的下标为 i，则它的父结点的下标就是 $\lfloor (i-1)/2 \rfloor$。

2.4.2 堆的操作

应用堆进行排序，先要介绍一下堆数组结构中设置的一些操作，我们以最大堆为例，最小堆与此基本相同。

① void sift_up(Type A[], int i)。功能：把堆中第 i 个元素上移，使整个结点数据符合堆的性质。

② void sift_down(Type A[], int i, int n)。功能：把堆中第 i 个元素下移，使整个结点数据符合堆的性质。

③ void insert(Type A[], int &n, Type x)。功能：把元素 x 插入到堆中。

④ void delete(Type A[], int &n, int i)。功能：删除堆中的第 i 个元素。

⑤ Type delete_max(Type A[], int &n)。功能：从非空堆中删除并返回最大值。

⑥ void make_heap(Type A[], int n)。功能：把数组中的 n 个元素重新组织，使数据存放符合堆数据的性质。

2.4.2.1 上移操作 sift_up

以最大堆为例，如果修改了第 i 个元素的值，这个值比它的父结点的值要大，则此时不符合最大堆的性质，要把元素位置进行调整，使之形成最大堆。首先，把 $A[i]$与 $A\left[\lfloor i/2 \rfloor\right]$ 进行比较，如果 $A[i] > A\left[\lfloor i/2 \rfloor\right]$，则进行互换。然后令 $i=i/2$，再将 $A[i]$与其父结点进行比较，一直进行到 $A[i] \leqslant A\left[\lfloor i/2 \rfloor\right]$ 或者 i 为 1 时为止。

我们把第 9 个元素由 4 改成 28，显示这就不是一个最大堆，28 比它的父结点 13 要大，所以进行上移操作（图 2-7），把 9 号结点值与 4 号结点值交换，此时 9 号结点值为 13，4 号结点为 28，然后考察 4 号结点，其值比 2 号结点要大，继续进行上移操作，此时 4 号结点值为 20，2 号结点值为 28。再考察 2 号结点，其值仍比父结点的值大，进行上移操作，此时 2 号结点值为 25，1 号结点值为 28，到达根结点，结束操作。堆的元素上移算法描述如下。

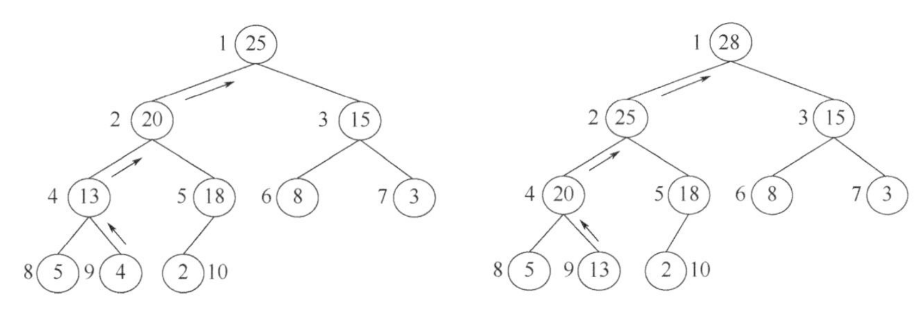

图 2-7　上移操作

算法 2.5　元素上移操作。

输入：堆数组 A，上移元素的下标 i。

输出：维持堆的性质的数组 A。

```
1.  void sift_up(Type A[], int i)
2.  {
3.       BOOL done = flase;
4.       if (i!=1) {
5.            while (!done && i!=1) {
6.                 if (A[i] > A[i/2])
7.                      swap(A[i],A[i/2]);  //交换结点值
8.                 else
9.                      done = true;
10.                i = i / 2;
11.           }
12.      }
13.  }
```

可以看到，对于上移操作，每移动一次执行一次比较操作，而且每移动一次，对于二叉树就上移一层，所以最多只会移动二叉树的层数，即$\lfloor \log n \rfloor$层。所以上移操作的时间复杂度最多为 $O(\log n)$。

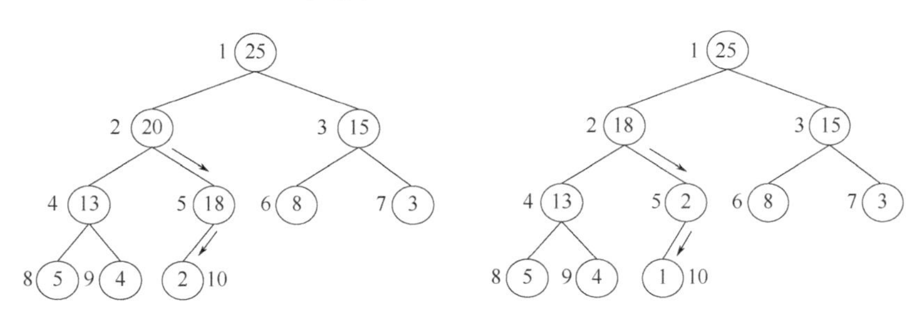

图 2-8　下移操作

2.4.2.2 下移操作 sift_down

如果最大堆中的第 i 个元素修改后，比它的子结点小，不满足最大堆性质时，就需要进行下移操作，使之符合最大堆性质。向下移动时，如果只存在左子结点，则将结点 i 与结点 $2i$ 互换；如果结点 i 存在左、右子结点，则把结点 i 与它的两个子结点中值大的那个互换。进行交换操作后，把 i 变成与它交换数据的子结点编号，不断重复进行下移，直到 i 号结点比它的子结点大或者 $2i>n$ 时为止。如图 2-8 所示，如果把 i=2 号结点值 20 改为 1，则需进行下移操作。具体算法描述如下：

算法 2.6 元素下移操作。

输入：堆数组 A，堆的元素个数 n，下移元素的下标 i。

输出：维持堆的性质的数组 A。

```
1.  void sift_down(Type A[], int i, int n)
2.  {
3.       BOOL done = flase;
4.        while (!done && ((i=2*i)<=n))  //判断下移操作是否继续
5.       {
6.            if (i+1<=n && A[i+1]>A[i])     //判别是否存在右子结点,如果
                                             //存在,判别左右子结点哪一个大
7.                 i = i + 1;
8.            if (H[i/2] < H[i])
9.                 swap(H[i/2], H[i]);
10.           else
11.                done = true;
12.      }
13. }
```

明显地，下移操作的时间复杂度最多也是 $O(\log n)$。

2.4.2.3 把元素 x 插入堆中

当向堆中插入一个值时，堆的元素个数要加上 1。具体操作为，把 x 加到原来堆的最后，然后，调整数组中元素的位置，使之符合最大堆性质。因为 x 位于二叉树的最后，所以只需要对 x 进行上移操作，使之符合最大堆性质即可。算法描述如下：

算法 2.7 元素插入操作。

输入：堆数组 A，堆的元素个数 n，插入元素 x。

输出：维持堆的性质的数组 A。

```
1.  void insert(Type A[], int &n, Type x)
2.  {
3.          n = n + 1;
4.          A[n] = x;
5.          sift_up(A, n);
6.  }
```

2.4.2.4 删去堆中第 *i* 个元素

删除堆中指定编号为 i 的元素，首先用堆中最后一个元素 $A[n]$取代 $A[i]$，堆的大小减 1。此时，对取代它的元素做上移或做下移操作，使整个数据符合堆的性质。如图 2-9 为原始堆，现在删除第 2 个结点，那么，就把 2 号结点的值换成 10 号结点的值，同时堆大小就由原来的 10 变成了 9，再经过上移操作的结果如图 2-9（b）所示。

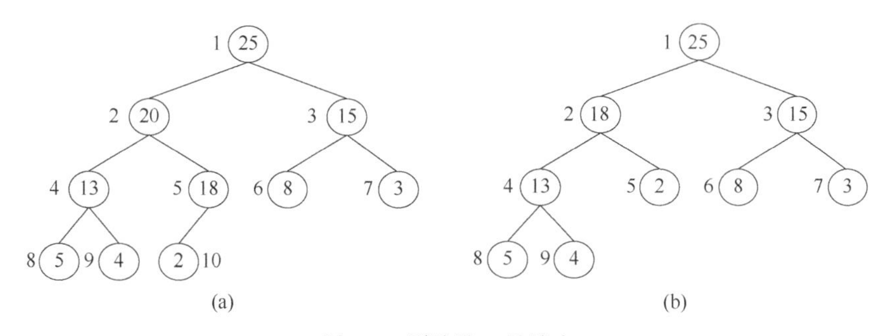

图 2-9　删除第 2 号结点

具体算法描述如下。

算法 2.8　元素删除操作。

输入：堆数组 A，堆的元素个数 n，被删除元素的下标 i。

输出：维持堆的性质的数组 A。

```
1.  void delete(Type A[], int &n, int i)
2.  {
3.          Type x;
4.          x = A[i];
5.          if (i <= n)
6.          {
7.              A[i] = A[n];
8.              n = n-1;
9.              if (H[i] > x)
```

```
10.                 sift_up(A, i);
11.             else
12.                 sift_down(A, n, i);
13.         }
14.  }
```

这里可以很明显地看出，删除某一个指定的结点，运行时间至多也是为$O(\log n)$。

2.4.2.5 删除并回送关键字最大的元素

对于最大堆而言，最大的元素值就是根结点处的值，所以删除最大的元素，就是删除结点编号为 1 的元素。所以，整个过程就是上述 delete 函数中 i=1 的一个特例。具体描述如下：

算法 2.9 元素删除操作。

输入：堆数组 A，堆的元素个数 n，被删除元素的下标 i。

输出：维持堆的性质的数组 A。

```
1.  Type delete_max(Type A[], int &n)
2.  {
3.      Type x;
4.      x = A[1];
5.      delete(A, n, 1);
6.      return x;
7.  }
```

2.4.2.6 构建一个最大堆

所有数据都放在了一个数组中，对数组中数据重新组织，让它构建一个最大堆。例如序列{45, 36, 18, 53, 72, 30, 48, 93, 15, 35}。初始结构及其存储如图 2-10 所示。

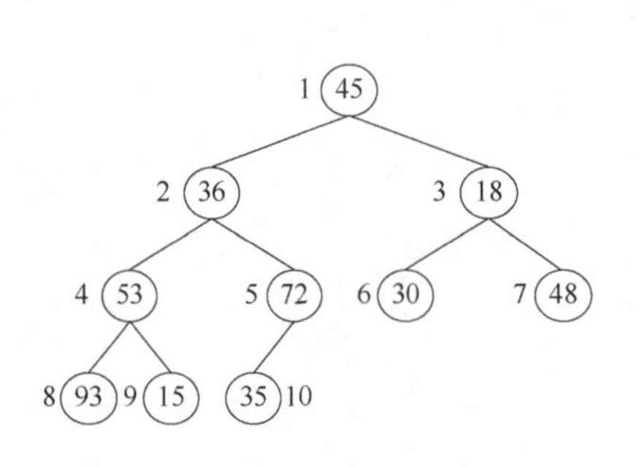

0	
1	45
2	36
3	18
4	53
5	72
6	30
7	48
8	93
9	15
10	35

图 2-10 初始结构及其存储示意图

现在通过调整数组中的数据使其符合最大堆性质，即如图 2-11 所示。

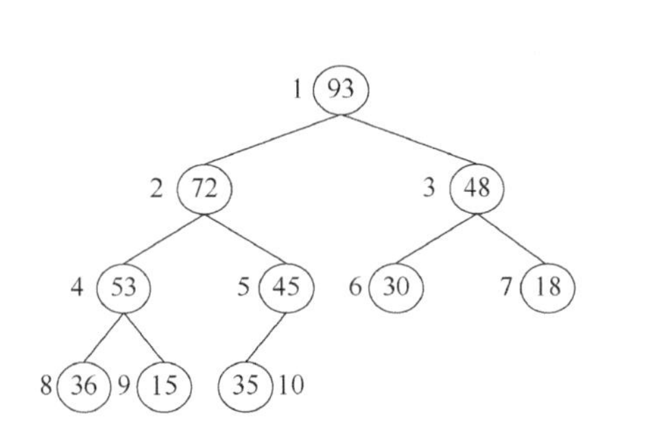

0	
1	93
2	72
3	48
4	53
5	45
6	30
7	18
8	36
9	15
10	35

图 2-11　最大堆及其存储示意图

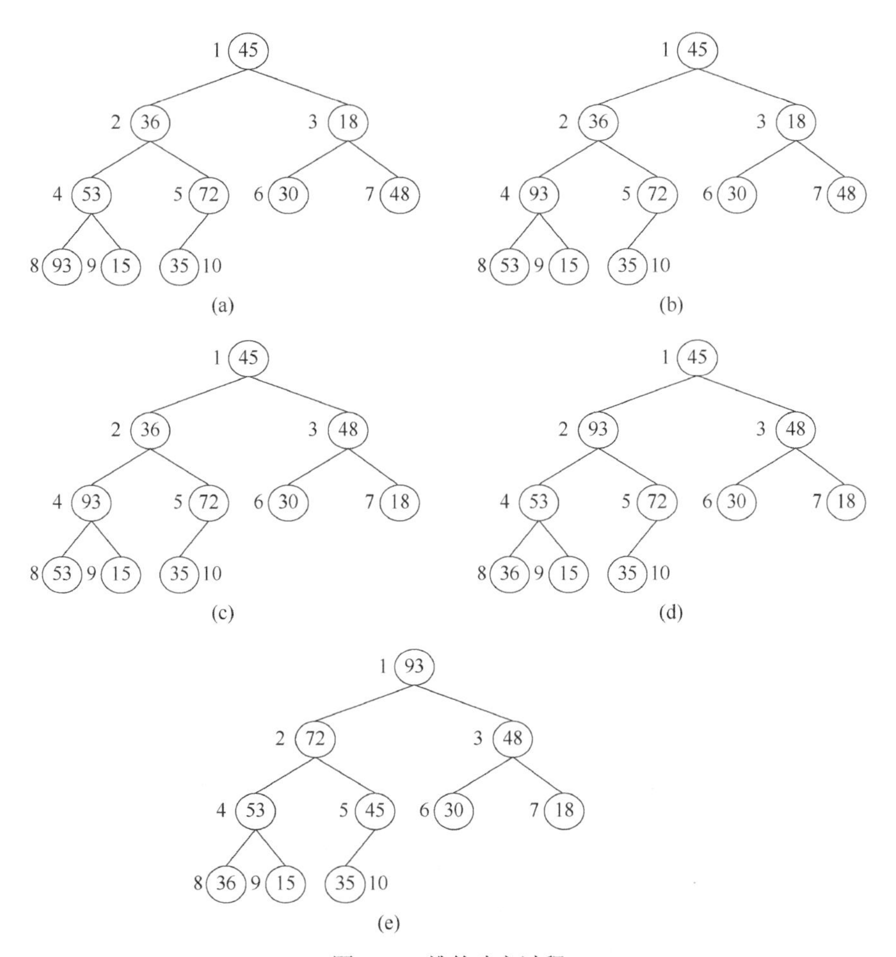

图 2-12　堆的建立过程

第一步，从 $n/2$ 的结点开始，图中为 5 号结点，对子树进行调整，由于符合最大堆性质，所以不进行操作，如图 2-12（a）所示。

第二步，对编号为 4 的结点，即值为 53 的结点进行下移操作，如图 2-12（b）所示。

第三步，对编号为 3 的结点进行下移操作，如图 2-12（c）所示。现在以 3、4、5 号结点为根的子树都符合最大堆性质。

第四步，对编号为 2 的结点进行下移操作，直到以它为根结点的子树符合最大堆的性质，如图 2-12（d）所示。

第五步，对根结点做下移操作，最终使整个数组符合最大堆性质，如图 2-12（e）所示。

算法 make_heap 描述了这个过程。原始数据放在数组 A 中，由于编程时数组是从下标 0 处开始存储数据，此时，我们可以把 $A[0]$的值移到 $A[n]$，在建造堆的过程中不考虑 $A[0]$这个位置，这样就与前面的设定一致了。

算法 2.10 元素删除操作。

输入：堆数组 A，堆的元素个数 n，被删除元素的下标 i。

输出：维持堆的性质的数组 A。

```
1.  void make_heap(Type A[], int n)
2.  {
3.      int i;
4.      A[n] = A[0];
5.      for(i=n/2; i>=1; i--)  //从最后一个结点的父结点开始
6.          sift_down(A, n, i);
7.  }
```

构建堆的运行时间分析如下。

① 假定数组中共有 n 个元素，则它所构成的二叉树的高度为 $k=\lfloor \log n \rfloor$。

② 对于处在第 i 层的元素 $A[j]$进行下移操作，最多下移 $k-i$ 层，每下移一层，需要进行 2 次元素比较。因此，第 i 层上每个元素所执行的下移操作，最多执行 $2(k-i)$次比较。

③ 第 i 层上至多共有 2^i 个结点，因此，第 i 层上的结点至多一共执行 $2(k-i)\times 2^i$ 次元素比较。

④ 第 k 层上的元素都是叶子结点，无须执行下移操作。

如果令 $n=2^k$，则在整个构建堆的过程中，比较次数至多为：

$$\begin{aligned}\sum_{i=0}^{k-1}2(k-i)\times 2^i &= 2k\sum_{i=0}^{k-1}2^i - 2\sum_{i=0}^{k-1}i\times 2^i \\ &= 2k(2^k-1)-2[(k-1)2^{k+1}-(k-1)2^k-2^k+2] \\ &= 2(k\times 2^k-k)-2(k\times 2^k-2^{k+1}+2) \\ &= 4\times 2^k-2k-4 \\ &= 4n-2\log n-4\end{aligned}$$

所以整个堆构建的时间至多为 $O(n)$。

2.4.3 堆排序

有了前面关于堆这种数据结构的操作，应用堆进行排序就变得非常简单。对于一组无序的数据，首先应用 make_heap 函数构建一个最大堆，此时堆的根结点的值就是整个数据的最大值。如果把这个最大值与堆中的最后一个结点值互换，同时把堆元素的个数减 1，再对剩余元素进行调整，使之符合最大堆的性质。此时根结点的数值再次成为剩下数据的最大值，依次执行上述操作直到堆的大小为 1，则存放数据的数组就排好序了。算法具体描述如下。

算法 2.11 基于堆的排序。

输入：数组 A，元素个数 n。

输出：按递增顺序排序的数组 A。

```
1.  void heap_sort(Type A[], int n)
2.  {
3.        int  i;
4.        make_heap(A, n);    //时间复杂度为 O(n)
5.        for (i=n; i>1; i--)
6.        {
7.              swap(A[1], A[i]);
8.              sift_down(A, i-1, 1);  //时间复杂度为 O(logn)
9.        }
10. }
```

很明显地，整个算法的时间复杂度是 $O(n\log n)$。

对于堆排序，有一些改进的研究，取得了很好的结果。例如：《微型机与应用》2015 年第 6 期中，提出了一种改进的堆排序算法，该算法主要从堆中抽出堆顶元素后重构堆的方式入手，提出了一种新的重建堆的算法。

在最大堆生成后，令 tail=堆末元素，即先取走堆末元素，把堆顶元素放在堆末的位置，则堆顶变为空结点。然后把除堆末结点以外的元素重建最大堆，比较空结点左右子结点的大小，将较大的那个子结点放在空结点的位置，取走的那个子结点为新的空结点，重复这个动作直到叶结点。将 tail 的值填充在空结点。比较原空结点（tail）的值与其父结点的大小，如果父结点较大则不变，反之交换两个元素的值。具体过程如图 2-13 所示。

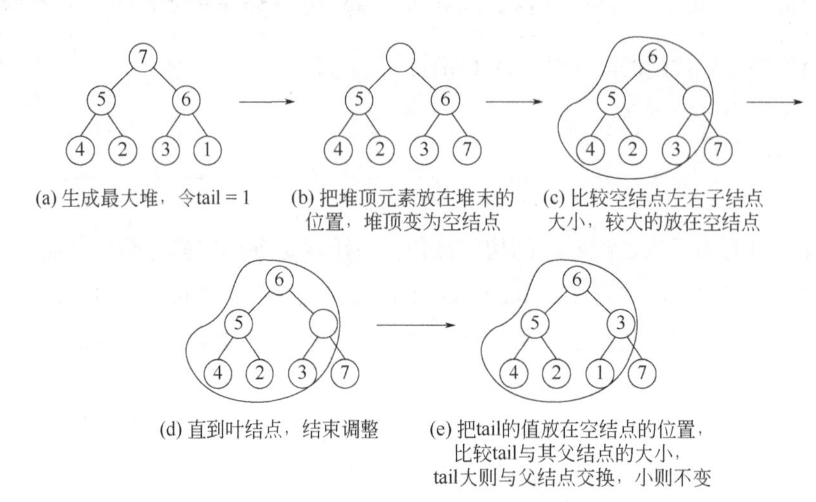

(a) 生成最大堆，令tail = 1
(b) 把堆顶元素放在堆末的位置，堆顶变为空结点
(c) 比较空结点左右子结点大小，较大的放在空结点
(d) 直到叶结点，结束调整
(e) 把tail的值放在空结点的位置，比较tail与其父结点的大小，tail大则与父结点交换，小则不变

图 2-13　改进的堆排序过程

2.4.4　堆排序的应用

堆排序的时间复杂度尽管很好，最坏的情况下也表现了 $O(n\log n)$，并且空间复杂度为 $O(1)$，但与合并排序、快速排序比，应用不多。但如果我们希望从列表中提取最小（或最大）的项，而不需要将剩余项保持有序的开销，就可以有效地使用它的底层数据结构。

例如，在海量实数中（一亿级别以上）找到 Top K（一万级别以下）的数的集合。一般有三种方案：

① 直接排序。首先使用排序算法对数据进行排序，然后取出 K 个数。比如采用快排算法，该算法的时间复杂度为 $O(n\log n)$，当 n 很大的时候这个时间复杂度还是很大的。对于一亿数据来说，该方案大约是 26.575424×100000000，而且对于快速排序来讲，所有数据都要参与到内存中，对于大数据来讲，需要大量的内存。

② 打擂台的方式。每个元素与 K 个待选元素比较一次，该方案的时间复杂度很高，为 $O(kn)$，明显逊色于方案①。

③ 利用堆的方式。维护一个大小为 K 的最小堆，先取前 K 个数，建一个最小

堆，然后依次遍历后续的每个元素，若元素大于堆顶元素，则删除堆顶元素，将后续元素放在堆顶，然后调整成最大堆，这个调整过程的时间复杂度为 $\log K$；若小于或等于堆顶元素，则继续考察下一个元素。这样遍历一遍后，最小堆里面保留的数就是我们要找的Top K。该方案的整体时间复杂度为 $O(K+n\log K) \approx O(n\log K)$，大约是 13.287712×100000000，这样时间复杂度比方案①下降了约一半。

在三种方案中，方案③要优于方案②，因为 $\log K$ 通常是远小于 K 的，K 和 n 的数量级相差越大，这种方式越有效。在谷歌和百度这些公司，其搜索引擎都应用最小堆来维持热搜词。最大优先级队列是最大堆的典型应用，用于分时计算机上的作业调度，这种队列记录要执行的作业及它们之间的相对优先关系。

堆这种数据结构除了直接应用于一个任务，还可以用来提升算法的实现效率。比如，在第 4 章要讲的狄斯奎诺算法中，就可以应用堆结构进行算法优化，使得时间复杂度降低。

2.5 桶排序

前面讲述的排序算法都是基于关键字的比较进行的，这类算法统称为基于比较的排序算法。已经证明这类算法的运行时间下界是 $\Omega(n\log n)$，合并排序与堆排序的运行时间达到了 $\Theta(n\log n)$，因此是基于比较排序算法类的最优算法。本节介绍的排序算法不是基于关键字的比较，而是通过“分配”和“收集”过程来实现排序，这类算法统称为基于分配的排序算法。它们的时间复杂度可达到线性阶 $O(n)$。

桶排序(radix sort)也称为箱排序(bin sort)，是将待排序集合中处于同一个值域的元素存入同一个桶中，也就是根据元素值特性将集合拆分为多个区域，拆分后形成的多个桶，从值域上看是处于有序状态的。对每个桶中元素进行排序，则所有桶中元素构成的集合是已排序的。

2.5.1 桶排序的基本步骤

① 根据待排序集合中最大元素和最小元素的差值范围和映射规则，确定申请的桶个数；

② 遍历待排序集合，将每一个元素移动到对应的桶中；

③ 对每一个桶中元素进行排序，并移动到已排序集合中。

例如，待排序集合 A={−7, 51, 3, 121, −3, 32, 21, 43, 4, 25, 56, 77, 16, 22, 87, 56,

−10, 68, 99, 70}。考察集合中的数值，确定映射规则为：$f(x)=(x-\min)/10$，其中 min 为集合中最小的数值。

第一步：遍历集合可得，最大值为 121，最小值为−10，待申请桶的个数为 $\lfloor[121-(-10)]\rfloor/10+1=14$ 个。

第二步：遍历待排序集合，依次添加各元素到对应的桶中，结果如表 2-1 所示。

表 2-1　申请桶的下标及其分配后的元素

桶下标	桶中元素	桶下标	桶中元素
0	−7，−3，−10	7	68
1	3，4	8	77, 70
2	16	9	87
3	21, 25, 22	10	99
4	32	11	
5	43	12	
6	51, 56, 56	13	121

第三步：对每一个桶中元素进行排序，并移动回原始集合中，即完成排序过程。

算法 2.12　桶排序。

输入：数组 *A*，元素个数 *n*，设定的区间间隔 size。

输出：按递增顺序排序的数组 *A*。

```
1.  void bksort(int A[], int n, int size)
2.  {
3.       int max = A[0], min = A[0];
4.       for(int i=1; i<n; i++)    //求最大及最小值
5.       {
6.            if(max < A[i])
7.                 max = A[i];
8.            if(min > A[i])
9.                 min = A[i];
10.      }
11.      int b[(max-min) / size + 1];    //各桶内元素的个数
12.      int th = 0;
13.      int **t = (int **)malloc(sizeof(int*) * ((max-min)/size+1));
14.      for(int i=0; i<((max-min)/size+1); i++)
15.      {
16.           t[i] = (int *)malloc(sizeof(int));
```

```
17.             b[i] = 0;
18.         }
19.         for(int i=0; i<n; i++)
20.         {  //把各元素加到各桶中，一个桶中加入元素前增加一个元素空间
21.             th= (A[i]-min) / size;
22.             t[th] = (int *)realloc(t[th], sizeof(int)*(b[th]+1));
23.             t[th] [b[th]] = A[i];  //元素加入对应的桶中
24.             b[th]++;  //桶中元素个数加 1
25.         }
26.         n = (max-min) / size + 1;
27.         int k = 0;
28.         for(int i=0; i<n; i++)
29.         {  //依桶的顺序对各桶内元素进行排序，并逐一放回原数组 A 中
30.             for(int j=0; j<b[i]; j++)
31.                 sort(t[i], b[i]);  //对桶内元素进行排序
32.             for(int j=0; j<b[i]; j++)   //排序后放回原数组中
33.                 A[k++] = t[i][j];
34.             free(t[i]);  //释放各桶开辟的空间
35.         }
36.         free(t);  //释放桶数组空间
37. }
```

2.5.2 桶排序的时间复杂度

假如排序数组的元素个数为 n，均匀分布在个数为 m 的桶中，那么每个桶中的元素个数为 $k = n/m$，因为每个桶内采用快速排序的时间复杂度为 $k\log k$，即 $(n/m)\log(n/m)$，那么 m 个桶一起就是 $n\log(n/m)$。假如桶的个数 m 跟元素个数 n 十分接近，那么最终的时间复杂度为 $O(n)$。

如果在极端情况下，所有的元素都分在一个桶里呢？这种情况下时间复杂度就退化成 $O(n\log n)$了。所以，桶排序要求各个桶之间是有序的，这也就是上述算法中要求依桶顺序依次对桶内元素排序的原因，每个桶排好序之后，才可以把桶内元素依次放回原数组。

元素到桶的映射规则需要根据待排序集合的元素分布特性进行选择，若规则设计得过于模糊、宽泛，则可能导致待排序集合中所有元素全部映射到一个桶上，则桶排序向比较性质排序算法演变。若映射规则设计得过于具体、严苛，则可能导致待排序集合中每一个元素值映射到一个桶上，则桶排序向计数排序

方式演化。

将待排序集合中的元素映射到各个桶的过程，并不存在元素的比较和交换操作，在对各个桶中元素进行排序时，可以自主选择合适的排序算法，桶排序算法的复杂度和稳定性，都根据选择的排序算法不同而不同。可以想到，如果数据过分集中在一个桶中，则桶内排序的计算量会增加，因此，桶排序非常适合于数据服从均匀分布的情况。

2.6 基数排序

早在 1887 年，基数排序算法就已经由 Herman Hollerith 提出，用来解决编表机上的数字排序问题，它实际上是最早被提出的排序算法。基数排序是把 n 个以 b 为基的整数按照位的分配来进行排序的一种算法。每一个整数至多用 $k=\lfloor \log_b max+1 \rfloor$ 个数字表示，其中 max 为待排序数据中的最大值。比如，十进制 103 就是用 $k=\lfloor \log_{10} 103+1 \rfloor=3$ 个数字表示的。

2.6.1 基数排序的基本思想

令 $L=\{a_1,a_2,\cdots,a_n\}$ 是一个具有 n 个元素的数组，每个元素关键字由 k 个数字组成，关键字的形式如下：

$$d_k d_{k-1} \cdots d_1，其中 1 \leqslant i \leqslant k,\ 0 \leqslant d_i \leqslant b$$

基数排序的步骤如下。

步骤 1：对 L 按照关键字的数字 d_1，把元素分布到 b 个空间 $L_0, L_1,\cdots, L_{b-1}$ 中，使得关键字 d_1 为 0 的元素都分布在空间 L_0 中；d_1 为 1 的元素都分布在空间 L_1 中；以此类推，d_1 为 b−1 的元素都分布在空间 L_{b-1} 中。

步骤 2：把这 b 个空间，按照空间的下标由 0 到 b−1 的顺序重新链接成一个新空间 L。

步骤 3：按照关键字 d_i，重复步骤 1 和步骤 2。直到关键字的最高位数字 d_k 完成上述操作后，此时 L 中所有元素都已经顺序排序。

例如，L 中元素的关键字值（基数为 8）分别为：

```
3451、3067、0673、2465、1350、6136、2135、4752、2367、3604、5043、1247
```

① 按关键字中的数字 d_1，把 L 中的元素分布到各空间情况：

L_0	L_1	L_2	L_3	L_4	L_5	L_6	L_7
1350	3451	4752	0673	3604	2465	6136	3067
			5043		2135		2367
							1247

把 L_0～L_7 的元素顺序移到 L 后，L 中的元素顺序如下：

1350、3451、4752、0673、5043、3604、2465、2135、6136、3067、2367、1247

② 按关键字中的数字 d_2，把 L 中的元素分布到各空间情况：

L_0	L_1	L_2	L_3	L_4	L_5	L_6	L_7
3604			2135	5043	1350	2465	0673
			6136	1247	3451	3067	
					4752	2367	

把 L_0～L_7 的元素顺序移到 L 后，L 中的元素顺序如下：

3604、2135、6136、5043、1247、1350、3451、4752、2465、3067、2367、0673

③ 按关键字中的数字 d_3，把 L 中的元素分布到各空间的情况：

L_0	L_1	L_2	L_3	L_4	L_5	L_6	L_7
5043	2135	1247	1350	3451		3604	4752
3067	6136		2367	2465		0673	

把 L_0～L_7 的元素顺序移到 L 后，L 中的元素顺序如下：

5043、3067、2135、6136、1247、1350、2367、3451、2465、3604、0673、4752

④ 按关键字中的数字 d_4，把 L 中的元素分布到空间情况：

L_0	L_1	L_2	L_3	L_4	L_5	L_6	L_7
0673	1247	2135	3067	4752	5043	6136	
	1350	2367	3451				
		2465	3604				

把 L_0～L_7 的元素顺序移到 L 后，L 中的元素顺序如下：

0673、1247、1350、2135、2367、2465、3067、3451、3604、4752、5043、6136

2.6.2 基数排序算法的实现

```
1.  #include<stdio.h>
2.  #include<stdlib.h>
```

```
3.  #define N 10      //数组个数
4.  #define B 8       //整型排序，基数为 8
5.  #define K 3       //关键字个数，这里为整型位数
/*输出结果*/
6.  void Show(int A[], int n)
7.  {
8.       int i;
9.       for ( i=0; i<n; i++ )
10.           printf("%d  ", A[i]);
11.      printf("\n");
12. }
/*找到 num 的从低到高的第 pos 位的数据*/
13. int GetNumInPos(int num, int pos)
14. {
15.      int i, temp = 1;
16.      for(i=0; i<pos-1; i++)
17.           temp *= 10;
18.      return (num / temp) % 10;
19. }
/*基数排序*/
20. void RadixSort(int* pDataArray, int iDataNum) /*pDataArray 为无序数组，iDataNum 为无序数据个数*/
21. {
22.      int i, pos, k, j;
23.      int *radixArrays[B];    //分别为 0～B-1 的序列空间首地址
24.      for (i = 0; i<B; i++)
25.      {
26.           radixArrays[i] = (int *)malloc(sizeof(int));
27.           radixArrays[i][0] = 0;    // radixArrays[i][0]用于记录这组数据的个数
28.      }
29.      for (pos = 1; pos <=K; pos++)    //从个位开始到 k 位
30.      {
31.           for (i = 0; i <iDataNum; i++)    //分配过程
32.           {
33.                int num = GetNumInPos(pDataArray[i],pos);
34.                int index = ++radixArrays[num][0];
35.                radixArrays[num] =
(int*)realloc(radixArrays[num], sizeof(int)*(index+1));
```

```
36.                radixArrays[num][index] = pDataArray[i];
37.            }
38.            for (i=0, j=0; i<B; i++)    //收集过程
39.            {
40.                for (k = 1; k <= radixArrays[i][0]; k++)
41.                pDataArray[j++] = radixArrays[i][k];
42.                radixArrays[i][0] = 0;    //复位
43.            }
44.        }
45. }
/*主函数*/
46. int main()
47. {
48.        int arr_test[N] = {114, 34, 52, 53, 35, 1, 66, 57, 40, 17 };
//测试数据
49.        Show(arr_test, N );
50.        RadixSort(arr_test, N);
51.        Show(arr_test, N);
52.        return 0;
53. }
```

2.6.3 基数排序算法的合理性证明

假设待排序数据按第 i 位建立 L_0～L_{b-1} 序列后，把元素顺序移动到 L 后，L 中的数据是按照第 1 到第 i 位的大小排好序的，那么，用第 i+1 位上的数字建立 L_0～L_{b-1} 序列时，第 i+1 位小的，放在 L_0～L_{b-1} 序列中下标小的序列中。当第 i+1 位相同时，令此时的第 i+1 数字是 x。因为此前的 L 是按 $d_i,\cdots,d_1$ 数字排序好的，在生成 L_x 时是按顺序从 L 中提取数据，所以在 L_x 中的各值必然是 $d_{i+1}d_i,\cdots,d_1$ 排序好的。

综上，在第 i+1 位上构建 L_0～L_{b-1} 序列形成 L 表后，L 序列中的数据必须是按照 $d_{i+1}d_i,\cdots,d_1$ 的大小排序的。

很明显地，d_1 建立 L 后，L 中的数据是按照第 1 位的数据排序好的，根据归纳法，可以得到当在第 k 位建立 L 后，L 中的数据也是排好序的，所以基数排序可以正确地进行数据排序。

2.6.4 基数排序的复杂度分析

分析上述的排序过程可知，当有 n 个待排序的元素时，根据某个位上的数字把

n 个元素分配到 b 个序列空间中，只需要扫描全部元素就可以完成，并且把某元素置于序列空间中的时间与 n 没有关系。因此，一轮排序的执行时间为 $O(n)$。要使全部数据有序，需要经过 k 轮。对于一个待排序的序列，它的位数与 n 相比，可以作为一个常数。因此，基数排序的运行时间是线性的。

2.6.5 基数排序的应用

基数排序是对桶排序的一种改进，基数排序可更好地适合于元素值范围较大的情况，但与桶排序相比并不能提高运行时间。基数排序在时间复杂度上的优势，使其在实际中有非常多的应用，比如以多关键码排序，就是先以主关键码排序，当主关键码一致时，以次关键码顺序逐次排序。基数排序还应用于异构并行平台，如 GPU 的设计中以及图像处理中，对大数据的排序算法也以基数排序为基础。

总之，基数排序算法虽然出现了很长时间，但以这种算法为基础的各种应用以及在此基础上进行各种改进以解决具体问题还是有其生命力的。

2.7 并查集算法

假定数据对(a, b)表示元素 a 和 b 之间存在关系 R，且关系 R 具有对称性和传递性。现在要问一个问题：如果已经存在若干对这样的数据对$\{(a_1, b_1),\cdots,(a_n, b_n)\}$，问数据对$(a_i, b_j)$是否存在关系 R？

例如：已知数据对$\{(1, 3), (9, 3), (5, 7), (4, 1), (3, 5), (8, 10), (10, 2)\}$各元素之间存在关系 R，问数据对 7 和 9 之间，10 和 4 之间是否也存在关系 R？对于这个简单的数据量小的例子，我们可以很快看出，7 和 9 之间也存在关系 R，而 10 和 4 之间就不存在。如果我们把数据对有关系 R 看成是图结构中的结点连通，画一个图就能明显看出来，如图 2-14 所示。

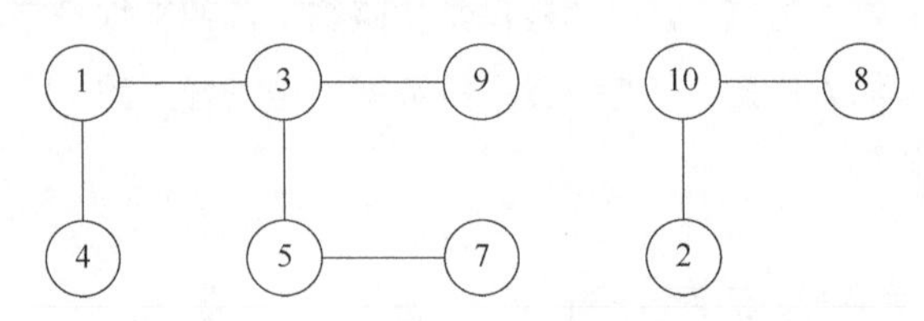

图 2-14　数据对之间的关系图

这里的数据量是非常少的，当不断给定有关系的数据后，就会形成一个非常复杂的图。如果此时给定一个数据对，它们之间是否存在关系?我们靠画图来判断是行不通的。因此，人们设计了一个叫作并查集的数据结构，称为Union-Find。

“并（Union）”指合并，“查（Find）”指查找，“集”指集合，所以并查集的全称是合并查找集合。这是一个用来合并、查找集合的数据结构，它定义了两种重要的操作，union 操作和 find 操作，完成这两种操作的算法称为并查集算法（Union-Find 算法）。算法要解决的问题是给出一对数据，判断它们之间是否存在关系，用图的术语来说，就是判断它们是否连通，如果连通，不需要给出具体的路径。

如果把给定关系的数据对形成一个个没有重复元素的集合，每一个集合中的元素均存在关系，不同集合的元素之间不存在关系。那么，如果考虑数据 x 和 y 之间是否在关系，只要判断 x 和 y 是否属于同一个集合。如果 x 和 y 在同一个集合中，则两者间就存在关系，否则就不存在。用于判断某个元素属于哪个集合，就是 find 操作要解决的问题。

那如何把存在关系的数据放在一个集合中呢？现在假设集合 A 内有元素 a，集合 B 内有元素 b，如果 a 和 b 之间存在关系，那么就要把集合 A 和集合 B 合并起来形成一个集合，这就是 union 操作要解决的问题。

并查集算法把存在关系的集合构成树结构的形式，图 2-14 中的数据形成的树结构如图 2-15 所示，箭头表示指向父结点。

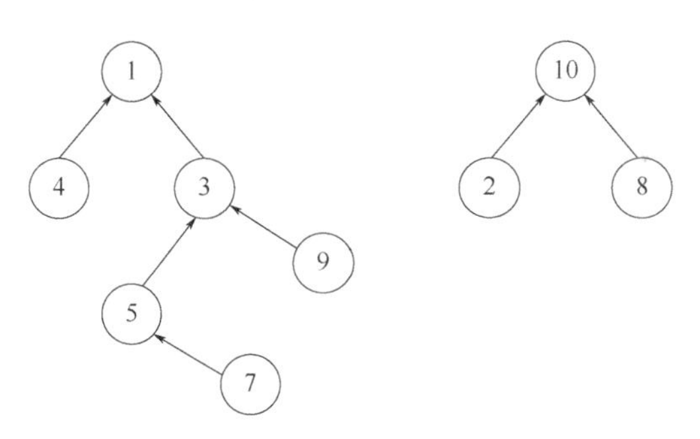

图 2-15　存在关系集合的树结构

现在给定一对数据存在关系，首先我们要判断这一对数据是否是同一个集合，如果是同一个集合，不作处理，如果不是同一个集合，则要把这两个集合合并起来。判断给定的两个数据是不是在同一个集合中，只需要找到各个数据所在树的根结点。如果根结点相同，则在同一个集合中；如果根结点不同，则不在同一个集合中，这时，就合并两个集合。由于定义的树结构形式，合并就变得非常简单，只要把一棵树的根结点作为另一棵树的根结点的子结点即可。假设在上述实例中，添加数据对(2, 7)，因为 7 的根结点为 1，2 的根结点为 10，所以可以把 10 作为 1

的一个子结点，这样就构成了一个新的表示存在关系的树，如图 2-16 所示。

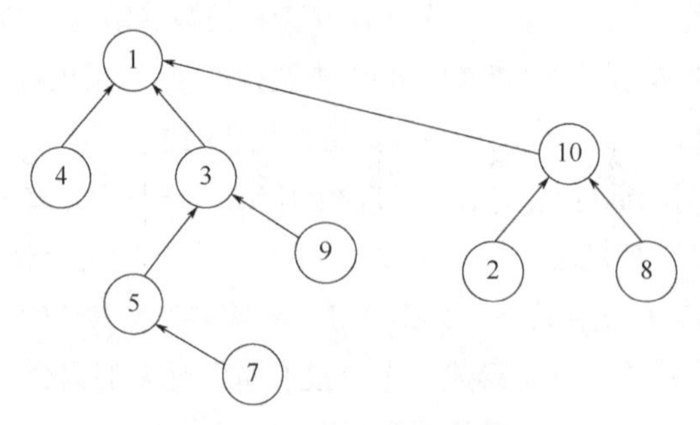

图 2-16　合并操作的结果

可以看到，合并操作的时间复杂性为 $O(1)$。但这个“并”是以“查”为前提的，如何实现“查”呢？这就要从数据结构设计上考虑。对于每一个数据，除了它本身的数值外，还要加一个指向它的父结点的指针数据，所以一个离散集合的数据元素信息用结构体表示为：

```
struct data_node
{
     type elem;    //数据元素值
     struct data_node *parent;    //指向父结点的指针
}
typedef  struct data_node Node;
```

现在用函数形式描述 find 操作和 union 操作。

find(x)：查找 x 在树中的根结点，返回根结点指针。

union(x, y)：把元素 x 和元素 y 所在集合合并成一个集合。

但是由于在合并时，可以随意把一个根结点作为另一个根结点的子结点，那么，就可能使树退化成一个线性表，导致 find 操作具有线性时间复杂度。为了解决这个问题，可以在数据结构中增加结点的秩(rank)，代表以该结点作为子树的根时，该子树的高度，则修改元素的数据结构如下：

```
struct data_node
{
     type elem;    //数据元素值
     int rank;     //结点的秩
     struct data_node *parent;    //指向父结点的指针
}
typedef  struct data_node Node;
```

这样，find 操作和 union 操作描述如下：

算法 2.13 find 操作。

输入：指向结点 x 的指针 p。

输出：指向结点 x 所在集合的根结点的指针 q。

```
1.  Node *find(Node *p)
2.  {
3.      Node *q = p;
4.      while(q->parent != NULL)
5.          q = q->parent;
6.      return q;
7.  }
```

为了进一步提高 find 操作的性能，可以采用路径压缩方法。即找到根结点后，再把 x 到根结点路径上所有的结点的父结点都变换为根结点，这样从 x 沿路径到根结点之前的所有结点都变成了根结点的子结点。改进的 find 操作描述如下。

算法 2.14 find 操作。

输入：指向结点 x 的指针 p。

输出：指向结点 x 所在集合的根结点的指针 q。

```
1.  Node *find(Node *p)
2.  {
3.      Node *q , *u, *v;
4.      q = p; u = p;
5.      while(q->parent != NULL)
6.          q = q->parent;
7.      while(u->parent != NULL)    //路径压缩
8.      {
9.          v = u->parent;
10.         u->parent = q;
11.         u = v;
12.     }
13.     return q;
14. }
```

算法 2.15 union 操作。

输入：指向结点 x 的指针 p，指向结点 y 的指针 q。

输出：指向并集根结点的指针。

```
1.  Node *union(Node *p, Node *q)
2.  {
3.      Node *u, *v;
4.      u = find (p);
5.      v = find (q);
6.      if(u->rank <= v->rank)
7.      {
8.          u->parent = v;
9.          if(u->rank == v->rank)
10.             v->rank++;
11.         u = v;
12.     }
13.     else
14.         v->parent = u;
15.     return u;
16. }
```

习　题

1．如果 n 是 2 的幂次，估计合并排序算法中元素赋值的次数。

2．给定一组数据{21，84，32，4，39，63，59}，分别应用合并排序，选择排序算法把元素按从小到大进行排序，写出每轮循环中数据排列的变化过程并分析算法的运行时间。

3．写出应用堆的插入方法构建堆的代码，并分析其时间复杂度。

4．给定一组以 10 为基的数据{3174，6231，0258，4602，7563，5027，4728，9384}，写出用基数排序算法对其进行排序的过程。

5．分析各排序算法的时间复杂度，将表 2-2 填写完整。

表 2-2　排序算法的时间复杂度

算法	最坏情况运行时间	平均情况运行时间
冒泡排序		
选择排序		
插入排序		
合并排序		
堆排序		

续表

算法	最坏情况运行时间	平均情况运行时间
快速排序		
基数排序		
桶排序		

6．给定数组{23，17，14，6，13，10，1，5，7，12}，判断该数组是不是一个最大堆。

7．给定数组{5，3，17，10，84，19，6，22，9}，将该数组构成最大堆。

8．给定数组{6，3，12，9，24，1，35，28，20}，应用堆排序算法将数据按从小到大的顺序进行排列，写出每轮排序的结果。

9．给定有 n 个元素的数组，编写程序，判断该数组是否为堆，并分析所编写算法的时间复杂度。

第3章

递归与分治

计算机求解问题都需要时间，所需时间与处理的数据规模有关，一般来说，规模越小，问题越容易解决，所需时间也越少。但在实际中，往往数据量较大，问题就不是太好解决。这时，通常有一种想法，就是把一个大问题拆成多个规模小一点的问题，对这些小问题分别进行处理，然后综合小问题的结果来解决大问题，这就是分治的思想。如果在实际问题中，把大问题拆成小问题后，这些小问题分别有解，则分治是可行的。实际中，拆成的小问题往往与原问题相同，只是规模小一点，这时，可以用递归技术对小问题进行求解。本章首先介绍递归算法，再介绍分治算法。

3.1 递归算法

递归方法可以被用于解决很多的计算机科学问题，因此它是计算机科学中十分重要的一个概念。绝大多数编程语言支持函数的自调用，在这些语言中函数可以通过调用自身来进行递归。计算理论证明递归的作用可以完全取代循环，因此在很多函数编程语言（如 Scheme）中习惯用递归来实现循环。

3.1.1 递归算法的基本思想

递归思想与数学上的归纳法是一致的。在用归纳法证明数学问题时，首先论证最小问题 $p(1)$的结果是成立的，然后假设问题 $p(n-1)$的结果是成立的，则通过这个结果，证明 $p(n)$的结果是成立的，整个证明完成。

递归算法也是这样。如果要解决一个大问题 $p(n)$，首先把它拆成小一点的问题 $p(f(n))$，$f(n)$是小问题的规模，它是 n 的一个映射。这个小一点的问题实质上与大问题是同一个问题，假设 $p(f(n))$解决了，那么通过某种运算或处理，就可以简单地解决问题 $p(n)$。所以，现在的问题是怎么去解决 $p(f(n))$。同样地，把该问题继续拆成更小的问题，在更小问题的基础之上去解决 $p(f(n))$。这样一直做下去，直到问题规模足够小时，可以直接求解，并将其作为初值。当得到初值之后，再回过头来，不断地对所得到的解进行处理，直到得到 $p(n)$的解为止。这就是基于归纳的递归算法思想。

在了解了递归的基本思想及其数学模型之后，如何写出一个好的递归程序呢？主要是把握好以下三个方面：

① 提取重复的逻辑，缩小问题规模。

② 在缩小规模后，假设小规模的问题解决后，如何在其基础上构造大规模问题的解。

③ 给出问题的初值。

3.1.2 递归算法实例

【例 3.1】 求 $n!$。

分析：整个问题 $p(n)$是要解决 $n!$，如果把这个问题拆成规模小一点的问题 $p(n-1)$，即求$(n-1)!$，注意这个小一点的问题实质上与原问题相同，只是规模小一点。现在假设 $p(n-1)$问题已经解决，那么 $p(n)$问题怎么在 $p(n-1)$已有答案的基础之上经过处理或运算加以解决呢？很明显，如果已知$(n-1)!$的答案，则只要在这个答案的基础之上，再乘以 n，问题就解决了。

所以现在考虑的问题是 $p(n-1)$如何解决呢？很显然，只要知道 $p(n-2)$的答案，这样规模一点一点缩小，直到最小问题 $p(1)$有答案，就可以解决整个大问题。因此，应用编程语言中的递归函数，可以很容易实现这个问题。算法描述如下。

算法 3.1 计算 $n!$。

输入：n。

输出：$n!$。

```
1.  int factorial(int n)
2.  {
3.        if(n==1)
4.              return 1;
5.        else
6.              return factorial(n-1) *n;
7.  }
```

在计算机编程语言中，通常都提供了函数的递归调用功能。在编写代码时，不需要详细地考虑递归函数的执行过程，应集中思考如何把大问题拆分成小问题。这个拆分很重要，因为小一点的问题应该与大问题结构相同，只是规模小一点。然后考虑小问题的解如何构成大问题的解，最后考虑问题的初值。

例 3.2 基于递归的插入排序。

有 n 个数据，应用递归的思想进行排序。这个问题的规模是 n，现在考虑如何把它拆成规模小一点的问题，即能不能把规模变为 $n-1$，即对前 $n-1$ 个数据排序，然后考虑如果前 $n-1$ 个数据排好序后，如何处理最后一个数据使得整体有序。很显然，如果前 $n-1$ 个数据排好序了，那么，只要从第 n 个数据起往前逐一进行比较，当 $a_i<a_{i-1}$ 时，就把两个数据互换位置，直到 $a_i \geqslant a_{i-1}$ 为止。

现在还有一个问题需要考虑，就是问题的初始条件，即当 n 为 1 时，怎么排序？显然，当只有一个数时，已经是排好序的。这样，规模为 2 的问题就可以在这个基础之上完成。具体算法描述如下。

算法 3.2 基于递归的插入排序算法。

输入：待排序数组 A，元素个数 n。

输出：按递增顺序排序的数组 A。

```
1.  void InsertSort2(int A[],int n)
2.  {
3.        int i, temp;
4.        if(A == NULL || n == 1)
5.              return;
6.        InsertSort2(A, n-1);
7.        for(i = n-1; i>0 && A[i]<A[i-1]; i--)
8.        {  //交换 A[i]与 A[i-1]
9.              temp = A[i-1];
```

```
10.             A[i-1] = A[i];
11.             A[i] = temp;
12.         }
13. }
```

从上面的代码可以看出，基于递归的思想可以使得函数定义简单，算法描述简洁且易于理解。

【例 3.3】 用递归求 a^N，其中 N 为大于等于 0 的整数。

对于这个问题，首先考虑怎么把它拆成小一点的问题呢？按照前面例题的方式，很容易想到把问题的规模缩小为 $N-1$。但这样，求解整个问题的时间复杂度为 $O(n)$。那么是否可以把规模再缩小呢？我们可以考虑问题的规模为 $N/2$，即小问题为 $a^{N/2}$。当把这个小问题求出后，如何得到大问题的解呢？很明显，在得到 $a^{N/2}$ 的值的情况下，如果 N 为偶数，则 $a^N=(a^{N/2})^2$；如果 N 为奇数，则 $a^N=a(a^{N/2})^2$。此外，当 $N=0$ 时，$a^0=1$，我们将其作为该问题的初值。因此，算法描述如下。

算法 3.3 求 a^N。

输入：整数 a 和非负整数 N。

输出：a^N 的值。

```
1.  double pow(double a ,int N)
2.  {
3.          double temp;
4.          if(N == 0)   return 1;
5.          else
6.          {
7.              temp = pow(a, N/2);
8.              if(N%2 == 0)
9.                  return temp * temp;     // N为偶数
10.             else
11.                 return temp * temp * a;   //N为奇数
12.         }
13. }
```

【例 3.4】 用递归算法把一个正整数逆序输出。

假设一个正整数有 N 位，如果能把前面的 $N-1$ 位逆序输出，则 N 位整数的逆序输出只要先输出它的个位数，再把前 $N-1$ 位逆序输出的结果放在这个个位数的后面，整个问题就解决了。

算法 3.4 正整数的逆序输出。

输入：正整数 a。

输出：将 a 按逆序输出。

```
1.  void version(int a)
2.  {
3.        if(a<10)
4.        {
5.              printf("%d",a);
6.              return;
7.        }
8.        else
9.        {
10.             printf("%d", a%10);
11.             version(a/10);
12.       }
13. }
```

从这个例子可以看出，递归时对大问题的解决不一定非要先把小问题解决，也可以先处理一些部分，然后利用小问题的结果，来解决大问题。

【例 3.5】 链表相邻结点的互换问题。

给定一个链表，两两交换其中相邻的结点（需要实际进行节点交换），并返回交换后的链表。例如：给定 *a->b->c->d*，返回 *b->a->d->c*。

考虑小一点的问题，如果把第二个结点后的所有相邻结点互换，那么只要把第一个结点接到第二个结点后面，整个链表相邻结点的互换问题就解决了，如图 3-1 所示。

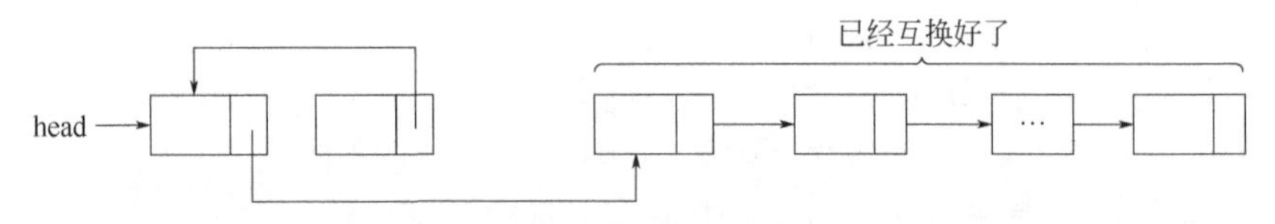

图 3-1　链表相邻结点的互换过程

算法 3.5 链表相邻结点的互换。

输入：链表的头指针 head。

输出：指向链表的指针。

```
1.  ListNode* SwapPairs(ListNode* head)
2.  {
3.        if ((head==NULL) || (head->next==NULL))  //空结点和单结点不
作处理
```

```
4.             return head;
5.         ListNode *h = head->next;
6.         head->next = SwapPairs(h->next);
7.         h->next = head;
8.         free(head);
9.         return h;
10. }
```

【例 3.6】 排列问题。

给定一组没有重复的整数，给出它的全排列。比如，给定[1, 2, 3]，产生以下输出：

[1, 2, 3]，[1, 3, 2]，[2, 1, 3]，[2, 3, 1]，[3, 1, 2]，[3, 2, 1]。

对于这个全排列问题，如果得到数组后面 $n-1$ 个数据的全排列，那么如何解决 n 个数据的全排列问题呢？注意上面的例子，如果能得到 2 个数据的全排列，那么把第一个数据与其它数据互换，然后让剩下的 2 个数做全排列。要解决 2 个数据的排列工作，只需要做 2 次 1 个数的排序工作，而 1 个数不需要做排列工作，就是它本身。因此，可以写出如下的递归算法代码。

算法 3.6 数据的全排列。

输入：数组 a，数组 b，进行全排列的元素个数 n。

输出：数组的全排列。

```
1.  void perm(int a[], int b[], int n)
2.  {
3.      int i, temp;
4.      if(1== n)  //当只剩下一个数据时，输出结果
5.      {
6.          for(i=0; i<N; i++)   // N为数组元素的总个数
7.              printf("%d ", b[i]);
8.          printf("\n");
9.          return;
10.     }
11.     for(i=0; i<n; i++)
12.     {
13.         temp = a[0];    //a[0]与a[i]互换
14.         a[0] = a[i];
15.         a[i] = temp;
16.         perm(a+1, b, n-1);    //对a后面的n-1个数据进行全排序
```

```
17.            temp = a[0];     //a[0]与a[i]互换回来，以便下一数与a[0]互换
18.            a[0] = a[i];
19.            a[i] = temp;
20.       }
21. }
```

3.2 分治法

在计算机科学中，分治法是一种很重要的思想。字面上的解释是“分而治之”，就是把一个复杂的问题分成多个规模较小的子问题，这些子问题相互独立，且结构与原问题的结构相同。然后递归地求解各子问题，最后把各个子问题的解合并起来，就得到原问题的解。分治思想是很多高效算法的基础，如排序算法（快速排序、归并排序等），快速傅里叶变换等。严格来说，分治法并不是一个具体的算法，它是一种策略思想，现在一般也把采用分治策略的一类算法称为分治算法。

3.2.1 分治法的基本思想

计算机求解问题所需的计算时间都与问题规模有关。问题的规模越小，越容易直接求解，所需的计算时间也越少。有时要想直接解决一个规模较大的问题，是相当困难的。例如，对 n 个元素进行排序，当 $n=1$ 时，不需任何计算；$n=2$ 时，只要作一次比较即可排好序；$n=3$ 时只要作 3 次比较即可……而当 n 较大时，问题就不那么容易处理了。

分治法的设计思想是，将一个难以直接解决的大问题，分割成一些规模较小的子问题，以便各个击破，分而治之。

分治策略是：对于一个规模为 n 的问题，若该问题可以容易地解决（比如说 n 较小），则直接解决，否则将其分解为 k 个规模较小的子问题，这些子问题互相独立且与原问题形式相同，递归地求解这些子问题，再将各子问题的解合并得到原问题的解。如果原问题可分割成 k 个子问题（$1<k\leqslant n$），且这些子问题都可解并可利用这些子问题的解求出原问题的解，那么这种分治法就是可行的。由分治法产生的子问题往往是原问题的较小模式，这就为使用递归技术提供了方便。在这种情况下，反复应用分治手段，可以使子问题与原问题类型一致而其规模却不断缩

小，最终使子问题缩小到很容易直接求解的规模。这自然导致递归过程的产生。分治与递归像一对孪生兄弟，经常同时应用在算法设计之中，并由此产生许多高效算法。

分治法所能解决的问题一般具有以下几个特征：

① 该问题的规模缩小到一定的程度就可以容易地解决。

② 该问题可以分解为若干个规模较小的相同问题，即该问题具有最优子结构性质。

③ 分解出的子问题的解可以被用于构成原问题的解。

④ 该问题所分解出的各个子问题是相互独立的，即子问题之间不包含公共子问题。

上述第一条特征是绝大多数问题都可以满足的，因为问题的计算复杂性一般是随着问题规模的增加而增加；第二条特征是应用分治法的前提，它也是大多数问题可以满足的，此特征反映了递归思想的应用；第三条特征是关键，能否利用分治法完全取决于问题是否具有第三条特征，如果具备了第一条和第二条特征，而不具备第三条特征，则可以考虑用贪婪法或动态规划法；第四条特征涉及分治法的效率，如果各子问题是不独立的，则分治法要做许多不必要的工作，重复地解公共的子问题，此时虽然可用分治法，但一般用动态规划法较好。

【例 3.7】 用分治法找出数组 *Array*[*n*]中的最大值和最小值。

对于这个简单的问题，可以很容易地想到这样的算法步骤：

步骤 1：max←Array[0]，min←Array[0]

步骤 2：对于 i=1～n−1：

if(Array[i] > max) max = Array[i];

if(Array[i] < min) min = Array[i];

对于这种算法，找出最大值和最小值需要进行 $2(n-1)$次比较。如果不采用这种算法，用分治的思想来求解的话，可以把 n 个元素划分成两个规模大致相同的子问题，先把 *Array*[0]～*Array*[*n*/2]中的最大值(max1)和最小值(min1)找出来，再把 *Array*[*n*/2+1]～*Array*[*n*−1]中的最大值(max2)和最小值(min2)找出来。这样整个数组的最大值为 max1 和 max2 中的最大值，最小值为 min1 和 min2 中的最小值。这样分治后的两个子问题具有与大问题求解方式的一致性，同时两个子问题解决以后，可以合并解决大问题。这样的划分方法一直进行下去，当 n 为 1 或 2 时，不用再划分，可以用一种非常简单的方法给出问题的解。解决整个问题的原理过程以图 3-2 的实例加以说明。

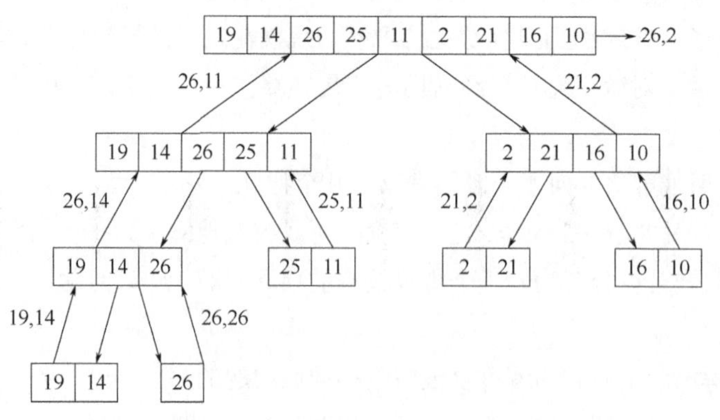

图 3-2　分治法寻找最大值和最小值

算法 3.7　分治法求解数组的最大值和最小值。

输入：数组 *A*，数组的起始边界 left 和结束边界 right。

输出：最大值 min 和最小值 max。

```
1.  void FindMinMax (int A[], int left, int right, int *min, int *max)
2.  {
3.       int mid, min1, min2, max1, max2;
4.       if((right-left) <= 1)
5.       {
6.            if(A[right]<A[left])
7.            {
8.                 *min = A[right];
9.                 *max = A[left];
10.           }
11.           else
12.           {
13.                *min = A[left];
14.                *max = A[right];
15.           }
16.      }
17.      else
18.      {
19.           mid = (left + right) / 2;
20.           FindMinMax(A, left, mid, &min1, &max1);
21.           FindMinMax(A, mid+1, right, &min2, &max2);
22.           (min1 > min2) ? *min = min2 : *min = min1;
23.           (max1 > max2) ? *max = max1 : *max = max2;
24.      }
25. }
```

对于最大最小问题，用分治来求解，其时间复杂度分析如下：

假设 n 是 2 的幂次，有：

$$\begin{cases} f(n) = 2f(n/2) + 2 \\ f(2) = 1 \end{cases} \tag{3-1}$$

因为 $n=2^k$，所以式（3-1）可以写成：

$$\begin{cases} h(k) = 2h(k-1) + 2 \\ h(1) = 1 \end{cases} \tag{3-2}$$

求解上述递归方程，可以得出：

$$\begin{aligned} h(k) &= 2\times\left[2h(k-2)+2\right]+2 \\ &= 2^2 h(k-2) + 2^2 + 2 \\ &= \cdots\cdots \\ &= 2^{k-1}h(1) + 2^{k-1} + 2^{k-2} + \cdots + 2^2 + 2 \\ &= 2^{k-1} + \sum_{i=1}^{k-1} 2^i \\ &= \frac{1}{2}\times 2^k + 2^k - 2 \\ &= \frac{3}{2}n - 2 \end{aligned} \tag{3-3}$$

因此，用分治法求解最大最小值问题比直接用循环遍历来做，运行时间减少了 1/4。

3.2.2 分治法的步骤

分治法在每一层递归上都有三个步骤：

① 分解　将原问题分解为若干个规模较小、相互独立、与原问题形式相同的子问题。

② 解决　若子问题规模较小而容易被解决则直接求解，否则递归地解各个子问题。

③ 合并　将各个子问题的解合并为原问题的解。

第一步就是分治法中的“分”，第二步和第三步就是“治”。

分治法的一般设计模式如下。

```
Divide-and-Conquer(P)
1. if |P|≤n0  then return(ADHOC(P))
2. 将 P 分解为较小的子问题 P1 ,P2 ,..., Pk
```

```
3. for i←1 to k
do y_i←Divide-and-Conquer(P_i)      //递归解决 P_i
4. T←MERGE(y_1, y_2, ..., y_k)     //合并子问题
5. return(T)
```

其中$|P|$表示问题 P 的规模；n_0 为一阈值，表示当问题 P 的规模不超过 n_0 时，问题已容易直接求解，不必再继续分解。ADHOC(P)是该分治法中的基本子算法，用于直接解小规模的问题 P。因此，当 P 的规模不超过 n_0 时直接用算法 ADHOC(P)求解。算法 MERGE($y_1, y_2, \cdots, y_k$)是该分治法中的合并子算法，用于将 P 的子问题 $P_1, P_2, \cdots, P_k$ 的相应的解 $y_1, y_2, \cdots, y_k$ 合并为 P 的解。

根据分治法的分割原则，原问题应该分为多少个子问题才较适宜？人们从大量实践中发现，在用分治法设计算法时，最好使子问题的规模大致相同。换句话说，将一个问题分成大小相等的 k 个子问题的处理方法是行之有效的。许多问题可以取 $k = 2$。这种使子问题规模大致相等的做法是出自一种平衡子问题的思想，它几乎总是比子问题规模不等的做法要好。

3.2.3 应用分治法进行合并排序

第 2 章介绍合并排序时，把 2 个数据合并为一个有序子数组，然后把 4 个数据合并为一个有序子数组，按此进行下去，直到整个数组有序，这实质上用到了分治的部分思想。图 3-3 给出了应用分治法进行合并排序的原理。

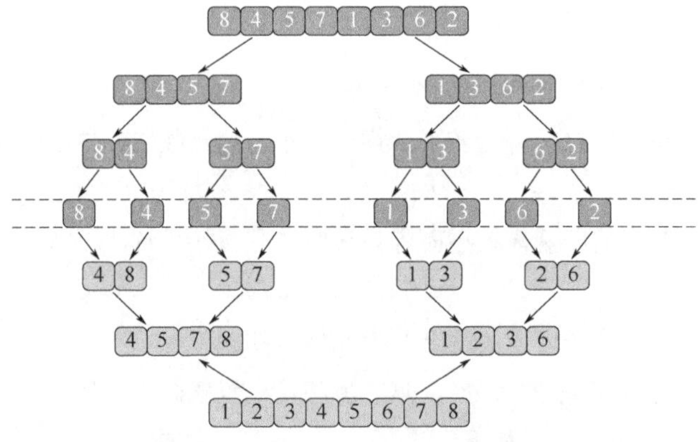

图 3-3　分治法用于合并排序的原理图

用分治的思想进行合并排序，首先，将问题分成（divide）一些小的问题，再递归求解，而治（conquer）的阶段则将分的阶段得到的各答案处理后形成最终问

题的答案。

分的部分，采用递归可以很简单地实现，就是利用递归拆分子序列，递归深度为 $\log n$。治的阶段，将两个已经有序的子序列合并成一个有序序列。比如[4, 8]和[5, 7]两个有序部分，通过 merge 算法进行合并，形成[4, 5, 7, 8]，就是一个治的过程。算法描述如下：

算法 3.8 合并排序的分治法。

输入：数组 A，数组的起始边界 left 和结束边界 right。

输出：按递增顺序排序的数组 A。

```
1.  void merge_sort(int A[], int low, int high)
2.  {
3.       int mid = 0;
4.       if(high > low)
5.       {
6.            mid = (high+low)/2;
7.            merge_sort(A, low, mid);      //对前半部分排序
8.            merge_sort(A, mid +1, high); //对后半部分排序
9.            merge(A, low, mid, high);    //合并两个已排序好的部分
10.      }
11. }
```

用分治法进行合并排序的时间复杂度分析如下：

$$\begin{cases} f(n) = 2f\left(n/2\right) + g(n) \\ f(1) = 0 \end{cases} \tag{3-4}$$

式中，$g(n)$为 merge 算法的运行时间。假设 $n=2^k$，考虑到 merge 算法中最好情况下所用的比较次数为 $n/2$，则 $g(n)=n/2$；在最坏情况下的比较次数为 $n-1$，则 $g(n)=n-1$。所以，整个合并算法在最好的情况下有：

$$\begin{cases} g(k) = 2g(k-1) + 2^{k-1} \\ g(0) = 0 \end{cases} \tag{3-5}$$

解此递归方程得：

$$\begin{aligned} g(k) &= 2g(k-1) + 2^{k-1} \\ &= 2^2 g(k-2) + 2 \times 2^{k-1} \\ &= \cdots\cdots \\ &= 2^k g(0) + k \times 2^{k-1} \\ &= \frac{1}{2} n \log n \end{aligned} \tag{3-6}$$

在最坏的情况下有：

$$\begin{cases} g(k) = 2g(k-1) + 2^k - 1 \\ g(0) = 0 \end{cases} \tag{3-7}$$

解此递归方程得：

$$\begin{aligned} g(k) &= 2g(k-1) + 2^k - 1 \\ &= 2^2 g(k-2) + 2\times 2^k - 2 - 1 \\ &= \cdots\cdots \\ &= 2^k g(0) + k\times 2^k - \sum_{i=0}^{k-1} 2^i \\ &= n\log n - n + 1 \end{aligned} \tag{3-8}$$

因此，综合最好和最坏情况，合并排序算法的时间复杂度为$\Theta(n\log n)$。

3.2.4 快速排序

快速排序由 C. A. R. Hoare 在 1960 年提出。它的基本思想是：通过一趟排序将要排序的数据分割成独立的两部分，其中一部分的所有数据都比另外一部分的所有数据小，然后按此方法对这两部分数据分别进行快速排序。整个排序过程可以递归进行，以此达到使整个数据有序的目标。要理解快速排序，首先看一下快速排序是怎样把数组 *A*[]中的数据分成两个部分。首先确定一个主元素（pivot element，又称为枢点），依据这个主元素的值，凡是小于等于主元素值的放在一边，大于等于的放在另一边。一般的算法都是把待排序的第一个或最后一个数据作为主元素值，一种算法的步骤如下。

步骤 1：把数组中的第一个元素作为主元素值 *key*=*A*[low]；

步骤 2：*i*←low，*j*←high，在 *j*>*i* 时重复：

① 从 *j* 开始向前搜索，找到第一个小于 *key* 的 *A*[*j*]；

② 从 *i* 开始向后搜索，找到第一个大于 *key* 的 *A*[*i*]；

③ 交换 *A*[*i*]和 *A*[*j*]。

步骤 3：交换 *A*[*i*]和 *key*。

此时，*A* 数组中的数据以 *key* 为参考，它左边的数据都不大于 *key*，右边的数据都不小于 *key*。下面给出一个具体实例，表 3-1 中为待排序数组。

表 3-1 待排序数组

数据	5	3	7	6	4	1	0	2	9	10	8
下标	0	1	2	3	4	5	6	7	8	9	10

首先，*key*=5，*i*=0，*j*=10。从后往前找，当*j*=7 时，找到第一个比 5 小的数 *A*[7]=2；从前往后找，当 *i*=2 时，找到第一个比 5 大的数 *A*[2]=7。交换 *A*[2]和 *A*[7]，结果如表 3-2 所示。

表 3-2　结果（1）

数据	5	3	2	6	4	1	0	7	9	10	8
下标	0	1	2	3	4	5	6	7	8	9	10

此时 *i*=2，*j*=7。从后往前找，当*j*=6 时，找到比 5 小的数 *A*[6]=0；从前往后找，当 *i*=3 时，找到比 5 大的数 *A*[3]=6。交换 *A*[3]和 *A*[6]，结果如表 3-3 所示。

表 3-3　结果（2）

数据	5	3	2	0	4	1	6	7	9	10	8
下标	0	1	2	3	4	5	6	7	8	9	10

此时 *i*=3，*j*=6。从后往前找，当*j*=5 时，找到比 5 小的数 *A*[5]=1；从前往后找，直到 *i*=*j*=5。交换 *A*[0]和 *A*[5]，结果如表 3-4 所示。

表 3-4　结果（3）

数据	1	3	2	0	4	5	6	7	9	10	8
下标	0	1	2	3	4	5	6	7	8	9	10

具体分割算法如下。

算法 3.9　按枢点元素划分序列。

输入：数组 *A*，数组的起始边界 low 和结束边界 high。

输出：枢点元素最终的位置。

```
1.  int split(int A[], int low, int high)
2.  {
3.        int key, i, j;
4.        i = low; j = high; key = A[low];
5.        while (i < j)
6.        {
7.              while(i<j && A[i]<=key)
8.                    i++;
9.              while(i<j && A[j]>=key)
10.                   j--;
11.             temp = A[i];
12.             A[i] = A[j];
```

```
13.             A[j] = temp;
14.         }
15.         temp = A[low];
16.         A[low] = A[i];
17.         A[i] = temp;
18.         return i;
19. }
```

对于前后两部分数，可以采用同样的方法来排序。现在以 i 为分割点的左、右半部分均是无序的，如果对这两部分都进行排序，整个数据序列就排好序了。显然，这是两个与原问题相同的问题，只是规模缩小了。因此，可以采用递归的方式分别对前后两部分进行快速排序。因此，整个快速排序的算法描述如下。

算法 3.10 快速排序的分治算法。

输入：待排序数组 A，数组的起始边界 low 和结束边界 high。

输出：按递增顺序排序的数组 A。

```
1.  void quick_sort(int A[], int low, int high)
2.  {
3.      int i;
4.      if (low<high)
5.      {
6.          i = split(A, low, high);     //分割成两部分
7.          quick_sort(A, low, i-1);   //递归调用
8.          quick_sort(A, i + 1, high);
9.      }
10. }
```

下面对快速排序的时间复杂度问题做一下分析。根据前面的分析，快排利用枢点把小于等于它的数放在左边，大于它的放右边。如果左边的个数为 k 个，接下来对左右两部分进行递归排序。令整个参与排序的规模为 n，所需时间函数为 $f(n)$，则：

$$f(n)=f(k)+f(n-k-1)+n-1 \tag{3-9}$$

最坏的情况是左边没有数据，即 k=0，则：

$$f(n)=f(n-1)+n-1 \tag{3-10}$$

整个算法在最坏的情况下时间复杂度为 $O(n^2)$。

下面来分析一下平均情况，假定所有元素的值都不相同，被选取作为枢点元素的可能性都为 $1/n$。枢点元素经 split 函数重新排列后，位于序列的第 k 个位置（$1\leqslant k\leqslant n$），则枢点元素的左边有 $k-1$ 个数据，右边有 $n-k$ 个数据。于是有如下递归方程：

$$\begin{cases} f(n) = \dfrac{1}{n}\sum_{k=1}^{n} f(k-1) + f(n-k) + n - 1 \\ f(0) = 0 \end{cases} \tag{3-11}$$

因为：

$$\sum_{k=1}^{n} f(k-1) = f(0) + f(1) + \cdots + f(n-1) = \sum_{k=1}^{n} f(n-k) = \sum_{k=0}^{n-1} f(k) \tag{3-12}$$

所以：

$$f(n) = (n-1) + \frac{2}{n}\sum_{k=0}^{n-1} f(k) \tag{3-13}$$

把式（3-13）两边乘以 n，得到：

$$nf(n) = n(n-1) + 2\sum_{k=0}^{n-1} f(k) \tag{3-14}$$

用 $n-1$ 取代式（3-14）中的 n，有：

$$(n-1)f(n-1) = (n-1)(n-2) + 2\sum_{k=0}^{n-2} f(k) \tag{3-15}$$

令式（3-14）减去式（3-15），得到：

$$nf(n) = (n+1)f(n-1) + 2(n-1) \tag{3-16}$$

式（3-16）两边除以 $n(n+1)$，得到：

$$\frac{f(n)}{n+1} = \frac{f(n-1)}{n} + \frac{2(n-1)}{n(n+1)} \tag{3-17}$$

令 $h(n)=f(n)/(n+1)$，代入式（3-17），得到：

$$\begin{cases} h(n) = h(n-1) + \dfrac{2(n-1)}{n(n+1)} \\ h(0) = 0 \end{cases} \tag{3-18}$$

解此递归方程得：

$$\begin{aligned} h(n) &= \sum_{k=1}^{n} \frac{2(k-1)}{k(k+1)} = 2\sum_{k=1}^{n} \frac{2}{k+1} - 2\sum_{k=1}^{n} \frac{1}{k} \\ &= 4\sum_{k=2}^{n+1} \frac{1}{k} - 2\sum_{k=1}^{n} \frac{1}{k} \\ &= 4\left(\sum_{k=1}^{n} \frac{1}{k} + \frac{1}{n+1} - 1\right) - 2\sum_{k=1}^{n} \frac{1}{k} \\ &= 2\sum_{k=1}^{n} \frac{1}{k} - \frac{4n}{n+1} \end{aligned} \tag{3-19}$$

因此：

$$h(n) = 2\ln n - \Theta(1) = \frac{2\log n}{\log \mathrm{e}} - \Theta(1) \approx 1.44\log n \tag{3-20}$$

所以：

$$f(n) = (n+1)h(n) \approx 1.44n\log n \tag{3-21}$$

因此，快速排序算法平均情况下的时间复杂度为$\Theta(n\log n)$。

3.2.5 快速排序的改进

从上一节对快速排序时间复杂度的分析来看，影响快速排序的主要问题是枢点的选择。如果选择的枢点值在进行数组划分时，能够使前后两部分规模一致，此时能达到最好情况。在实践中，如何使算法尽量接近于这个最好值呢？下面介绍两种常用的方法。一种是三值取中法，就是把待排序的数据取左、中、右三个数据，然后取它们的中值作为枢点值。三值取中法使得最坏情况几乎不可能发生，它本身带有一定的随机性，所以能够很好地处理随机数据。另一种改进的方法是使用数组中的一个随机元素作为枢点值，即生成 low 到 high 中的一个随机数，以这个随机数下标处的值作为枢点值。这两种方法从统计意义上讲，出现最坏情况的概率相对很小，从而可以有效避免陷入最坏的情况，而且这样的做法可以接近平均情况的运行时间。

进一步思考一下我们会发现，在快速排序算法的递归实现中，存在一种不太好的现象：随着递归层层深入，大量数据被分割成了小数组；快速排序对于大数组的划分可以迅速地将元素移动到它正确位置的附近。比如说对 2048 个元素进行 1 次均等划分，那么某个元素可能会移动数百个甚至上千个单位位置，若进行 4 次均等划分，元素在正确位置上的概率就从 1/2048 骤升到 1/128，所以一次划分的效率还是相当高的。然而对于小数组，快速排序的效率就不那么理想了。对于 8 个元素的数组，快速排序也要划分 3 次才能把它移动到正确的位置上，一次只能移动几个单位的位置。换句话说，快速排序对少量数据的划分远不如它对大量数据的划分这么划算。当排序进入小数组阶段后，它将多次因为这些小数组而频繁调用自身，但获得的收益并不大。对大量数据排序时，在前期利用快速排序的特点，让这些数据迅速移动到正确位置附近，到数据量小于一个设定值 Num 时，采用其他排序算法。那么 Num 值应该取多少？又应该选择何种排序算法进行最终排序？对接近有序的数据排序，没有什么算法比插入排序更合适了，插入排序的执行开销与所有元素偏离自己正确位置的距离成正比，而且根据大量实验的结果，Num在5～20之间是比较合适的。

采取分治递归策略的排序算法在问题“分”到一个较小的规模时，都存在后续效率不高的问题（如归并排序），所以这类排序都可以在这方面进行优化。

3.2.6 平面最近点对问题

平面最近点对问题是指：在给出同一个平面内所有点坐标的情况下，找出这些点中最近的两个点。

假设集合 S 中有 n 个点，一共可以组成 $n(n-1)/2$ 对点对。假如我们采用穷举法，那么就需要对这 $n(n-1)/2$ 对点对逐对进行距离计算，通过循环求得点集中的最近点对。很明显，这种做法的时间复杂度为 $O(n^2)$。

这里如果用分治法来解决这个问题，把所有点分成左右两个部分，分别求这两个部分的最接近点对，再根据这两个解组合分析出整个点集的最接近点对。对于左右两部分最短距离的求解可以采用递归方法。

3.2.6.1 分治法解最接近平面点对的思想及步骤

把平面上的点先按横坐标排序，然后根据中点 M 把所有点分成左、右两部分。假设我们已经求出左边点集的最近距离 d_1，右边点集的最近距离 d_2，令 $d=\min(d_1, d_2)$，那么最终要求的最近距离可能是 d，但也可能是一个点在左边、一个点在右边构成的点对所形成的距离，见图 3-4。平面上有若干个点，以 F 线把平面上的点一分为二（假设 F 线本身属于左半部分），有 $d_1=|AB|=1$，$d_2=|HI|=1$，所以 $d=\min(d_1, d_2)=1$。

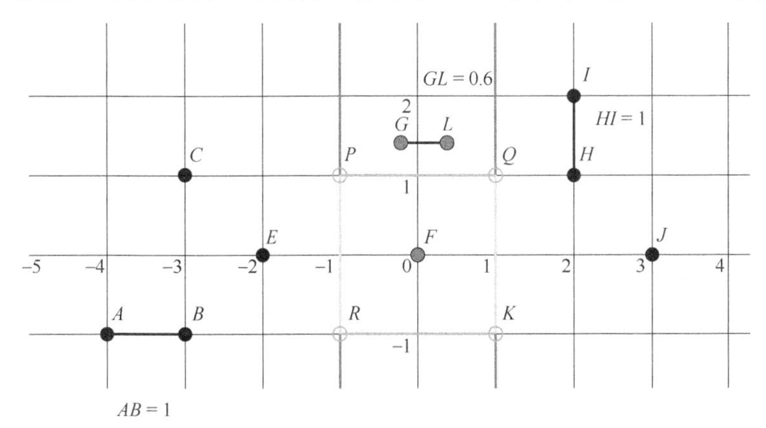

图 3-4　最接近点对实例

已经知道左半部分最近距离d_1，以及右半部分最近距离d_2，那么所有点集的最短距离还有可能是一个点在左半部分，一个点在右半部分，比如$|GL|=0.6$。现在怎么求出一个点在左边、一个点在右这种情况的最短距离呢？也就是经过“分”后，解决了小问题（有了答案d_1, d_2），怎么“治”可以得到最终的结果呢？一个简单想法就是枚举左边的点和右边的点组成的点对，但是这样做时间复杂度显然太高了。假设左边有$n/2$个点，右边有$n/2$个点，直接枚举所有点对要枚举$n^2/4$次！考虑到递归的部分，那时间复杂度是相当高的，所以得从其他途径考虑。

既然已经知道左半部分和右半部分的最短距离d，那么可以利用这个距离d来减少点对数以及点对的计算量。上面的例子$d=1$，是以F线分割点集的，那么分别在F线左、右两边，距离为$d=1$的地方，画两条直线（图中的PR和QK）。显然，要找到左、右两边距离小于d的点对，这两个点必然落在两条直线（PR和QK）之间！因为一旦有一个点在两条直线区间外，那它们之间的距离必然大于d。所以，要找左、右两边距离小于d的点对，只需要考察落在两条直线范围内的点，比如图3-4中，就只需要考察F、G、L三个点即可。

进一步考察，PR和QK区域范围的某一个点，选择哪些点与它计算距离有可能比d还小呢？假设中间区域中的点按y坐标排好序，分别是$p_1, p_2, \cdots, p_k$。对于一个p_i点，以p_i的纵坐标为横线，以F线为对称轴画一个长$2d$、宽为d的长方形，见图3-5。实心黑点为p_i点，虚线把长方形分成8个边长为$d/2$的正方形，则与p_i距离小于d的点至多有7个。因为如果超过7个，必有两个点落到同一个小正方形内，它们之间的距离最多为小正方形的对角线长，也就是$d/\sqrt{2}$，小于d，这与左、右两边点对的最小距离为d矛盾。

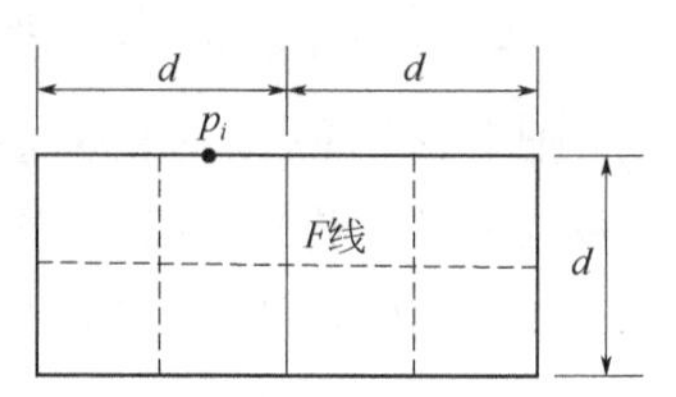

图3-5　寻找最接近点p_i的点对

基于这一原理，对距离中间线小于d的每一个点，只需要从上到下（或从下到上）计算排在它后面的7个点的距离就可以了。所有这样的距离中的最小值d_m如果比d小，则平面上所有点对间的最小距离就是d_m，否则最小距离就是d。在实际中，对一个点p_i往后计算距离时，通常不计算它后面的7个，而是直接计算到p_i后面纵坐标比p_i纵坐标大d的点为止。这是因为理论上的至多7个点在实际中很少全部出现，如果一个纵坐标比p_i纵坐标大d的点，这两点间的距离一定大于d，这样的技巧在实际计算时可以节省不少的计算量。所于这个部分的计算时间为$O(7n-7)$。这里再要强调的是距离中间线小于d的点是经过纵坐标排序好的。

现在另一个问题就出现了，我们在把点分成左右两部分前，需要按点的横坐标排序，在找中间部分点的最短距离时还要把这些点按纵坐标排序。考虑到递归，如果每次递归过程都用一个排序算法进行两次排序，因为一般比较法排序的时间复杂度为 $O(n\log n)$，所以整个算法的时间复杂度可能很高。因此，在实际编码时，先建立两个辅助数组 X、Y。把所有点按横坐标递增顺序排序放在数组 X 中，再把 X 中元素及该元素在 X 中的下标拷贝到数组 Y，按纵坐标的递增顺序排序 Y 中的元素。这样在递归时，只要从 X 数组中顺序抽取小于中间元素横坐标的元素，就是左边部分按横坐标排好序的元素，这个抽取后的数组就可以直接用于本次递归的后续计算，这显然是线性时间复杂度。更重要的是，扫描一次 Y 后，依次把小于中间下标的元素顺序保留形成的数组也是按 y 排序的，这可以直接用于下一轮递归。右半部分同理。

当求离中间线距离小于 d 的点对最小距离时，因为 Y 中保留了元素点在 X 数组中的下标和横坐标，所以从 Y 中按顺序抽取距离中间线小于 d 的元素，这些也是按纵坐标排好序的，因此可以直接应用它来完成中间点最小距离对的计算，不用递归时再去排序。

例如，设按 x 坐标排好序的点：

X：(4, 5) (5, 13) (6, 2) (7, 8) (9, 7) (10, 12) (11, 11) (12, 9) (18, 3) (20, 6)

按 y 坐标排序好，并加上这个点在 x 排序时的序号：

Y：(6, 2, 3) (18, 3, 9) (4, 5, 1) (20, 6, 10) (9, 7, 5) (7, 8, 4) (12, 9, 8) (11, 11,7) (10, 12, 6) (5, 13, 2)

根据数组 Y 中的元素所保存的该元素在 X 上的下标，把位置低于或等于 9（中间点的 x 坐标）的元素依次拷贝到数组 YL 中，则 YL 中的元素也是按 y 排序的：(6, 2, 3) (4, 5, 1) (9, 7, 5) (7, 8, 4) (5, 13, 2)。这个可以直接用到左部分的递归中。

再看一下，在求离中间线距离小于 d 的中间点对最小距离时要把这些点按纵坐标排序，有了上面的 Y 数组，可以应用它里面的 x 坐标信息，顺序提取距离中间点坐标小于 d 的所有点，比如与中间点(10, 12)在 x 方向上距离小于等于 4 的点为：(6, 2, 3) (9, 7, 5) (7, 8, 4) (12, 9, 8) (11, 11, 7) (10, 12, 6)。很显然，这组元素是按 y 排好的，直接用于距离 d_m 的计算而不用再排序。

综上所述，求平面点对最小距离的步骤描述如下。

（1）预处理步骤

① 如果 X 中元素个数 n 小于 2，直接返回，否则转步骤②。

② 按 x 坐标递增顺序排序 X 中元素，第一个和最后一个元素的下标为 low 和 high。

③ 把 X 中元素及该元素在 X 中的下标拷贝到数组 Y，按 y 坐标的递增顺序排

列 Y 中元素。

④ 以 Y 作为辅助数组，调用分治算法，计算 X 中下标为 low～high 的元素的最接近点对及其距离。

（2）分治步骤

① 如果 high－low<3，直接计算，否则转步骤②。

② 令 m=(high－low)/2，把数组 X 划分成两个子数组，其下标分别为 low～low+m，low+m+1～high。

③ 分配两个 A_POINT 新数组 SL 和 SR，大小分别为 m+1 和(high－low)/2，以数组 X 的下标值 low+m 为界，根据数组 Y 中的元素所保存的该元素在 X 的下标，把位置低于或等于 low+m 的元素依次拷贝到 SL，把位置高于 low+m 的元素依次拷贝到 SR，则 SL 和 SR 中的元素，也按 y 坐标的递增顺序排序。

④ 以 SL 作为辅助数组，递归调用分治算法，计算 X 中下标为 low～low+m 的元素的最接近点对及其距离 d_l。

⑤ 以 SR 作为辅助数组，递归调用分治算法，计算 X 中下标为 low+m+1～high 的元素的最接近点对及其距离 d_r。

（3）组合步骤

① 令 $d=\min(d_l, d_r)$。

② 在数组 Y 中，对 $\left|X[\text{low}+m].x-Y[i].x\right|<d$, $0\leqslant i<n$ 的所有元素，重新依次存放于数组 Z ，则数组 Z 的元素仍然按 y 坐标的递增顺序排序。

③ 对数组 Z 中的每一个元素，判断其下标大于它的相邻 7 个元素，寻找距离最小的点对。

3.2.6.2 算法实现

假设存放平面点集的数据结构为：

```
typedef struct
{
    float  x;       // 元素的 x 坐标
    float  y;       // 元素的 y 坐标
} POINT;
```

为了使辅助数组 Y 中的元素方便地与 X 数组中地元素互相对应，另外定义存放辅助数组 Y 的元素的数据结构：

```
typedef struct
{
```

```
    int index;      //该元素在 X 数组中的下标
    float  x;       // 元素的 x 坐标
    float  y;       // 元素的 y 坐标
} POINT_Y;
```

算法实现如下。

算法 3.11 平面最接近点对的分治算法。

输入：数据点。

输出：最接近点对距离以及对应的点对。

```
/*求两点间的距离*/
1.  float dist(POINT p1, POINT p2)
2.  {
3.       return (float)sqrt((p1.x-p2.x)*( p1.x-p2.x)+( p1.y-p2.y)*
( p1.y-p2.y));
4.  }
   /*合并算法 1*/
5.  void merge1(POINT A[], int p, int q, int r, int m)
6.  {
7.       POINT  *bp = new POINT[m]; //分配缓冲区，存放被排序的元素
8.       int  i, j, k;
9.       i = p;
10.      j = q+1;
11.      k = 0;
12.      while (i<=q && j<=r)
13.      {
14.           if (A[i].x <= A[j].x)   //这里以 X 坐标进行排序
15.                bp[k++] = A[i++];
16.           else
17.                bp[k++] = A[j++];
18.      }
19.      if (i == q+1)
20.      {
21.           for (; j<=r; j++)
22.                bp[k++] = A[j];
23.      }
24.      else
25.      {
```

```
26.         for (; i<=q; i++)
27.             bp[k++]=A[i];
28.     }
29.     k = 0;
30.     for (i=p; i<=r; i++)
31.         A[i] = bp[k++];
32.     delete bp;
33. }
/*合并算法 2*/
34. void merge2(POINT_Y A[],int p,int q,int r,int m)
35. {
36.     POINT_Y  *bp = new POINT_Y[m];
37.     int  i, j,k;
38.     i = p;
39.     j = q+1;
40.     k = 0;
41.     while (i<=q && j<=r)
42.     {
43.         if (A[i].y <= A[j].y)
44.             bp[k++]=A[i++];
45.         else
46.             bp[k++] = A[j++];
47.     }
48.     if (i == q+1)
49.     {
50.         for (; j<=r; j++)
51.             bp[k++] = A[j];
52.     }
53.     else
54.     {
55.         for (; i<=q; i++)
56.             bp[k++]=A[i];
57.     }
58.     k = 0;
59.     for (i=p;i<=r;i++)
60.         A[i] = bp[k++];
61.     delete bp;
62. }
```

```
   /*合并排序 1*/
63. void merge_sort1(POINT A[], int n)
64. {
65.       int i, s, t = 1;
66.       while (t < n)
67.       {
68.             s = t; t = 2 * s; i = 0;
69.             while (i+t<n)
70.             {
71.                   merge1(A, i, i+s-1, i+t-1, t);
72.                   i = i + t;
73.             }
74.             if (i+s < n)
75.                   merge1(A, i, i+s-1, n-1, n-i);
76.       }
77. }
   /*合并排序 2*/
78. void merge_sort2(POINT_Y A[], int n)
79. {
80.       int i, s, t = 1;
81.       while (t<n)
82.       {
83.             s = t; t = 2 * s; i = 0;
84.             while (i+t<n)
85.             {
86.                   merge2(A, i, i+s-1, i+t-1, t);
87.                   i = i + t;
88.             }
89.             if (i+s < n)
90.                   merge2(A,i,i+s-1,n-1,n-i);
91.       }
92. }
/*分治法计算最接近点对*/
93. void closest_dis(POINT X[], POINT_Y Y[], int left, int right, POINT
&a, POINT &b, float &dis)
94. {
95.       int i, j, k, dm;
96.       POINT point1_left, point2_left, point1_right, point2_right;
```

```
97.      float dis_left, dis_right;
98.      if ((right-left) == 1)
99.           (a=X[left], b=X[right], dis=dist(X[left],X[right]));
100.          else
101.               if ((right-left) == 2)
102.               {
103.                    dis_left = dist(X[left], X[left+1]);
104.                    dis_right = dist(X[left], X[left+2]);
105.                    dis = dist(X[left+1], X[left+2]);
106.                    if((dis_left<=dis_right) && (dis_left<=dis))
107.                         (a = X[left], b = X[left+1], dis=dis_left);
108.                    else
109.                         if (dis_right <= dis)
110.                         (a =X[left],b=X[left+2], dis=dis_ right);
111.                         else (a = X[left+1], b = X[left+2]);
112.               }
113.               else
114.               {
115.               POINT_Y *ARRAY_LEFT = new POINT_Y[(right- left)/2+1];
116.                    POINT_Y *ARRAY_RIGHT;
117.                    if ((right-left)%2==0)
118.                         ARRAY_RIGHT = new POINT_Y[(right-left)/2];
119.                    else
120.                         ARRAY_RIGHT = new POINT_Y[(right-left)/
2+1];
121.                    dm = (right+left)>>1;    //中点下标
122.                    j = k = 0;
123.                    for (i=0; i<=right-left; i++)
124.                         if (Y[i].index<=dm)
125.                              ARRAY_LEFT[j++]=Y[i];
126.                         else
127.                              ARRAY_RIGHT[k++]=Y[i];
128.          closest_dis (X,ARRAY_LEFT,left,dm,point1_left, point2_
left, dis_left);
129.          closest_dis(X,ARRAY_RIGHT,dm+1,right, point1_ right,
point2_right, dis_right);
130.                   if (dis_left<dis_right)
131.                   (a = point1_left, b = point2_left, d = dis_left);
```

```
132.                     else
133.                     (a = point1_right, b = point2_right, d =
dis_right);
134.          POINT *MidPoint=new POINT[right-left+1];
135.          k=0;
136.          for(i=0; i<=right-left; i++) // 记录两侧距离中线小于dist的点
137.             if (fabs(X[dm].x-Y[i].x) < dis)
138.             (MidPoint[k].x=Y[i].x, MidPoint[k++].y=Y[i].y);
139.             for(i=0; i<k; i++)
140.             for (j=i+1; (j<k)&&(MidPoint[j]. y-MidPoint[i].y
<dis); j++)
141.             {
142.             dis_left = dist(MidPoint[i], MidPoint[j]);
143.             if (dis_left<dis)
144.             { a= MidPoint[i]; b= MidPoint[j]; d=dis_left;}
145.                        }
146.                   delete ARRAY_LEFT;
147.                   delete ARRAY_RIGHT;
148.                   delete MidPoint;
149.               }
150.     }
/*平面点集最接近点对问题*/
151.     void closest_pair(POINT X[], int n, POINT &a, POINT &b, float
&d)
152.     {
153.          if (n < 2)
154.              d = 0;
155.          else
156.          {
157.              merge_sort1(X, n); //以x坐标对平面点进行排序O(nlogn)
158.              POINT_Y *Y=new POINT_Y[n];
159.              for (int i=0; i<n; i++)
160.              {
161.                   Y[i].index=i;
162.                   Y[i].x=X[i].x;
163.                   Y[i].y=X[i].y;
164.              }
165.              merge_sort2(Y,n);
```

```
166.            closest_dis(X,Y,0,n-1,a,b,d);
167.            d = (float)sqrt(d);
168.            delete Y;
169.        }
170.    }
```

3.2.6.3 时间复杂度分析

根据前面的分析和函数 closest_pair，先要对 n 个点进行 x 和 y 上的排序，很显然，这两部分的时间复杂度都是 $O(n\log n)$。现在来考察 closest_dis 函数，在点的个数大于 2 时，运行时间主要由三个部分组成：

① 把 n 个点分成左右两个部分，则需要比较 n 次。

② 在 n 个点中找出在 x 方向上离中心线小于 d 的点，则需要比较 n 次。

③ 在 x 方向上离中心线小于 d 的点最多有 n 个，每一个点只与其后面的 7 个点进行距离计算，因此，这个基本操作数可以考虑为 $7n$。

考虑到 $n \leqslant 2$ 时，计算操作数为 1，所以可以列出以下递归方程：

$$\begin{cases} f(n)=1, & n=2 \\ f(n)=2f\left(\dfrac{n}{2}\right)+9n, & n>2 \end{cases}$$

很容易计算出 closest_dis 函数的运行时间是 $O(n\log n)$。因此，closest_pair 的运行时间是 $O(n\log n)$。

虽然用分治法达到了运行时间为 $O(n\log n)$ 的上界，但这个算法的计算量还有可以提升的空间。考虑中间部分，算法是把所有中间点都考虑进来了，但实质上要找更小的距离，应该是左边的点只与右边点计算距离，右边点只与左边点计算距离，因此，在进行中间部分点的计算时，还是可以在这个方面缩减一些运行量的。

3.2.6.4 问题讨论

平面最接近点对问题是一个基本问题，思路非常值得借鉴。这个里面有些情况是可以进一步思考后扩展的。首先，平面最接近点对使用的是欧氏距离，这是一个同心圆等距的距离。但还有很多其他距离，比如欧氏距离、曼哈顿距离、闵可夫斯基距离、切比雪夫距离等，这里不一一介绍，读者可自行查找相关资料。应用不同距离公式得到的结果不同，对不同距离的应用可以在相同场合下得到不一样的结果。机器学习领域通常应用距离作为两个对象相似度的一种度量，所以会选择不同的距离解决不同的问题。另外，读者也可以根据情况设计不同的距离计算公式，达到不同的目标。假设有 A、B 两点，设计一个距离公式应该满足如下四个条件：

① 非负性　距离应是一个非负数，即 $d(A, B)\geqslant 0$。

② 统一性　点到自身的距离为 0，即 $d(A, B)=0$。

③ 对称性　A 到 B 与 B 到 A 的距离相等，且是对称函数，即 $d(A, B)=d(B, A)$。

④ 三角不等式　从点 A 到 B 的距离不会大于途经的任何其他点 C 的距离。即 $d(A, B)\leqslant d(A, C)+d(C, B)$。

在此基础之上值得思考的问题是，平面最接近点对的计算中，点是二维的，那么如果是三维的甚至 n 维空间中的点该如何应用最快的方法来进行计算呢？此外，前面谈到的最接近点对问题提出的条件是点的坐标信息在计算之前都已经给定，那么我们是不是可以设想这样的问题，如果计算前坐标点的信息没有全部给出，而是随着时间依次给出，只有知道前 $n-1$ 个点间的最接近点对及其最小距离后，才会给出第 n 个点的坐标信息，最终目标求解 n 个点的最接近点对及最小距离，这就是所谓的最接近点的在线问题。感兴趣的读者可以查找相关文献进行学习。

3.2.7 BFPRT 算法（TOP-K 问题）

在一系列数据中求其第 k 大或第 k 小的问题，简称 TOP-K 问题，有的书上又称为选择问题，这个问题一种有效的算法是 BFPRT 算法，又称为中位数算法。该算法由 Blum、Floyd、Pratt、Rivest、Tarjan 提出，最坏时间复杂度为 $O(n)$。在讲述快速排序时，如果选择的枢点值可以有效地把元素划分成大致相等的两部分，可以达到最好的时间复杂度 $O(n\log n)$。因此，如果有一种算法能够以线性时间复杂度把待排序元素的中位数找出来，则快速排序就可以保证在最坏情况下都可以达到 $O(n\log n)$。

一般地，要解决 TOP-K 问题，首先想到的是先对所有数据进行一次排序，然后取其第 k 个数据即可，但是这么做有两个问题：

① 基于比较的排序算法最优的时间复杂度为 $O(n\log n)$，不好的时间复杂度达到了 $O(n^2)$，而有些算法根据输入元素不能始终保证较好的复杂度。

② 考虑问题本身，只需要求第 k 大或小的元素，并没有要求一定要对所有元素进行排序，如果用排序算法是否进行了不必要的计算。

除了排序的这一想法外，2.4 节介绍的堆排序也是一个比较不错的选择，如果维护一个大小为 k 的堆，时间复杂度为 $O(n\log k)$。

这些算法基本上都是 $O(n\log n)$的时间复杂度，那是否还存在更有效的方法呢？考虑递归后如果问题的规模变得越小，速度也随之提高，比如 3.1.2 节的例 3.3，用递归求 a^N。我们的小问题是 $a^{N/2}$，时间复杂度就变成了 $O(\log n)$，如果小问题是 a^{N-1}，时间复杂度就为 $O(n)$。因此，如果能找出给定数据的中值，我们称为主元。根据主元，把所有数据分成 P、Q、R 三个部分，其中 P 放置比主元小的元素，Q 放置与主元相等的数，R 放置比主元大的数。那么根据各部分元素的个数，就可以做出如下的结论（以求第 k 小为例，求第 k 大的数同理）。

令$|P|$、$|Q|$、$|R|$分别表示各部分元素的个数，则：

① 如果 $k\leqslant|P|$，第 k 小在 P 部分内。

② 如果$|P|<k\leqslant|P|+|Q|$，则主元就是要找的第 k 小的值，结束。

③ 如果 $k>|P|+|Q|$，则第 k 小在 Q 这个部分。

所以，如果是情况①，就可以放弃 Q 和 R 部分的数据，递归地在 P 中继续找第 k 小值；如果是情况③，则可以放弃 P 和 Q 部分的数据，递归地在 Q 中查找第 k 小值，但是这里需要注意的是，由于放弃了 P、Q 部分，在原问题的第 k 小就变成在 Q 中的第 $k-|P|-|Q|$小，即此时的 $k=k-|P|-|Q|$。

通过这种思路，递归一次可以减少两个部分的数据，如果情况好的话，第 k 小直接就在 Q 中，这样使得算法至多以线性时间复杂性完成。BFPRT 算法的主要步骤如下。

步骤 1：将 n 个元素划分为$\lfloor n/5\rfloor$个组，每组 5 个元素，若有剩余，暂时不处理。

步骤 2：找到每一组的中值元素，构成一个规模为$\lfloor n/5\rfloor$的数组。

步骤 3：对 Step 2 中的数组递归调用算法，得到主元 m。

步骤 4：以主元 m 为分界点，扫描 n 个元素，把小于主元的元素放在 P 中，大于主元的元素放在 R 中，等于 m 的放在 Q 中。

步骤 5：判断 P、Q、R 中元素的个数与 k 的大小，根据前面的 3 个结论有选择地对左边或右边进行递归或者终止算法。

根据上述的步骤，如果设定递归的最小问题为 $n\leqslant5$，直接应用插入排序求得中值。注意这里只利用了中值的下标，而不关心中值的数值，目的是方便在划分函数中使用下标直接进行交换。BFPRT 算法执行完毕之后可以保证我们想要的数字是排在了它真实的位置上，所以可以直接使用中值的下标。具体算法描述如下。

算法 3.12 选择算法。

输入：数组 a，数组边界下标 l 和 r，要选择的第 k 小元素。

输出：所选择的元素。

```
1.  int BFPRT(int a[], int l, int r, int k)
2.  {
3.        if (r-l + 1 <= 5)  //小于等于 5 个数，直接排序得到结果
4.        {
5.              InsertionSort(a, l, r);   //插入排序
6.              return a[l + k-1];
7.        }
8.        int t = l-1;
9.        for (int st = l, ed; (ed = st + 4) <= r; st += 5)    //每 5
个进行处理
10.       {
11.             InsertionSort(a, st, ed);
12.             t++;
13.             swap(a[t], a[st+2]);   //将中值替换到数组前面，便于递归求
取中值的中值
14.       }
15.       int pivotId = (l + t) >> 1; //l～t 的中值的下标，作为主元的下标
16.       BFPRT(a, l, t, pivotId-l+1);
17.       int m = partition(a, l, r, pivotId), cur = m-l + 1;
18.       if (k == cur)  return a[m];      //刚好是第 k 个数
19.       else if(id < cur)
20.             return BFPRT(a, l, m-1, k);     //第 k 个数在左边
21.             else return BFPRT(a, m+1, r, k-cur);  //第 k 个数在右边
22. }
```

这里的划分函数与之前稍微不同，因为指定了划分主元的下标，所以参数增加了一个，并且第一步需要交换主元的位置。代码如下。

算法 3.13 划分算法。

输入：数组 a，数组边界下标 l 和 r，主元下标 pivotId。

输出：主元的最终位置。

```
1.  int partition(int a[], int l, int r, int pivotId)
2.  {
3.        swap(a[pivotId],a[r]);
4.        int j = l - 1;
5.        for (int i = l; i < r; i++)
6.              if (a[i] <= a[r])
```

```
7.                  swap(a[++j], a[i]);
8.          swap(a[++j], a[r]);
9.          return j;
10. }
```

划分时以 5 个元素为一组求取中值，共得到 $n/5$ 个中值，再递归求取中值，计算时间为 $T(n/5)$。得到的中值 m 作为主元进行划分，在 $n/5$ 个中值中，主元 m 大于其中 $1/2\times n/5 = n/10$ 的中值，而每个中值在其本来的 5 个数的小组中又大于或等于其中的 3 个数，所以主元 m 至少大于所有数中的 $n/10\times 3 = 3n/10$ 个。同理，主元 m 至少小于所有数中的 $3n/10$ 个。即划分之后，任意一边的长度至少为 3/10，在最坏情况下，每次选择都选到了 7/10 的那一部分，则递归的复杂度为 $T(7n/10)$。在每 5 个数求中值和划分的函数中，进行若干次线性的扫描，其时间复杂度为 cn，其中 c 为常数。其总的时间复杂度满足 $T(n)\leqslant T(n/5)+T(7n/10)+cn$。

我们假设 $T(n)=xn$，其中 x 不一定是常数，比如 x 可以为 n 的倍数，则对应的 $T(n)=O(n^2)$。则有 $xn\leqslant xn/5+7xn/10+cn$，得到 $x\leqslant 10c$。于是可以知道 x 与 n 无关，$T(n)\leqslant 10cn$，为线性时间复杂度算法。而这又是最坏情况下的分析，故 BFPRT 可以在最坏情况下以线性时间求得 n 个数中的第 k 个数。

3.2.8 棋盘覆盖问题

在一个 $2^k\times 2^k(k\geqslant 0)$个方格组成的棋盘中，恰有一个方格与其他方格不同，称该方格为特殊方格。显然，特殊方格在棋盘中可能出现的位置有 4^k 种，因而有 4^k 种不同的棋盘。图 3-6（a）所示是 k=2 时 16 种棋盘中的一个。图 3-6（b）为 4 种不同形状的 L 形骨牌。棋盘覆盖问题(chess cover problem)要求用这 4 种 L 形骨牌覆盖 $2^k\times 2^k$ 个方格的棋盘，除特殊方格不覆盖外，其他所有方格均要覆盖到，且任何 2 个 L 形骨牌不得重叠。

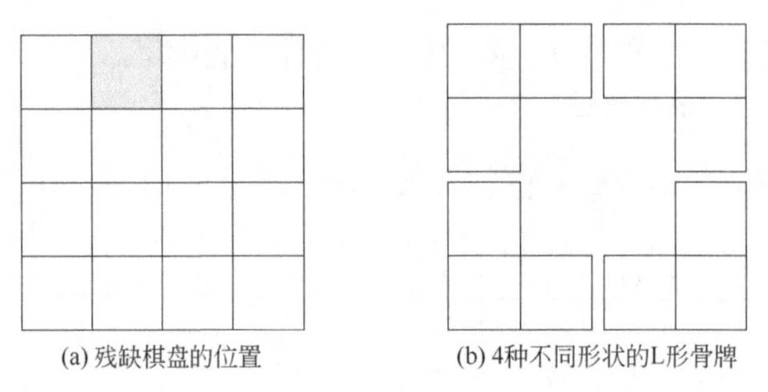

(a) 残缺棋盘的位置　　(b) 4种不同形状的L形骨牌

图 3-6　残缺棋盘

如何用分治法解决这个问题，如果将一个大的棋盘划分为相同大小的四块，在这四块相同大小的子棋盘中，然后想办法用 4 种形状的 L 形骨牌对子棋盘进行覆盖。但问题是现在只有一个子棋盘有一个格子是不可覆盖的，还有三个子棋盘是所有的格子都可以覆盖的，这样子问题的结构就与原问题不一样了，难以用递归方法加以解决。那么能不能把三个全部都可以覆盖的子棋盘构造成与原问题相同的问题呢？我们这样思考，因为在覆盖前的原问题中，已知不能覆盖的方格在某个子棋盘中，因此，剩下的三个棋盘就可以确定了，这样，就可以用一个 L 形骨牌覆盖这 3 个子棋盘的会合处，如图 3-7 所示。

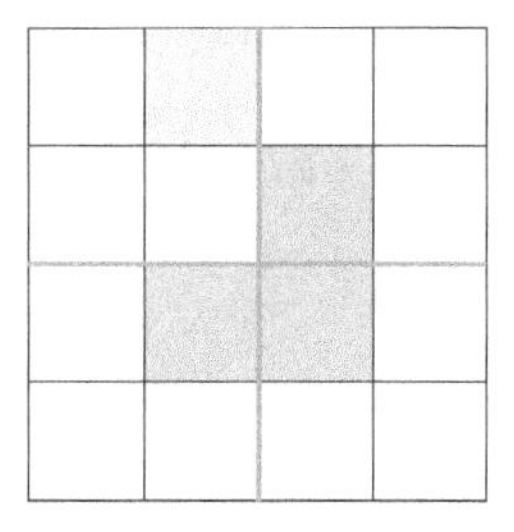

图 3-7　用一个 L 形骨牌覆盖这 3 个子棋盘的会合处

有了这个覆盖，现在就可以把 L 形骨牌的每一个小块分别作为三个子棋盘中不可覆盖的方格，从而将原问题转化为 4 个较小规模的棋盘覆盖问题，进而就可以应用递归来解决这个问题了。同时注意到，最小问题是 k=1 的子棋盘，这个问题只需要根据不可覆盖方格的位置直接选择一个对应 L 形骨牌来覆盖。覆盖过程如图 3-8(a～d)所示，灰色块表示原问题给定的不可覆盖方格。

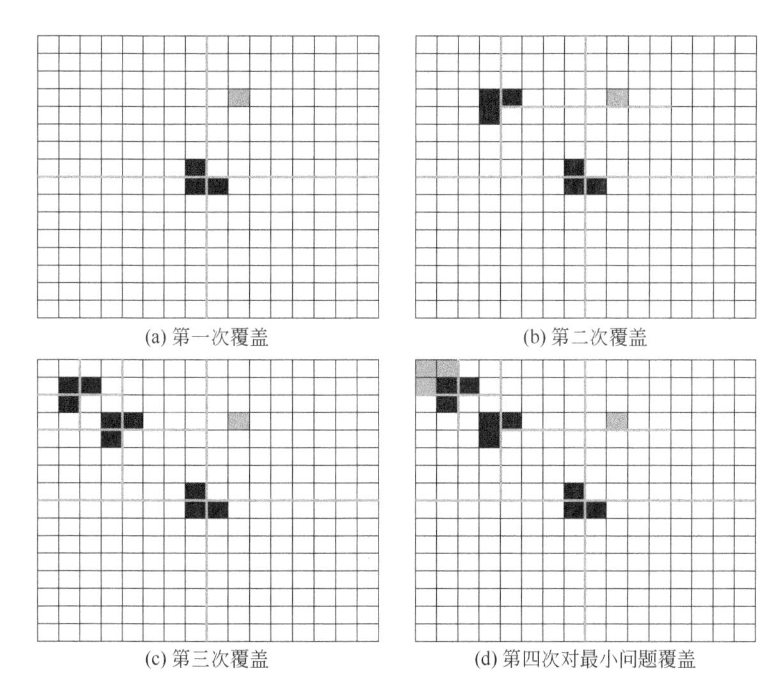

(a) 第一次覆盖　(b) 第二次覆盖

(c) 第三次覆盖　(d) 第四次对最小问题覆盖

图 3-8　棋盘覆盖过程

第四次覆盖一个最小问题后（左上 2×2 方格），然后对剩下的三个最小问题覆盖，转入上一层进入右边 4×4 的棋盘进行递归处理，一直到整个问题处理完毕。

从棋盘覆盖的例子可以得出这样的结论，在实际中，有时并不能直接地形成与原问题相同的子问题，要通过人为的构造，使得子问题与原问题相同，从而方便应用递归来解决。算法实现如下。

算法 3.14 棋盘覆盖问题算法。

输入：子棋盘左上角的坐标 t_r,t_c，特殊方格的坐标 d_r,d_c，子棋盘的行列数 *size*。

输出：各方格覆盖的 L 形骨牌的编号。

```
1.  int board[n][n];   //表示棋盘，n=2^k
2.  int tile = 1;
3.  void ChessBoard(int tr,int tc,int dr,int dc,int size)
4.  {
5.  if(size == 1)  return;     //递归边界
6.  int t = tile++;       //L 形骨牌号
7.  int s = size/2;       //分割棋盘
8.  if(dr<tr+s && dc<tc+s)
9.       ChessBoard(tr, tc, dr, dc, s);
10. else          //此棋盘中无特殊方格，用 t 号 L 形骨牌覆盖右下角
11. {
12.      board[tr+s-1][tc+s-1] = t;
13.      ChessBoard(tr, tc, tr+s-1, tc+s-1,s);    //覆盖其余方格
14. }
15. if(dr<tr+s && dc>=tc+s)      //覆盖右上角子棋盘
16.      ChessBoard(tr, tc+s, dr, dc, s);
17. else     //此棋盘中无特殊方格，用 t 号 L 形骨牌覆盖左下角
18. {
19.      board[tr+s-1][tc+s] = t;
20.      ChessBoard(tr, tc+s, tr+s-1, tc+s, s);
21. }
22. if(dr>=tr+s && dc<tc+s)     //覆盖左下角子棋盘
23.      ChessBoard(tr+s, tc, dr, dc, s);
24. else     //此棋盘中无特殊方格，用 t 号 L 形骨牌覆盖右上角
25. {
26.      board[tr+s][tc+s-1] = t;
27.      ChessBoard(tr+s, tc, tr+s, tc+s-1, s);
28. }
29. if(dr>=tr+s && dc>=tc+s)     //覆盖右下角子棋盘
```

```
30.       ChessBoard(tr+s, tc+s, dr, dc, s);
31. else    //此棋盘中无特殊方格，用 t 号 L 形骨牌覆盖左上角
32. {
33.       board[tr+s][tc+s] = t;
34.       ChessBoard(tr+s, tc+s, tr+s, tc+s, s);
35. }
36. }
```

设 $T(k)$为覆盖 $2^k\times2^k$ 棋盘的时间，当 $k=0$ 时，测试哪个子棋盘特殊以及形成 3 个特殊子棋盘需要 $O(1)$；当 $k>0$ 时，覆盖 4 个特殊子棋盘需四次递归调用，共需时间 $4T(k-1)$，所以整个算法的时间复杂度满足递推公式：

$$T(k)=\begin{cases}4T(k-1)+O(1), & k>0\\ O(1), & k=0\end{cases}$$

解该递推公式得：

$$\begin{aligned}T(k)&=4T(k-1)+O(1)=\cdots=4^kT(0)+O(1)\sum_{i=0}^{k-1}4^i\\&=4^kO(1)+O(1)\times(4^k-1)/3=O(4^k)\end{aligned}$$

从上式可以看出，棋盘覆盖问题算法的时间复杂度还是很大的，但这个算法提示我们，要应用递归解决问题，有时还应设置条件以满足递归的要求。

棋盘覆盖问题看起来只是一个智力的游戏，但实际上并非如此，在它原理的基础之上也形成了不少的应用，如基于棋盘覆盖的文件加密技术。感兴趣的读者可以查阅相关文献进行学习。

习　题

1．用分治法设计二叉检索算法，并分析其时间复杂度。

2．n 个互不相同的整数，按递增顺序存放于数组 A，若存在一个下标 i，$0\leqslant i<n$，使得 $A[i]=i$，设计一个算法，以 $O(\log n)$时间找到这个下标。

3．若数组 A 中有一半以上的元素相同，设计一个递归算法，以 $O(n)$时间找到这个元素。

4．设数组中元素的值为{26, 11, 35, 7, 40, 5, 8, 51, 10}，说明快速排序算法对该数组元素进行排序的工作过程。

5．设计一个分治算法，计算二叉树的高度。

6．有如下数据{2, 11, 7, 23, 15, 28, 30, 6, 42, 9, 57, 36, 55, 4, 40}。说明用BFPRT算法求第6大元素的工作过程。

7．设数组中元素的值为{3, 40, 54, 22, 36, 47, 10, 50}，说明合并排序算法对该数组元素进行排序的工作过程。

8．给定 n 个整数的集合 S 和另一个整数 x，设计一个算法，以 $O(n\log n)$时间确定 S 中是否存在两个整数之和为 x 的元素。

9．猴子吃桃子问题。猴子第一天摘下若干个桃子，当即吃了一半，还不过瘾，又多吃了两个，第二天早上又将剩下的桃子吃掉一半，又多吃了两个，以后每天早上都吃了前一天剩下的一半加两个，到第10天早上再想吃时，就只剩下两个桃子了。用递归算法求解第一天猴子摘下多少桃子。

10．设计一个分治算法，求一组数据的和。

11．设 A 和 B 是两个 $n\times n$ 矩阵，设计一个分治算法，计算 A 和 B 的乘积。

12．设计一个分治算法，求两个 n 位大整数的乘积。

第4章

贪婪法

人类有一种追求美好东西的特性，学校要招最好的老师，公司要招最能干的员工，提干要提优秀人员。很多年纪小的人喜欢贪玩，不愿学习，这些无一不散发出贪婪的味道。这些做法体现着一个共同的特性，就是我们人类总是喜欢选择当前看起来最好的东西，这种选择事物的策略就是贪婪策略，很多人都在不知不觉地应用着这种策略。在研究算法时，人们也把人类这种贪婪的思想应用到算法设计中，这就是本章要讨论的贪婪算法。

大家都知道这样一个生活常识，一个人如果在某些方面一味贪婪，最终的结果或许并不好，比如，总是爱占便宜的，在占得几次之后，能占便宜的机会就越来越少了；但如果一个人总是选择学习、思考和实践，那他最终一般会获得很好的成就。本章的贪婪算法结果也是这样，对有的问题用贪婪算法解决只能获得比较差的结果，有的却可以得到最好的结果，主要看在当前状态下如何选择。

4.1 贪婪算法

那到底什么是贪婪算法呢？先来看一下超市中的找零问题，例如：当售货员要找你63元时，怎么用张数最少的货币找给你这些钱？显然，如果用一张50元、一张 10 元、一张 2 元、一张 1 元找零，零钱的张数最少。这里面就包含了一个重要的策略：即每一次选择的货币面值都使得余下零钱的量最低，并且每次选择的货币面值要满足一个条件就是不能超出 63 元。比如，当第一次选择 50 元后，第二次不能选择 20 元。这样的策略，对于找零问题是不是可以得到最优解呢？很显然，在我们国家的这种面币基础上，是可以得到最优解的。但如果除了上述面值以外，还有 21 元面值的货币，那么上述策略就不能得到最优解，这个问题我们可以用下一章的动态规划算法来求解。

上述解决找零问题的策略就是贪婪法。贪婪法通常通过一系列步骤来构造问题的解，每一步对目前已构造的问题做一个扩展，直到获得问题的完整解为止。S. Dasgupta 等在《Algorithm》书中对贪婪法给出了说明，为忠实于原文，特摘抄如下：Greedy algorithms build up a solution piece by piece, always choosing the next piece that offers the most obvious and immediate benefit。贪婪法的核心思想是在每一步做选择时，必须满足以下三个条件：

① 可行性　即必须满足问题的约束。

② 局部最优性　它是当前所有局部可行的选择中最好的。

③ 不可取消性　到目前为止的所有选择在后续步骤中不能改变。

为进一步理解上述概念，我们以更详细的找零问题来说明。假设售货员有 50 元、20 元、10 元、5 元、2 元、1 元各两张，那怎么以张数最少的钱找给顾客 63 元呢？

实际上，这个问题可以构成一个解向量：$X=[x_1,x_2,\cdots,x_{12}]^{\mathrm{T}}$，每一张面币用一个变量来表示，每一个 x_i 的可取值为 0 或 1，0 表示该货币不给顾客，1 表示给顾客。所以对于 X 来说，有 2^{12} 种不同的形式，每一种不同的形式表示一种找给顾客零钱的方式，这个就是解空间。

在这个解空间中，哪些可以满足加起来的和为 63 元呢？很显然 $X=[1,0,0,0,1,0,0,0,1,0,1,0]$ 是可以的，$X=[1,0,0,0,0,0,1,1,1,0,1,0]$ 也是可以的，它们都满足面值加起来的和为 63 这个条件，这个条件称为约束条件，通常用方程的形式表示，称为约束方程。这里约束方程可以写为：

$$\sum_{i=1}^{12} p_i x_i = 63 \tag{4-1}$$

其中 p_i 为货币面值。我们把满足约束方程的解称为可行解。

显然，可行解有很多，但我们又有一个问题：在这些可行解中，哪些解使用的货币张数最少呢？这个目标我们用一个函数来表示，称为目标函数，可以写成：

$$d = \min \sum_{i=1}^{12} x_i \tag{4-2}$$

贪婪法看上去很简单，但它背后的理论基础却非常复杂，这种理论叫拟阵，有兴趣的读者可以参考相关文献。

适合于用贪婪法求解的最优化问题，要具有两个重要性质：贪婪选择性质和最优子结构性质。贪婪选择性质是指所求问题的全局最优解，可以通过一系列局部最优的选择来达到。最优子结构性质是指一个问题的最优解中包含其子问题的最优解。

比如上述找零问题，选择一张 50 元后，剩下的 13 元选择的张数也应该是最少的。这个表明，这种选择具有最优子结构性质，整个问题的最优解可以通过每一个子问题的最优解得到。如果假设还有 21 元面值货币，则先选择 50 元局部最优，但这种选择并不包含三张 21 元面值的最优解，即，当有 21 元面币可选时，并不满足全局最优解里包含局部最优解。

再举一个实例，货郎担问题。这个问题是从一个城市出发经过每个城市一次且仅一次最后回到原地，如何走，经过的距离最近？假设有 5 个城市，费用矩阵如图 4-1 所示。

	1	2	3	4	5
1	∞	3	3	2	6
2	3	∞	7	3	2
3	3	7	∞	2	5
4	2	3	2	∞	3
5	6	2	5	3	∞

图 4-1　5 个城市的费用矩阵

假设从城市 1 出发，回到城市 1。这个问题的解可以写为 $X=[x_1,x_2,x_3,x_4]$，其中 $x_i(i=1,2,3,4)$ 的取值都可以为城市 2，城市 3，城市 4，城市 5。因为题目要求每个城市只能走一次，所以解的约束条件为：当 $i \neq j$ 时，$x_i \neq x_j$（$i,j=1,2,3,4$）。令 s_{ij} 表示城市 i 到城市 j 之间的距离，则目标函数为：

$$d=\min\sum_{i,j=1}^{4} s_{ij} \tag{4-3}$$

按照贪婪法策略，第 x_1 应该选城市 4，因为城市 1 到城市 2，3，5 的距离分别为 3，3，6，城市 1 到城市 4 为 2，所以在城市 1 处选择下一个要到达的城市，就选城市 4，因为 1 到它的距离最近，局部最优。到达城市 4 以后，按照同样的策略，且已到达过的城市不能再选择（满足约束条件，即一个城市只走一次），最后形成的路径为：1→4→3→5→2→1，总费用是 14。但其实最短路径应为：1→2→5→4→3→1，总费用只有 13。

用贪婪法解货郎担问题时不具有最优子结构性质，即全局性最优并不是由贪婪策略形成的局部最优构成的。值得注意的是，用贪婪法虽然得不到最优解，但所得的解离最优解相近，重要的是这种算法比穷举法要快很多。显然，用贪婪法得到的解有时也能满足实际需求。基于这样的实际，尽管贪婪法应用于求解最优问题，但计算机科学家把它当成了一个通用的设计技术。这里还要提一点关于货郎担的问题，它会出现在许多重要的应用中，例如计划、交付服务、制造、DNA

测序和许多其他应用，在后续章节它会继续出现。

4.2 贪婪法的设计思想

根据前面的分析，应用贪婪法来解决最优化问题，从某个状态出发，在满足约束方程的条件下，根据当前局部的最优决策，使目标函数的值增加最快或最慢为准则，选择一个能够最快地达到要求的输入元素，以尽快构成问题的可行解。通过上述实例，贪婪法的设计方法可以描述如下：

从问题的某一初始解出发；

while 能朝给定总目标前进一步 do

求出可行解的一个解元素；

由所有解元素组合成问题的一个可行解。

更进一步详细地用代码描述如下：

```
GreedyAlgorithm (A, n)
{
       result = φ;
       for (i=1; i<n; i++) {
            x = select (A);          //选择局部最优
            if ( feasible(result, x) )    //判别解的可行性
                 result = union(result, x);   //合并解
       }
       return result;
}
```

开始时，使初始的解向量 result 为空，然后，使用 select 按照某种决策标准（选择策略），从 A 中选择一个输入 x，用约束条件对选择的 x 值进行判断，可行，则把 x 合并到 result 中，并把它从 A 中删除，否则，重新从 A 中选择另外的输入，重复这一个过程，直到找到一个满足问题的解。

4.3 区间调度问题

问题描述：有 n 项活动，每项活动分别在 S_i 开始，E_i 结束。例如 $S=\{1,2,4,6,8\}$，$E=\{3,5,7,8,10\}$，如图 4-2 所示。对每项活动，都可以选择参加与否，若选择参加，

则必须自始至终全程参与，且参与活动的时间段不能有重叠。如何选择，使得参与的活动数量最多？

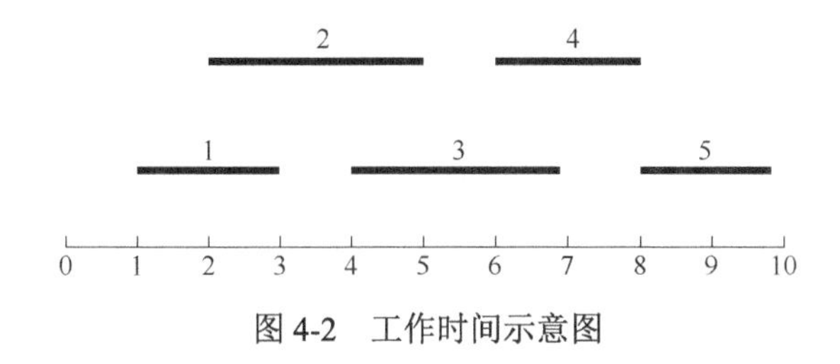

图 4-2　工作时间示意图

对于这个问题，因为要决定每一项活动是否参与，所以可以用向量 $\boldsymbol{X}=[x_1,x_2,x_3,x_4,x_5]$ 表示解，这个向量有 5 个分量，每一个分量 $\boldsymbol{x}_i$（$i=1,\cdots,5$）可取两个值 0 和 1，0 表示不参与，1 表示参与。这样整个问题的约束条件是：当 $i\neq j$ 时，$[S_i,E_i]\cap[S_j,E_j]=\varphi$，（$i$，$j=1,\cdots,5$）。目标函数是：$\max\sum_{i=1}^{5}\boldsymbol{x}_i$。

接下来就是解决贪婪法中非常重要的问题，即选择策略，用一种什么规则选择每一个分量的值，以最终确定向量 $\boldsymbol{X}$ 的解。

这个问题中，如果用这样的策略：在可选的范围内，选择用时最短的活动。选执行时间短的，冲突就少了，这看起来很有道理，但不难找到反例，如图 4-3 所示。下面的那个活动时间虽然短，但是选择上面的任务却能执行两个。

再来看一下另外一个策略：每次都选取重叠活动中最少的活动来处理。如图 4-4 所示。

图 4-3　选用时最短活动示意图　　　图 4-4　选择重叠活动最少的示意图

在这里，活动 4 与活动 2、3、5 重叠，5 只与活动 4、6 重叠，但选择活动 4 时，可以安排更多的活动，所以这个策略也不太合适。

针对这个问题我们确定这样的策略：在可选活动中，每次都选取结束时间最早的活动。算法实现如下。

算法 4.1　活动调度贪婪算法。

输入：各活动开始时间 s，结束时间 e，活动个数 k。

输出：选择的活动结果 a。

```
1.  void greedy(int s[], int e[], int a[], int k)
2.  {
3.        int i, j = 0, count = 1;
4.        sort(s, e); //根据e中元素小到大排序，同时，相应调整其s中的开始时间
5.        for(i=0; i<k; i++)
6.        {
7.          a[i] = 0; //初始所有活动都未被安排
8.        }
9.        a[0] = 1;
10.       printf("第1个活动被安排\n");
11.       for(i=1; i<k; i++)
12.       {
13.          if(s[i] > e[j])
14.          {
15.              a[i] = 1;
16.              printf("开始%d,结束%d.", s[i], e[i]);
17.              j = i;
18.              count++;
19.              printf("第%d个活动被安排\n", i+1);
20.          }
21.       }
22.       printf("总计%d个活动被安排\n", count);
23. }
```

此算法的运行时间主要取决于结束时间的排序算法时间，为$O(n\log n)$。

从上面的算法可以看出，贪婪算法的思路虽然简单，但算法顺利实现的关键问题在于制订一个好的选择策略，策略不好，往往会得出一个非常不好的结果。但贪婪算法的策略选择没有一个统一的理论指导，需要不断地积累，只有多练习，掌握一些方法，才能真正做到有效地解决问题。本问题的解决方式也可以进一步扩展到其他实际问题中，比如教室的安排问题，当有许多课程需要安排教室时，如何做到某教室尽可能多地安排课程？

4.4 背包问题的贪婪算法

背包问题可以描述为：给定一组物品，每种物品都有自己的重量和价格，在

限定的总重量内，如何选择，才能使得物品的总价格最高。更详细地描述如下：

有 n 种物品，物品 i 的重量为 w_i，价格为 p_i。假定所有物品的重量和价格都是非负的，背包所能承受的最大重量为 W。如果限定每种物品只能选择 0 个或 1 个，则问题称为 0/1 背包问题。如果每种物品可以分割后放入背包，称为可分割的背包问题。这一节我们讨论的是用贪婪法解决可分割的背包问题。

根据贪婪法的一般思路，首先我们给出解的形式为 $X=[x_1,x_2,\cdots,x_n]$，x_i 取 0 表示物体不放入包中，x_i 取 1 表示物体放入包中，取 0～1 之间的值，表示物体部分放入包中。所以，对于可以分割的背包问题的约束方程和目标函数分别如下：

$$\sum_{i=1}^{n} w_i x_i = W \tag{4-4}$$

$$val = \max \sum_{i=1}^{n} p_i x_i \tag{4-5}$$

其中 $x_i \in [0,1]$。

有了式（4-4）和式（4-5），可分割的背包问题可以这样描述：求在满足式（4-4）的情况下，x_i 如何取值能让目标函数取最大值。

应用贪婪法的思想，要确定 x_i 的值，首先要确定一个选择策略。如果策略是先选价值最大的放入包中，能不能是最好的呢？举一个例子，包的载重量为 10，有 4 个物体，重量及价值分别是①7, 7；②3, 5；③3, 6；④4, 5。如果按价值最高的优先选择，则①③物体被选取，此时包里物体的价值为 7+6=13，但我们注意到选②③④物体放入包中，价值为 5+6+5=16。

因此，选择策略以价值最大为标准不是一个好的策略，同样，以重量最小为选择策略是不是最好的策略呢？也不是，这个很容易找到反例，这里就不加以说明。那么，如何找到一个好的策略呢，最好的策略即是在每一步上做出的最优就是全局最优的子集。对于可分割的背包问题有没有一种这样的选择策略呢？有，这就是用价值重量比作为依据，把价值重量比高的优先放入包中，上面的实例中第三个物体的价值重量比为 2，比其余的都高，则它优先选择放入包中。如果包的剩余重量不能完全装入物体，则把这个物体分割成正好装满包，这样包内所装物体的价值最大。这种策略解决可分割的背包问题得到的结果最优，可以从数学上加以证明，这里证明略去。

在上述的解题思路中，每次选择价值重量比最大的放入包中。由于实际给定物体的价值重量比是乱序的，因此，在编程实现时，选择价值重量比最大的物体，要对没有放入包中的物体扫描一遍，以找出价值重量比最大的物体。这样会增大算法的复杂度，所以在编程实现时，首先对给定数据按价值重量比降序排序，这样，就可以在做决策时直接从第一个开始顺序选择，为达到这样的目标，设定这样的结构体：

```
typedef struct {
    float v;        // 物体的价值
    float w;        // 物体的重量
    float v_w;      // 物体的价值重量比
    int id;         //原始给定物体的编号
} OBJECT;
```

贪婪法解决可分割背包问题的算法如下。

算法 4.2 贪婪法解可分割背包问题。

输入：包的载重量 M，物体信息 obj，物体的个数 n。

输出：n 个物体的解向量 $\boldsymbol{x}$，以及包中物体的价值 val。

```
1.  float knapsack_greedy(float M, OBJECT obj[], float x[], int n)
2.  {
3.        int i;
4.        float m, val = 0;           //val 为包中装入物体的价值
5.        for (i=0; i<n; i++)         //计算物体的价值重量比
6.        {
7.        obj[i].v_w = obj[i].v / obj[i].w;
8.              x[i] = 0;             // 解向量赋初值
9.        obj[i].id = i;              //物体开始时的编号
10.       }
11.       merge_sort(obj, n);         //按关键值 v_w 的递减顺序排序物体
12.       m = M;                      //背包的剩余载重量
13.       for (i=0; i<n; i++)
14. {
15.             if (obj[i].w <= m)    //优先装入价值重量比大的物体
16.             {
17.             x[i] = 1;
18.             m-= obj[i].w;
19.             val += obj[i].v;
20.       }
21.           else    //最后一个物体的装入分量
22.       {
23.             x[i] = m / obj[i].w;
24.             val += x[i] * obj[i].v;
25.             break;
```

```
26.         }
27. }
28.         return val;
29.  }
```

merge_sort 函数的时间复杂度决定了整个算法的复杂度，因为计算物体的价值重量比以及选择物体的时间复杂度都是线性的，所以，整个算法的时间复杂度为 $O(n\log n)$。

本节介绍的可分割的背包问题是一个比较简单的问题，其实，对于 ACM 或者其他算法竞赛而言，背包问题可以分为 8 种类型，分别为：0/1 背包问题、完全背包问题、多重背包问题、混合三种背包问题、二维费用背包问题、分组背包问题、有依赖的背包问题、求背包问题的方案总数，大家可以参考 https://github.com/tianyicui/pack。

4.5 狄斯奎诺(Dijkstra)算法

Edsger W.Dijkstra 是荷兰一位著名的计算机科学和工业的先驱，他在不到 30 岁时，也就是 20 世纪 50 年代中期，发明了这个算法。他曾经这样说："这是我给自己提出的第一个图问题，并且解决了它，令人惊奇的是我当时没有发表。但这在那个时代是不足为奇的，因为那时，算法基本上不被当作一种科学研究的主题。"

这个算法解决的是单起点最短路径问题（又称为单源最短路径问题）：即在一个给定的有向赋权图 $G=(V,E)$中，边长为非负数，其中有一个顶点 u 称为源顶点，求顶点 u 到其他各顶点的最短路径及其距离值。

4.5.1 狄斯奎诺算法的核心原理

4.5.1.1 算法的基本思想

首先，我们来看一下用狄斯奎诺算法解决单起点最短路径问题的核心原理，见图 4-5。

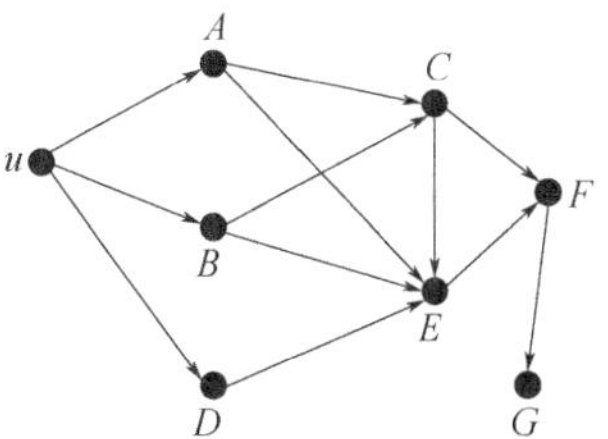

图 4-5 单起点最短路径问题

在图 4-5 中，所有边的边长都是已知的，我们用 S_{ux} 表示顶点 u 到顶点 x 的最短路径距离，用 E_{xy} 表示顶点 x 和 y 的边长。

现在我们要获取 u 到 E 点的最短路径距离 d_{uE}，从图中可以看出，能到达 E 点的前一个顶点有四个：

A, B, C, D。假设u到E点的最短路径经过A，则一定有：$d_{uE} = d_{uA} + E_{AE}$，因为根据假设E点的前面一点是A点，如果在算d_{uE}时，取的数据不是d_{uA}，而是其他路径的距离，则d_{uA}加上E_{AE}就一定不是最短的。

现在能到达E点的前一个点有四个，假设我们知道u到这四个点的最短路径距离，那么：

$$d_{uE} = \min(d_{uA} + E_{AE}, d_{uB} + E_{BE}, d_{uC} + E_{CE}, d_{uD} + E_{DE}) \tag{4-6}$$

但这里有一个问题，就是要计算d_{uE}时，可能u到E的前一个点的最短距离没有计算出来，比如d_{uC}没有计算出来，怎么办呢？狄斯奎诺算法在一开始时把与u有直接边的顶点x的d_{ux}设置成它们的边长，把与u没有直接边的顶点x的d_{ux}设置成无穷大，并且在计算d_{ux}时，并没有按式（4-6）的方式一步计算到位，而是根据顶点扩展的方式来逐步实现上面的结果。比如，在A点进行扩展时，就提取A点前进方向上所有的点，图 4-5 中是C和E点，这时对C和E都进行如下方式的处理：对于C点，如果$d_{uA} + E_{AC}$比d_{uC}要小，则把d_{uC}换成$d_{uA} + E_{AC}$，E点同样。以后，在B点进行扩展时，因为B点前进的方向上也包含了C点，这时$d_{uB} + E_{BC}$又与d_{uC}比较大小，如果$d_{uB} + E_{BC}$小，则d_{uC}又换成了$d_{uB} + E_{BC}$。当所有能扩展到C点的顶点都进行完了，d_{uC}自然就是式（4-6）中表达的最小的了。

所以狄斯奎诺算法采用的贪婪策略是：选择当前已知路径的最短距离。比如在A点扩展到C时，确定d_{uC}为目前已知的d_{uC}和$d_{uA} + E_{AC}$两者之中的最小者。根据上面的原理，一个点只要被它的前一个点都扩展到，则一定得到源点到它的最短距离，因此，狄斯奎诺算法得到的结果是最优的。

4.5.1.2 算法正确性证明

要证明狄斯奎诺算法在非负权情况下正确，我们把它总结成满足下面三个属性，如果通过证明每次循环执行之前，S和T中的结点满足以下三个属性，执行之后依然满足，则证明狄斯奎诺算法是正确的。

属性 1：源点到S中任意顶点m的路径长度$D(m)$就是其最短路径长度。

属性 2：T中各顶点r到源点的估计距离为：

$$dist(r) = \min_{u \in S}\left(dist(u) + E(u,r), dist(r)\right) \tag{4-7}$$

属性 3：T中各顶点的估计值最小的点n，其估计值$dist(n)$就是源点到n的最短距离。

证明：因为根据狄斯奎诺算法，当源点u加入S之后，属性 1 正确。依据u点扩展T中顶点t的估值距离$dist(t)$，在$dist(t)$中找一个路径最短的顶点t加入到

S中，此时S到t的最短距离即为该最小的$dist(t)$，很明显属性 2、属性 3 均成立。

假设，T中有n个顶点时，上述三个属性成立，则T中顶点的距离估计值均是由T中各点估计出来的，因为算法是根据每次进入T的顶点进行扩展的。现在假设$x \in T$的某个后继点被S中其他顶点扩展过多次，因为算法每次都是把估计值的最小值保留下来，所以 x 的后继点到源点的距离估计值为其所有估计过的值当中最小的，属性 2 成立。

假设$dist[n]$不是n的最短路径，因为估计值是由S中的顶点扩展来的，所以可以说这个距离经过的路径上只有S中的结点，所以结点n的真实最短路径必然会经过集合S之外的结点。

设路径上第一个非S中的点为j，则真实的最短路径的形式为：$s \to \cdots \to j \to \cdots \to n$。因为假设了$j$之前的点都是$S$中的，根据属性 2 有：$dist[j] \leqslant D[n] < dist[n]$，与$n$是估值最小的结点矛盾，所以属性 3 成立。以后算法接下来的操作是把n加入S，并更新T中结点的距离估值，属性 1～3 仍然满足，所以得证。从上述证明的过程也可以看出，属性 3 只有在权边为非负时成立，所以狄斯奎诺算法并不适合于边为负数的情况。

4.5.2 狄斯奎诺算法的步骤描述

整个狄斯奎诺算法的步骤描述如下。

步骤 1：$S=\{u\},T=V-\{u\}$。

步骤 2：对于 $x \in T$，若u和x之间存在一条边，则$d_{ux}=E_{ux}$，$p(x)=u$，否则，$d_{ux}=+\infty$，$p(x)=-1$，这里$p(x)$记录顶点x在最短路径上的前一个顶点。

步骤 3：循环做以下步骤。

步骤 3.1：寻找$x \in T$，使得$d_{ux}=\min(d_{ut} \mid t \in T)$；

步骤 3.2：$S=S \cup \{x\}$，$T=T-\{x\}$；

步骤 3.3：若 $T=\varphi$，算法结束；

步骤 3.4：对x前进方向上的T中每一个顶点t，如果$d_{ux} \leqslant d_{ux}+E_{tx}$，转步骤 3；否则，令$d_{ux}=d_{ux}+E_{tx}$，$p(x)=t$，转步骤 3。

下面以一个实例来讲解算法的过程，图 4-6 为实例数据图，以D为源点。

用S集合放已计算出最短路径的顶点，T集合放未计算出最短路径的顶点。

初始状态：$S=\{D\}$，$T=\{C, E, F, B, G, A\}$。

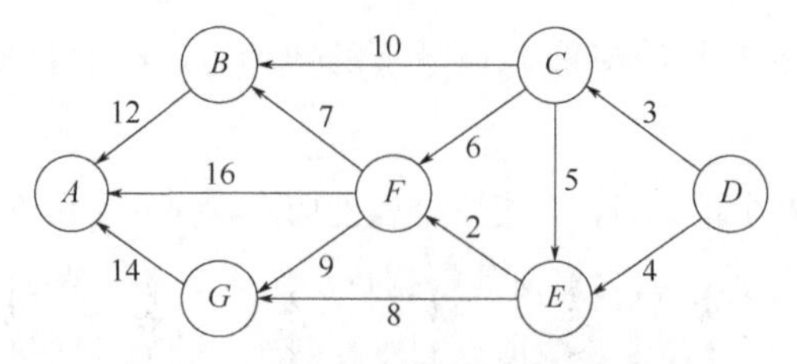

图 4-6　单起点最短路径问题实例图

第 1 步：$S=\{D(0)\},T=\{A(\infty),\ B(\infty),\ C(3),\ E(4),\ F(\infty),\ G(\infty)\}$。注：$C(3)$表示$C$到源点的距离是 3，$p(C)=D$。

第 2 步：T中顶点C到起点D的距离最短，将顶点C移到S中。

第 3 步：更新C点前进的方向在T中相邻顶点(E, F, B)的最短距离。以顶点F为例，F到D的距离为∞；此时F到D的距离更新为$d_{DC}+E_{CF}=9$，$p(F)=C$。此时，$S=\{D(0),C(3)\},T=\{A(\infty),B(13),E(4),F(9),G(\infty)\}$。

第 4 步：T中顶点E到起点D的距离最短，将顶点E移到S中。

第 5 步：更新E前进方向上在T中的相邻顶点(F, G)到源点的最短距离。还是以顶点F为例，之前F到D的距离为 9；F到D的距离为$d_{DE}+E_{EF}=6$，$p(F)=E$。此时，$S=\{D(0),C(3),E(4)\},T=\{A(\infty),B(13),F(6),G(12)\}$，$p(F)=E$，$p(G)=E$。

第 6 步：T中顶点F到起点D的距离最短，将顶点F加入到S中，同时找到F前进方向上在 T 中的相邻顶点(G, A, B)，并更新它们到源点的最短距离。此时，$S=\{D(0),C(3),E(4),F(6)\}$，$T=\{A(22),B(13),G(12)\}$，$p(G)=E$，$p(A)=F$，$p(B)=C$。

第 7 步：T中顶点G到起点D的距离最短，将顶点G加入到S中，同时找到G前进方向上在T中的相邻顶点(A)，并更新它到源点的最短距离。此时，$S=\{D(0),C(3),E(4),F(6),G(12)\}$，$T=\{A(22),B(13)\}$，$p(A)=F$。

第 8 步：将顶点B加入到S中，同时找到B前进方向上在T中的顶点(A)，并更新它到源点的最短距离。此时，$S=\{D(0),C(3),E(4),F(6),G(12),B(13)\}$，$T=\{A(22)\}$，$p(A)=F$。

第 9 步：将顶点A加入到S中。此时T为空，结束。

至此，起点D到各个顶点的最短距离就计算出来了：$A(22),B(13),C(3)$ $D(0),E(4),F(6),G(12)$，路径方向上每一个顶点的前一个顶点为：$p(A)=F$，$p(B)=C$，$p(C)=D$，$p(E)=D$，$p(F)=E$，$p(G)=E$。这样，我们不仅知道源点到一个顶点的最短距离，而且，根据p中的数据，还可以倒推出最短路径，比如，源点到A点的最短路径可以这样得到：$A\rightarrow p(A)=F\rightarrow p(F)=E\rightarrow p(E)=D$，即路径为：$D \to E \to F \to A$。

4.5.3 狄斯奎诺算法的实现

实现狄斯奎诺算法首先确定用什么存储图的结构和数据，存储一个图一般用邻接矩阵或邻接表，这里应用邻接表。代码实现如下。

算法 4.3 狄斯奎诺算法。

输入：图结构信息，源点。

输出：源点到各顶点的最短路径及距离。

```
1.  #include <stdio.h>
2.  #include <malloc.h>
3.  #define MAX 20
4.  #define MAX_FLOAT_NUM 0x3f3f3f3f   //最大浮点数
5.  typedef int infoType;   //定义边表结点权值的数据的数据类型
6.  typedef int vertexType;   //定义顶点结点上存储的数据的数据类型
/*定义边表结点结构体*/
7.  typedef struct edgenode {
8.  int adjvertex;      //边表结点域
9.  infoType info;     //边表结点权值，这里存放的是其父结点到该结点的距离
10. struct edgenode *next;    //指向下一个邻接点的指针域
11. } EdgeNode;
/*定义顶点结点结构体*/
12. typedef struct vertexnode {
13. vertexType boolval;  //顶点结点域，这里存放的是该结点是否找到其距源顶
                     //点最短路径的标记，若找到最短路径，则该值为 1，否则该值为 0
14. EdgeNode *firstedge;   //边表头指针
15. } VertexNode;
/*邻接表*/
16. typedef struct {
17. VertexNode adjlist[MAX];
18. int vertexNum;   //顶点数
19. int edgeNum;    //边数
20. } ALGraph;
/*
函数名称：CreateGraph
函数功能：创建邻接表
```

输入：顶点数 vertexNum，边数 edgeNum
输出：指向已创建好的邻接表的指针
*/

```
21. ALGraph* CreateGraph(int vertexNum, int edgeNum) {
22. int k;
23. EdgeNode *p;
24. ALGraph *G;
25. G = (ALGraph *)malloc(sizeof(ALGraph));
26. if (!G) {
27.       G = NULL;
28. }
29. else
30. {
31.       G->vertexNum = vertexNum;
32.       G->edgeNum = edgeNum;
33.       for (k = 0; k < G->vertexNum; k ++) {
34.             G->adjlist[k].boolval = 0;   //boolval 值判断该结点到源
        //点的距离是否是最短距离，1 表示已达最短距离，0 表示还没有达最短距离
35.             G->adjlist[k].firstedge = NULL;
36.       }
37.       printf("请输入顶点、其邻接顶点和权值信息：\n");
38.       for(k = 0; k < G->edgeNum; k ++) {
39.             int i, j;
40.             infoType info;
41.             scanf("%d,%d,%d",&i,&j,&info);
42.             if (i != j) {
43.                   p = (EdgeNode *)malloc(sizeof(EdgeNode));
44.                   p->next = G->adjlist[i].firstedge;
45.                   G->adjlist[i].firstedge = p;
46.                   p->adjvertex = j;
47.                   p->info = info;
48.             }
49.       }
50. }
51. return G;
52. }
```

/*
函数名称：dijkstra
函数功能：实现狄斯奎诺算法，找出每个顶点到源顶点 u 的最短距离
输入：邻接表指针 G，源顶点 u，记录每个顶点到源顶点的最短距离的数组 d[]，到源顶点

的最短路径上的前方顶点编号 p[]

输出：记录每个顶点到源顶点的最短距离的数组 d[]，到源顶点的最短路径上的前方顶点编号 p[]

*/

```
53. void dijkstra(ALGraph *G, int u, int d[], int p[]) {
54. int i, j, t;
55. EdgeNode *pnode;
56. for (i = 0; i < G->vertexNum; i ++) {
57.      d[i] = MAX_FLOAT_NUM;
58.      p[i] = -1;
59. }
60. //更新源顶点直接子结点到源结点的最短距离
61. if (!(pnode = G->adjlist[u].firstedge)) {
62.      return;
63. }
64. while (pnode) {
65.      d[pnode->adjvertex] = pnode->info;
66.      p[pnode->adjvertex] = u;
67.      pnode = pnode->next;
68. }
69. G->adjlist[u].boolval = 1;
70. d[u] = 0;
71. //更新所有除源结点外的结点到源结点的最短距离
72. for (i = 1; i < G->vertexNum; i ++) {
73.      int min = MAX_FLOAT_NUM;
74.      t = u;
75.      //在所有结点中找出一个距离源结点距离最小的一个结点
76.      for (j = 0; j < G->vertexNum; j ++) {
77.           if (G->adjlist[j].boolval != 1 && min > d[j]) {
78.                t = j;
79.                min = d[j];
80.           }
81.      }
82.      if (t == u) { /*顶点到达不了源顶点（距离为MAX_FLOAT_NUM）或者顶
点已经找到了到源点的最短路径（boolval 值为1）*/
83.           break;
84.      }
85.      G->adjlist[t].boolval = 1;
86.      pnode = G->adjlist[t].firstedge;
87.      while (pnode) {
88.           if ((G->adjlist[pnode->adjvertex].boolval != 1) &&
(d[pnode->adjvertex] > (d[t] + pnode->info))) {
```

```
89.                 d[pnode->adjvertex] = d[t] + pnode->info;
90.                 p[pnode->adjvertex] = t;
91.             }
92.             pnode = pnode->next;
93.         }
94. }
95. }
/*主函数*/
96. int main()
97. {
98.     ALGraph * G;
99.     int vertexNum, edgeNum;    //图的邻接表的顶点数和边数
100.    int u;     //源顶点编号
101.    int *d = NULL;   //各顶点到源点的最短路径距离
102.    int *p = NULL;   //存放到源点的最短路径上的前方顶点编号
103.    int i, j, k, t;
104.    int *tmp;
105.    printf("请输入顶点个数和边个数：\n");
106.    scanf("%d,%d",&vertexNum,&edgeNum);
107.    printf("\n");
108.    G = CreateGraph(vertexNum, edgeNum);
109.    if (!G) {
110.    printf("G为空！\n");
111.    return 0;
112.    }
113.    d = (int *)malloc(sizeof(int) * vertexNum);
114.    p = (int *)malloc(sizeof(int) * vertexNum);
115.    printf("请输入源结点：\n");
116.    scanf("%d",&u);
117.    printf("\n");
118.    dijkstra(G, u, d, p);
119.    tmp = (int *)malloc(sizeof(int) * (vertexNum + 1));
120.    printf("各点到源顶点%d的距离：\n", u);
121.    for (i = 0; i < vertexNum; i ++) {
122.    printf("顶点%d距离源顶点%d的距离：%d\t", i, u, d[i]);
123.    printf("\n");
124.    printf("所走最短路径为：\t");
125.    j = 0;
126.    tmp[j ++] = i;
127.    t = p[i];
128.    while (t != -1) {
129.        tmp[j ++] = t;
```

```
130.            t = p[t];
131.        }
132.
133.        for (k = - -j; k >= 0; k- -) {
134.            printf("%d\t", tmp[k]);
135.        }
136.
137.        printf("\n\n");
138.        }
139.        printf("\n");
140.        free(G);
141.        return 0;
142.}
```

上述 Dijkstra 算法的时间复杂度是 $O(n^2)$。其中每次找到离源点最近的顶点的时间复杂度是 $O(n)$。这里可以用优先队列（堆）来优化，使得这一部分的时间复杂度降低到 $O(\log n)$，这个将在后面讨论。

4.5.4 狄斯奎诺算法的不足

Dijkstra 算法是一种基于贪婪策略的算法。每次新扩展一个路程最短的点，更新与其相邻的点的路程。这里面有一个漏洞决定了狄斯奎诺算法不能解决负权的路径。分析一下算法的过程，它每次从 T 中取出一个最短距离的顶点 x 作为该顶点到源点的最短距离，然后这个距离就作为了 x 到源点的最短距离。这样做意味着以后凡是从 T 中其他顶点达到 x 的距离都比这个距离小，所以不加考虑，但这种做法只有在所有边长都为正时成立。图 4-7 给出了反例。

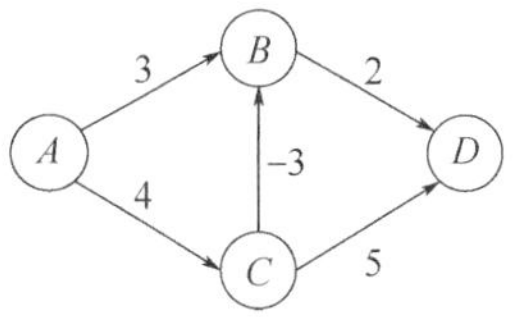

图 4-7　有负权的实例图

点在 D 加入到 S 后，T 中只有 C、D 两个顶点，然后用 C 进行扩展，这时，只考虑前进的方向 D，而不考虑 B，因为狄斯奎诺算法认为当所有边权都为正时，由于不会存在一个路程更短的没扩展过的点，因此这个点的路程永远不会再被改变，从而保证了算法的正确性。

根据这个原理，用 Dijkstra 算法求最短路径的图不能有负权边，因为扩展到负权边的时候会产生更短的路径，有可能破坏了已经更新的点路径不会发生改变的性质。那么，有没有可以求带负权边的指定顶点到其余各个顶点的最短路径算法呢？答案是有的，Bellman-Ford 算法就是一种，大家可以参阅相关资料进行学习。

4.6 数列极差问题

有 N 个正数的数列，对它们进行如下操作：每一次去除其中 2 个数，设为 x 和 y，然后在数列中加入这两个数的乘积加 1 的值，即：$xy+1$，如此下去直到数列中只剩下 1 个数为止。显然，对于 N 个数，按这样操作到最后，有很多种方式，也就是说所有按这种操作方式最后得到的数有很多。假设这些最后结果的数中最大数为 $\max$，最小的数为 $\min$，则该数列的极差 $\text{maxDiff} = \max - \min$。比如，数列 1，2，3 的取值方式如下。

第一种取值方式可以为：先取 1、2 两个数，它们的乘积加 1 为 3，加入后，数列变成 3，3，把它们相乘加 1，最后的那个值为 10。

第二种取值方式可以为：先取 1、3 两个数，它们的乘积加 1 为 4，加入后，数列变成 4，3，把它们相乘加 1，最后的那个值为 13。

第三种取值方式可以为：先取 2、3 两个数，它们的乘积加 1 为 7，加入后，数列变成 1，7，把它们相乘加 1，最后的那个值为 8。

这样，上述数列 1，2，3 有三种不同的取值方式，最后得到三个不同的值，这些值当中，最小的为 8，最大的为 13，所以这个数列的极差为 13−8=5。

4.6.1 问题分析

要解决数列极差问题，难点在于如何求出 $\max$ 和 $\min$。如果用穷举法，把所有可能取值的 n 种方式都列出来，然后在 n 个最后结果中找出 $\max$ 和 $\min$。显然这样不可行，因为对于开始的 N 个数，选择的方式就有 C_N^2 种，乘积加 1 后再选择，选择方式又有 C_{N-1}^2 种。这样下去，全部的选择方式有 $\mathrm{C}_N^2+\mathrm{C}_{N-1}^2+\ldots+\mathrm{C}_2^2$ 种，计算复杂性非常高。这里，换一种角度来考虑这个问题，数列极差问题只要能找到 $\max$ 和 $\min$，这个问题就解决了。那么如果能找到两种特殊的取值方式，且操作简单，能直接得到 $\max$ 和 $\min$，那么问题也就解决了。那有没有这样的好的取值方式呢？这里先分析一下。

首先来看只有三个数的数列情况：设有三个数 a，b，c，且 $a<b<c$，取值方式有三种情况，最后结果有三种不同的数据：

$$\text{num1} = (a\,b+1)\,c+1 = abc+c+1,$$

$$\text{num2} = (a\,c+1)\,b+1 = abc+b+1,$$

$$\text{num3} = (b\,c+1)\,a+1 = abc+a+1。$$

很明显，num1 最大，而得到 num1 的取值方式是先取数列中最小的两个值相乘加 1。同样，num3 的值最小，得到 num3 的取值方式是先取数列中最大的两个值相乘加 1。根据这个现象，作这样的假设：优先选取数列中最小的 2 个数进行相乘加 1 运算最后得到的值最大，优先选取数列中最大的 2 个数进行相乘加 1 运算得最后得到的值最小。如果这个假设成立，就可以直接根据这个取值方式直接得到 max 和 min，算法的时间复杂度会大大降低，那么这个假设是不是成立呢？

下面证明对于数列个数 $N>3$ 的情况，用上述假设取值方式可以得到 max 和 min。以证明 max 的取值方式为例。

证明：假设经 $N-3$ 轮取值后得到三个数，a，b，max，其中 max 是前 $N-3$ 轮取值得到的。那么，这三个数依据实际大小情况，最终得到的最大值是下面三个数当中的一个：

$$(ab+1)\max+1,(a\max+1)b,(b\max+1)a$$

不论哪一种，如果 max 不是前 $N-3$ 轮取得的最大值，那么，上述三个最终值都不是最大的。因为，如果 max 再大一点，不论哪个作为最终值，都会增大。

根据前面证明，a、b、max 三个数要先取两个小的，再取大的，才能得到最后的最大值。因此，要得到最终最大值要有两个条件，一是要先取较小的相乘加 1 的结果再与最后一个相乘加 1，二是前一轮提取的要是最大的。依据归纳递推关系，每一步应先取两个最小的，最终得到的才是最大的。所以，在获取最终最大值的每一步中，贪婪策略为选取当前数列中两个最小的值进行相乘加 1。在获取最终最小值的每一步中，贪婪策略为选取当前数列中两个最大的值进行相乘加 1。根据上述证明的过程，这种贪婪策略具有最优子结构性质。

4.6.2 极差问题的算法设计

根据对问题的分析可以这样设计贪婪算法，步骤描述如下。

步骤 1：对数列 $a[N]$进行从小到大排序，然后复制到数组 $b[N]$中。

步骤 2：$i\leftarrow1$。

步骤 2.1：如果 $i<N-1$，max←$a[i]\times a[i-1]+1$；

步骤 2.2：如果 $i==N-1$，$a[i]\leftarrow a[i]\times a[i-1]+1$，转步骤 3；

步骤 2.3：$a[i]$←max，调整 a 中下标 $i\sim N-1$ 的数据，使之从小到大排序；i++，转步骤 2.1。

步骤 3：$i\leftarrow N-1$。

步骤 3.1：如果 $i>0$，min←$b[i]\times b[i-1]+1$；

步骤 3.2：如果 i==1，$b[0] \leftarrow b[i] \times b[i-1]+1$，转步骤 4；

步骤 3.3：$b[i-1] \leftarrow \min$，调整 b 中下标 0～i-1 的数据，使之从小到大排序；i−−，转步骤 3.1。

步骤 4：maxDiff←$b[0]-a[N-1]$，并输出极差 maxDiff。

这个算法的实现代码比较简单，这里略去。

4.6.3 极差问题的时间和空间复杂度分析

上述算法的主要操作就是比较和调整数据顺序的计算，都是线性的，因此算法的时间复杂度为 $O(n^2)$。由于计算最大结果和计算最小结果需要独立进行，数列中的数据复制了一份，但后续的 max 和 min 数据直接利用了原来的数组空间，没有另开辟空间来存放，所以算法的空间复杂度为 $O(2n)$。

对于极差问题，关键在于每一步找到两个最大和两个最小的数，4.6.2 节的算法通过先排序，再顺序提取两个数据计算，最后调整数列数据使之重排序，这样，每一步的重排序时间复杂度为 $O(n)$。

如果用堆结构来完成每一步中两个数据的提取，以获取 max 值为例，首先把数列数据构建成一个最小堆，这样提取两个最小数据时，只要从堆顶拿两次数据，每次拿完数据后调整堆，这个过程的计算时间为 $T(n)=2\log n+2$。当把两个最小值进行相乘加 1 后，插入堆中，计算时间为 $T(n)=\log n$，这样总体下来，完成极差问题的一步计算时间 $T(n)=3\log n+2$。

所以，把堆结构应用于极差问题，比 4.6.2 节提出的算法在计算时间上有改进。具体的实现，作为练习。这里，要说明一下的是，一些基本算法虽然不明显地直接服务于实际项目，但它可以是实际项目中所用模块的基础，可以达到使实际项目更加优化的效果。

4.7 分数转化问题

分数转化问题是指如何把一个真分数表示为最少的埃及分数和的问题。所谓埃及分数，是指分子为 1 的真分数。比如：$7/8=1/2+1/3+1/24$。显然一个真分数转化成埃及分数的和有无穷多种形式，那么，如何用最少个数的埃及分子的和表示这个真分数呢？

我们利用这样的贪婪策略，因为问题要求所用的埃及分数项最少，所以贪婪选择尽量最大的埃及分数。首先用数值上最接近真分数的埃及分数作为和式的第一项，比如，真分数$7/8$，它的和式中可以达到最大的埃及分数为$1/2$，那么就把$1/2$作为第一个埃及分数，剩下$7/8-1/2=3/8$，用同样的策略再找一个能达到最大的埃及分数，1/3是最接近 3/8 的埃及分数，所以，第二个埃及分数就是$1/3$，最后剩下的$3/8-1/3=1/24$，正好是一个埃及分数，因此 7/8 就可以转化为$1/2+1/3+1/24$这样的埃及分数和。

那么对于任何一个真分数，如何找这种转换的埃及分数呢？这个问题分两种，如果真分数的分母能被分子整除，这个真分数本身就是一个埃及分数，不用再进行分解，另一种情况是真分数的分母不能被分子整除，在这种情况下，有定理 4.1 成立。

定理 4.1 令A/B（A、B为正整数，$A<B$）是一个真分数，当B不能被A整除时，如果D为B除A的整数部分，则比A/B小的最大埃及分数为$1/(D+1)$。

证明：因为，B除A的整数部分为D，可令$B=AD+K$，这里$0<K<A$。所以，$B/A=D+K/A<D+1$；$A/B>1/(D+1)$。也就是说，比A/B小的最大埃及分数为$1/(D+1)$。而比$1/(D+1)$再大一点的埃及分数为$1/D$，显然，$1/D=A/(B-K)$，因为$K>0$，所以$1/D>A/B$。定理得证。

对于一个真分数，根据定理 4.1，找出了它的一个埃及分数，那么，这个真分数剩下的值为$A/B-1/(D+1)=[A(D+1)-B]/[B(D+1)]$。所以，对于真分数$A/B$的转化问题算法可以描述如下。

步骤 1：如果$B\%A==0$，返回A/B，结束；否则转步骤 2。

步骤 2：$D\leftarrow\lfloor B/A\rfloor$，输出$1/(D+1)$。

步骤 3：$A\leftarrow[A(D+1)]-B$；$B\leftarrow B(D+1)$。

步骤 4：转步骤 1。

算法 4.4 分数转化问题算法。

输入：真分数的分子A和分母B。

输出：各埃及分数相加的形式。

```
1.  void fractionConvert (int A, int B)
2.  {
3.        int D;
4.        if(B % A==0)
5.        {
6.              printf( "1/%d", B/A);
7.              return;
```

```
8.      }
9.      if(A >= B)
10.          printf("input error\n");
11.     D = B /A;
12.     A = A * (D+1)-B;
13.     B = B * (D+1);
14.     printf( "1/%d+", D+1);
15.     fractionConvert (A, B);
16. }
```

4.8 被3整除的元素最大和问题

给定一个正整数序列，找出并返回能被 3 整除的元素最大和。例如，给定正整数 4、6、9、2、7，选出数字 6、9、2、7，它们的和能被 3 整除，和值为 24，是各种能被 3 整除的和值中最大的。

对于这个问题，有一种情况非常简单，就是所有元素的和如果能被 3 整除，这个和就是最大的和。但所有值的和不一定能被 3 整除，它可能余 1，也可能余 2。先考虑序列和值除 3 余 1 的情况。如果序列和除以 3 余 1，只要把序列和值减去一个最小的除以 3 余 1 的数，剩下的数和值就能被 3 整除，虽然这里减去的是最小的余 1 数，但这个和值是不是最大的呢？不一定，因为如果序列和减去两个最小的除 3 余 2 的数也能被 3 整除，而且得到的和值不一定比减一个余 1 的数小。例如：2，2，7，10，13。整个和为 34，除 3 余 1，7 是最小的除 3 余 1 的数，去除 7 后的数值和为 27，能被 3 整除，但我们发现，不去除 7，而是去除两个 2，最后的和为 30，但它比 27 要大。所以，当整个序列和除 3 余 1 时，我们的贪婪策略是把序列和减去一个最小的除 3 余 1 的数，以及减去两个最小的除 3 余 2 的数，取两者中的最大和作为最后结果。序列和值除 3 余 2 的情况与此类似，把序列和减去一个最小的除 3 余 2 的数，以及减去两个最小的除 3 余 2 的数，取两者中的最大和作为最后结果。当然，特殊情况要考虑，当序列和除 3 余 1 时，除 3 余 1 的数不够一个或除 3 余 2 的数不够两个，那么，就只要考虑一种情况，序列和除 3 余 2 时也是如此。

整个算法描述如下。

步骤 1：输入正整数序列的元素个数 *n* 及元素值，置于数组 nums 中，设除 3 余 1 的元素置于数组 n3_1 中，除 3 余 2 的元素置于数组 n3_2 中，i=0，sum=0， n1=0，n2=0。

步骤 2：当 i<n，sum=sum+nums[i]时，如果 num[i] % 3==1，n3_1[n1++]=num[i]；如果 num[i] % 3==2，n3_2[n2++]=num[i]。i++，循环步骤 2，直到 i==n。

步骤 3：如果 sum %3==0，输出结果，结束；否则，分别对 n3_1 和 n3_2 中的元素按小到大排序。如果 sum %3==1，转步骤 4，否则转步骤 5。

步骤 4：if(n1==0&&n2<2) 输出结果 0；
　　else if(n1==0) 输出 sum−n3_2[0]−n3_2[1]；
　　　else if(n2<2) 输出 sum−n3_1 [0]；
　　　　else 输出 max(sum−n3_2[0]−n3_2[1], sum−n3_1 [0])；
　结束。

步骤 5：if(n2==0&&n1<2) 输出结果 0；
　　else if(n2==0) 输出 sum−n3_1[0]−n3_1[1]；
　　　else if(n1<2) 输出 sum−n3_2[0]；
　　　　else 输出 max(sum−n3_1[0]−n3_1[1], sum−n3_2[0])；
　结束。

这个算法易于实现，这里不写出，请大家自己实现。整个算法的时间阶为排序的时间阶，所以整个算法的时间复杂度为 $O(n\log n)$。

4.9 跳跃游戏问题

给定一个元素值为非负整数的一维数组，每个元素值表示在该位置上可以跳跃的最大长度，跳跃时的步数可选取 0 到最大长度中的任何一步。现从第一个元素开始，问是否可以跳到最后一个元素。

例如，有一维数组 $a[5]=\{2, 4, 1, 1, 2\}$，则可以从第 0 个元素处跳一步，然后在第 1 个元素处跳 3 步，就可以跳到最后一个元素。又如：$a[5]=\{2, 1, 0, 1, 2\}$，这种情况往后跳跃时，都要到第 2 个元素，它的值为 0，则跳不到最后一个元素。

令数组有 n 个元素，从第一个单元开始顺序考察每一个单元 c，假设它的下标为 i，其值为 $a[i]$，那么 c 可以跳到的单元下标为 i，i+1，…，i+$a[i]$。如果把下标 0～i 的单元能跳到的最大下标值记为 m，则对于下标为 i+1 的单元，只要 i+1 大于 m，则表示不能由它前面的单元跳到，反之，就可以跳到。所以每一单元只要考虑它的最大跳跃数，用贪婪算法求解的话，贪婪策略就是取最大的跳跃数。

算法 4.5 跳跃游戏问题算法。

输入：输入数组 a 和元素个数 n。

输出：返回是否可以成功跳跃，若是，返回 ture，否则返回 false。

```
1.  bool Jump(int a[], int n)
2.  {
3.      int i, m = 0, flag = true;
4.      for(i=0; i<5; i++)
5.      {
6.          if(i > m)
7.          {
8.              flag = false;
9.              break;
10.         }
11.         m = (m>(i+a[i])?m:(i+a[i]));    //当前为止可以跳到的最大单元值
12.     }
13.     return flag;
14. }
```

下面把问题再加深一步，对于给定的一维数组，跳跃到最后一个元素所用的最少跳跃次数是多少？如果用贪婪算法，每次跳跃最大长度是得不到最优解的，看一个实例：$a[7] = \{2, 3, 1, 1, 4, 2, 1\}$，在下标 0 处跳跃到下标 2，再跳跃到下标 3，再跳跃到下标 4，然后跳跃到最后，共 4 次。但如果下标 0 处只跳跃到下标 1 处，然后从下标 1 处跳跃到下标 4，则跳跃 3 次就可以到达最后。

这里设计如下贪婪策略：在一个下标 i 处，下次可跳跃到它之后的最大可跳跃处。对于下标 i 来说，最大可跳跃处可能是 i+$a[i]$，也有可能是它前面的某个下标 j，它的 $j+a[j] > i+a[i]$。因此，编程时可以把最大值记录下来，当到达 i 时，与 i+$a[i]$ 比较，下一步跳到最大的那个下标处。那么，在第 i 处要不要把跳跃次数加 1 呢？因为如果上一次跳跃时的最大处下标大于 i，则跳跃时次数就要加 1，如果不是，则在前面下标处已经可以跳跃到最大处。

算法 4.6 跳跃问题的最少跳跃次数。

输入：数组 a 和元素个数 n。

输出：跳跃的最少次数，元素个数为 1 或不可到达时，返回 0。

```
1.  int jump(int a[], int n)
2.  {
3.      int end = 0;        //上一跳能跳到的最远位置
4.      int max = 0;       //当前最远的位置
5.      int count = 0;    //总跳数
```

```
6.     if(n<=1)
7.       return 0;
8.     for (int i = 0; i < n && i<=max; i++)
9.     {      /*只有当前处下标比上一跳跃到达的最远还大时，才加 1，不然当前位置在上一次跳跃时是可以到的*/
10.      if (i>end)
11.      {
12.        count++;
13.        end = max;
14.      }
15.      max = (max > (a[i] + i) ? max : (a[i] + i));
16.    }
17.    if(max<n-1)
18.       return 0;   //表示不能到达最后
19.    return count;
20. }
```

下面简单说一下理由，假如当前处于下标为 i 的位置，$a[i]$表示跳跃数，有 $p,q \in \left[i+1, i+a\left[i\right]\right]$，$p$ 和 q 表示两个可以跳到的下标。假如 $p+a\left[p\right]<q+a\left[q\right]$，则 p 可以一步跳到的位置，q 也可以一步跳到，所以 p 一定不优于 q。假如 q 是最优，则：

$$\max_{i+1 \leqslant j<i+a[i]}\left(j+a\left[j\right]\right)=\max_{1 \leqslant j<i+a[i]}\left(j+a\left[j\right]\right) \tag{4-8}$$

如果 q 不是最优，那么存在一个下标 r，有 $r+a\left[r\right]>q+a\left[q\right]$，且 $r<i$，则此时一定存在一个跳跃路径 $0 \to \cdots \to k \to \cdots \to q$，使得 $r \in [k+1, k+a\left[i\right]]$，因此，这个时候选择是 r 而不是 p。因此可以直接记录最大的 j，则可以用 $O(n)$ 做出来了。

本章所讲述的贪婪算法不是对所有问题都能得到整体最优解，但很多问题用这种思路可以得到最优解，这里的关键在于贪婪策略的选择，选择的贪婪策略必须具备无后效性，即某个状态以前的过程不会影响以后的状态，只与当前状态有关。贪婪策略选择采用迭代的方法做出相继选择，每做一次贪婪选择就将所求问题简化为一个规模更小的子问题，直到问题最终解决。如果贪婪算法能得到最优解，则贪婪策略中的子策略一定是最优子策略。所以，贪婪思想应用于解决现实问题主要的难点在于找到一个好的贪婪策略，这不是一个简单的问题，需要不断积累方法和经验，也需要有好的数学基础。本书在此列出一些经典问题，如表 4-1 所示，但不对此进行详细讲解，大家有兴趣可以查找相关问题的资料加以解决。只要能熟练理解贪婪算法的思想，了解最优策略，能选择有效的贪婪策略，这些问题就不难解决。

表 4-1 贪婪法经典问题

编号	问题名称	编号	问题名称
1	会场安排问题	15	套汇问题
2	最优合并问题	16	信号增强装置问题
3	磁带最优存储问题	17	磁带最大利用率问题
4	磁盘文件最优存储问题	18	非单位时间任务安排问题
5	程序存储问题	19	多元 Huffman 编码问题
6	最优服务次序问题	20	多元 Huffman 编码变形问题
7	多处最优服务问题	21	区间相交问题
8	d 森林问题	22	任务时间表问题
9	汽车加油问题	23	最优分解问题
10	区间覆盖问题	24	可重复最优分解问题
11	硬币找钱问题	25	可重复最优组合分解问题
12	删数问题	26	旅行规划问题
13	嵌套箱问题	27	登山机器人问题
14	均分纸牌问题	28	果子合并问题

习 题

1．删数问题：给出一个 N 位的十进制高精度数，要求从中删掉 S 个数字（其余数字相对位置不得改变），使剩余数字组成的数最小。贪婪策略：每次找到最靠前的一对相邻逆序数（两数相邻，前数大于后数），删去前数，若找不到则删去最后一位数。

2．乘船问题：有 n 个人，第 i 个人的重量是 w_i。每艘船的最大载重量都是 C，且最多能乘两个人。用最少的船装尽可能多的人。贪婪策略：让最重的人和能与他同船的最重的人乘一条船，如果办不到，那他就一人乘一条船。

3．不相交区间问题：数轴上有 n 个开区间(a_i, b_i)。选择尽量多的区间，使这些区间两两没有公共点。贪婪策略：按 b_i 从小到大的顺序排序，然后选择第一个区间，接下来把所有与第一个区间相交的区间排除在外，继续原贪婪操作。

4．汽车加油问题：一辆汽车加满油后可行驶 n 公里 。旅途中有 k 个加油站，每一个加油站之间的距离已知且都小于等于 n 公里。设计一个有效算法，指出汽车应在哪些加油站停靠加油，使沿途加油次数最少。

5．合并果子问题：在一个果园里，多多已经将所有的果子打了下来，而且按果子的不同种类分成了不同的堆。多多决定把所有的果子合成一堆，每一次合并，多多可以把两堆果子合并到一起，消耗的体力等于两堆果子的重量之和。经过 $n-1$ 次合并之后，就只剩下一堆了。设计一个算法，多多如何合并果子，所耗体力之和最小。

6．均分纸牌问题：有 N 堆纸牌，编号分别为 1, 2, …, N。每堆上有若干张，但纸牌总数必为 N 的倍数。可以在任一堆上取若干张纸牌，然后移动。移牌规则为：在编号为 1 的堆上取的纸牌，只能移到编号为 2 的堆上；在编号为 N 的堆上取的纸牌，只能移到编号为 $N-1$ 的堆上；其他堆上取的纸牌，可以移到相邻左边或右边的堆上。现在要求找出一种移动方法，用最少的移动次数使每堆上纸牌数都一样多。

第 5 章

动态规划

动态规划（dynamic programming）本来是运筹学的一个分支，是求解决策过程（decision process）最优化的数学方法。20 世纪 50 年代初，美国数学家 R.E.Bellman 等人在研究多阶段决策过程（multistep decision process）的优化问题时，提出了著名的最优化原理（principle of optimality），把多阶段过程转化为一系列单阶段问题，利用各阶段之间的关系，逐个求解，创立了解决这类过程优化问题的新方法——动态规划。它的理论对解决计算机科学问题非常有用处，所以，被引入到计算机科学中，现在动态规划在计算机科学与技术中被广泛使用。严格来讲，动态规划不是一种算法，而是一种方法。

5.1 动态规划基本概述

下面我们先来看一个例子，就是求如图 5-1 所示的 A 到 K 的最短路径。

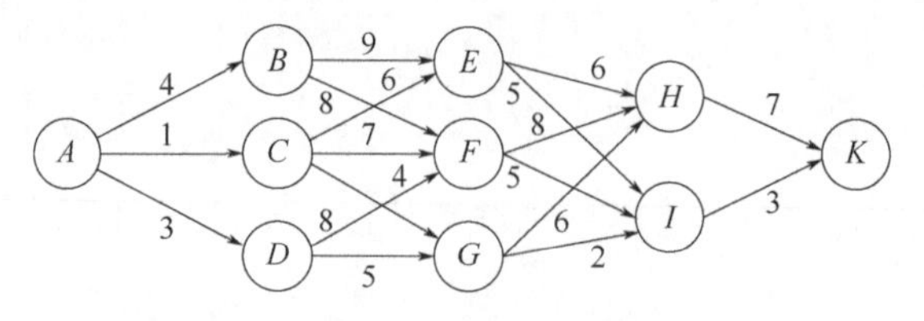

图 5-1　路径有向图

对于这种问题，可以用上一章讲的贪婪算法进行求解，根据贪婪性质，很容易给出一个最短路径的结果：$A \to C \to E \to I \to K$，总共距离为 1+6+5+3=15。很显然，这个路径不是 A 到 K 的最短路径，因为路径 $A \to D \to G \to I \to K$=3+5+2+3=13 更短。我们知道，这个问题使用贪婪算法之所以得不到最优结果，是因为贪婪算法整个选择策略中的子策略不是最优子策略。这里，贪婪算法所做决策没有得到 A 到 I 的最优路径，显然就不是最优子策略。

现在，我们换一种思路，考虑到整个问题是求 A 到 K 的最短路径和距离，那么，从 A 出发，有三条路可以走，即分别达到 B、C、D。现在做这样一个假设，假设已经知道了 B 到 K、C 到 K、D 到 K 的最短路径和距离，那么，A 到 K 的最短路径就可以用式（5-1）进行计算。

$$f(A) = \min\{e_{AB} + f(B), e_{AC} + f(C), e_{AD} + f(D)\} \tag{5-1}$$

式中，$f(x)$表示顶点 x 到 K 的最短距离，e_{xy} 表示顶点 x 到 y 的边长。

也就是说，如果假设条件成立，只要做三个加法和两个比较，就可以得出最终结果，使整个问题的计算变得非常简单，而且这种思路隐含着一个重要的信息就是，在计算 A 到 K 的最短距离 $f(A)$时，只是直接应用了 $f(B)$、$f(C)$、$f(D)$这三个值，并没有去计算 B、C、D 这三个顶点到 K 点的最短距离。但问题现在还没有最后的结果，要想知道最终的 $f(A)$，必须知道 $f(B)$、$f(C)$、$f(D)$这三个值。用同样的思路，根据图 5-1，我们再假设知道了 $f(E)$、$f(F)$、$f(G)$，那么：

$$f(B) = \min(e_{BE} + f(E), e_{BF} + f(F)) \tag{5-2}$$

$$f(C) = \min(e_{CE} + f(E), e_{CF} + f(F), e_{CG} + f(G)) \tag{5-3}$$

$$f(D) = \min(e_{DF} + f(F), e_{DG} + f(G)) \tag{5-4}$$

同样地，想要知道最终的 $f(B)$、$f(C)$、$f(D)$，就要知道 $f(E)$、$f(F)$、$f(G)$，有：

$$f(E) = \min(e_{EH} + f(H), e_{EI} + f(I)) \tag{5-5}$$

$$f(F) = \min(e_{FH} + f(H), e_{FI} + f(I)) \tag{5-6}$$

$$f(G) = \min(e_{GH} + f(H), e_{GI} + f(I)) \tag{5-7}$$

再往下，想得到 $f(E)$、$f(F)$、$f(G)$，必须知道 $f(H)$、$f(I)$。依照前面的式子，可以写成：

$$f(H) = \min(e_{Hk} + f(K)) \tag{5-8}$$

$$f(I) = \min(e_{Ik} + f(K)) \tag{5-9}$$

很明显，$f(K)$的值为 0，是一个直接的结果，那么，这意味着：

$$f(H)=7\,,\quad f(I)=3 \tag{5-10}$$

有了这个结果，现在一直回推，就可以最终计算出 $f(A)$，即 A 到 K 点的最短距离，并且，如果记录下每一个公式中取得最小值的顶点，也就知道了 A 到 K 点的最短路径。

综观整个问题的解决，$f(A)$只与它的三个子问题 $f(B)$、$f(C)$、$f(D)$有关。这三个子问题的解决也只与它更小的子问题 $f(E)$、$f(F)$和 $f(G)$有关，一直到最基本问题 $f(K)=0$。

这就是动态规划算法的思想：将一个问题分解成互相联系且互不干扰的若干个子问题，分别求解这些子问题的最优解，然后推断出整个问题的最优解。整个问题的求解过程，是由最小问题的最优去逐步推出最大问题的最优。

动态规划与贪婪选择策略相比，它考虑到了一个问题的所有可能子问题，并且保证了每一个子问题的最优性，从而保证可以做出最优选择，而不是每做一次选择只孤立地考虑一个最好的局部最优。

5.1.1 动态规划的基本术语

为更好地描述动态规划的思想，本小节介绍动态规划方法当中的一些基本术语，以便加好地理解它。

5.1.1.1 阶段

把所给求解问题的过程恰当地分成若干个相互联系的阶段（一般依据时间或者空间来划分），以便于求解，过程不同，阶段数就可能不同。例如，把整个过程按照空间分为四个阶段，如图 5-2 所示。A 到 B、C、D 之间为第一阶段，B、C、D 到 E、F、G 称为第二阶段，依次类推。

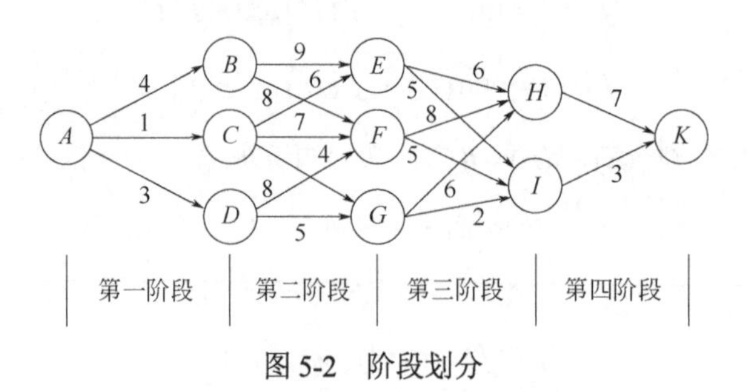

图 5-2　阶段划分

理论上，描述阶段的变量称为阶段变量。在多数情况下，阶段变量是离散的，通常用 k 表示。此外，也有阶段变量是连续的情形，如果过程可以在任何时刻做出选择，且在任意两个不同的时刻之间允许有无穷多个决策，阶段变量就是连续的。

5.1.1.2 状态

状态表示每个阶段开始面临的自然状况或客观条件。在图 5-2 的例子中状态就是某阶段的出发位置，它既是该阶段某路的起点，同时又是前一阶段某支路的终点。如图 5-2 中，第一个阶段有一个状态即 A，而第二个阶段有三个状态 B、C、D，第三个阶段是三个状态 E、F 和 G，而第四个阶段的状态为 H 和 I。一个阶段的某个状态也用一个变量来表示，这里记第 k 个阶段的状态变量为 x_k。例如，图 5-2 中，x_2 可以取 B、C、D 这三个值当中的任何一个值。

5.1.1.3 决策

解决整个问题的过程是到达某个阶段时，一定处于某个状态。阶段决策就是决策者从本阶段某状态出发对下一个阶段状态所做出的选择。描述决策的变量称为决策变量（表示为 u_k），当第 k 阶段的状态确定之后，可能做出的决策要受到这一状态的影响。即决策变量 u_k 是状态变量 x_k 的函数。因此，又将第 k 个阶段 x_k 状态下的决策变量记为 $u_k(x_k)$。比如，在第 2 阶段的 C 状态下，做一个决策，这个决策的变量就可以写为：$u_2(C)$。图 5-2 中，这个变量不能用一个具体的数值来表示，但很多情况下，是可以有数值的，后面的例 5.1 要讲到。

动态规划就是在每一个阶段的某个状态下，都要做出一个决策，从而得到最优结果，因此，动态规划解决问题的过程是一个多阶段决策过程。

5.1.1.4 状态转移方程

在多阶段决策过程中，如果给定了 k 阶段的状态变量 x_k 和决策变量 u_k，则第 $k+1$ 阶段的状态变量 x_{k+1} 也会随着确定。也就是说 x_{k+1} 是 x_k 和 u_k 的函数，这种关系用方程的形式记为：

$$x_{k+1} = T\left(x_k, u_k\right) \tag{5-11}$$

这个方程称为状态转移方程。例如，在图 5-2 中，当 $x_2=C$ 时，u_2 表示作了一个从 C 去 G 的决策，那么，经过方程运算，一定得到 $x_3=G$。这里要说明的是，决策 u_2 不能用一个具体的值表示，T 也没有一个具体的表达式形式，所以这里把方程式想象成一个 x_k、u_k 到 x_{k+1} 的映射。

由方程式（5-11）可知，如果确定了前一个状态值和决策值，则下一个状态值就确定了。换句话说，如果在状态 x_k 下，作出了 u_k 决策，就一定会转移到后一个阶段一个确定状态。非常重要的是，在实际的动态规划中，一个阶段的某个状态并不一定转移到它的下一个阶段的某个状态，而是转移到下一个阶段以后的某个阶段的某个状态。所以状态转移方程可以写成：

$$x_{k+m}=T\left(x_k,u_k\right) \tag{5-12}$$

式中，$m\geqslant 1$。这个我们在 5.4 节中再进一步说明。

5.1.1.5 策略

在一个多阶段决策过程中，如果各个阶段的决策变量 $u_k(x_k)(k=1, 2, \cdots, n)$都已确定，则整个过程就完全确定。称决策序列$\{u_1(x_1), u_2(x_2), \cdots, u_n(x_n)\}$为该过程的一个策略。从阶段 k 到阶段 n 的决策序列称为子策略，表示成$\{u_k(x_k), u_k+1(x_k+1), \cdots, u_n(x_n)\}$。在图 5-2 的例子中，选取一条路径 $A\rightarrow B\rightarrow E\rightarrow I\rightarrow K$ 就是一个策略。

显然，一个问题可以作出许多策略，其中能满足预期目标的策略称为最优策略。例如，图 5-2 中，选取的路径 $A\rightarrow D\rightarrow G\rightarrow I\rightarrow K$ 就是一个最短路径，其各阶段做出的策略组合在一起就是解决这个问题的最优策略。

5.1.1.6 指标函数

用来衡量多阶段决策过程优劣的数量指标，称为指标函数。在阶段 k 的 x_k 状态下执行决策 u_k，不仅带来系统状态的转移，而且也必然对目标函数产生影响。同时称执行阶段上的某个状态下执行决策时给目标函数的影响称为阶段效应。如图 5-2 所示，在 G 状态下，做了一个到 I 的决策，执行这一决策，不仅状态转移到 I，而且在这个过程中产生了路径距离，即边长 e_{GI}。这个距离是对整个问题的最短距离产生作用的，这就是 G 状态下所做决策的阶段效应。在这个问题中，指标函数就是 A 到 K 时依据某个策略得到的各阶段效应的和。

指标函数是定义在全过程或各子过程或各阶段上的确定数量函数。对不同问题，指标函数可以是诸如费用、成本、产值、利润、产量、耗量、距离、时间、效用，等等。

多阶段决策过程关于目标函数的总效应是各阶段的阶段效应累积而成的。常见的全过程目标函数有以下两种形式。

① 全过程的目标函数等于各阶段的阶段效应相加，即：

$$R=r_1(x_1,u_1)+r_2(x_2,u_2)+...+r_n(x_n,u_n) \tag{5-13}$$

② 全过程的目标函数等于各阶段的阶段效应相乘，即：

$$R = r_1(x_1,u_1) \times r_2(x_2,u_2) \times ... \times r_n(x_n,u_n) \tag{5-14}$$

指标函数的最优值，称为最优函数值。用 $f_1(x_1)$ 表示从第 1 阶段 x_1 状态出发至第 n 个阶段（最后阶段）的最优指标函数。用 $f_k(x_k)$ 表示从第 k 阶段 x_k 状态出发至第 n 个阶段（最后阶段）的最优指标函数。

5.1.2 动态规划数学模型建立的一般步骤

一般地，动态规划模型的建立可归结为以下几个步骤。

步骤 1：将问题按时间或空间次序划分成若干阶段。

步骤 2：正确选择状态变量 x_k。这一步是形成动态模型的关键。状态变量是动态规划模型中最重要的参数，能够描述决策过程的演变特征，满足无后效性，即以后过程的进展不受以前各状态的影响，只以当前状态影响以后。状态变量具有递推性，即 k 阶段的状态变量 x_k 及决策变量 u_k 可以计算出 $k+1$ 阶段的状态变量 x_{k+1}。

步骤 3：确定决策变量 u_k 及决策变量允许取值范围 $D_k(u_k)$。

步骤 4：根据状态变量之间的递推关系，确定状态转移方程。

步骤 5：建立指标函数。一般用 $r_k(x_k,u_k)$ 描写阶段效应，$f_k(x_k)$ 表示 k 至 n 阶段的最优子策略函数。

步骤 6：建立动态规划基本方程

$$\begin{cases} f_k(x_k) = \text{opt}\{r_k(x_k,u_k(x_k) + f_{k+1}(x_{k+1}))\} \\ f_{n+1}(x_{n+1}) = c \end{cases} \tag{5-15}$$

整个问题的最终解决是要求出 $f_1(x_1)$。注意一下，这里式（5-15）中的第二个方程式中出现了 $n+1$ 的阶段，这主要是因为 k 的最大值是我们设定的最大阶段数，后面又有 $k+1$ 阶段，为了统一，加了第二个方程，这里的 c 一般取 0。这个方程在一般书上又称为边界条件。

为熟悉这一过程，下面看一个带回收的资源分配问题的实例。

【例 5.1】 某厂新购某种机床 125 台，这种设备 5 年后要被淘汰。因此，5 年内要使用这批机床使其产生的利润最大。现已知，此机床如在高负荷下工作，年损坏率是 1/2，年利润是 10 万元。如在低负荷下工作，年损坏率是 1/5，年利润是 6 万元。问 5 年内每一年如何安排机床的高低负荷工作的台数，使 5 年内产生的利润最大。

解：很明显，这个问题具有时间上的次序性，因此可以用时间来划分阶段，以每年作为一个阶段。在 5 年中，每一年都要做出一个决策，把多少机床用于高负荷工作，多少机床用于低负荷工作。一旦决策做好，当年产生的利润就和下一年完好机床数量都定了，因此也就决定了后续的利润。

以年为阶段，k=1, 2, 3, 4, 5。以第 k 年年初的完好机床数为状态变量 x_k，以投入高负荷工作的机床数作为决策变量 u_k，那么投入低负荷工作的机床数为 $x_k - u_k$，因此，第 k+1 年年初的状态变量：

$$x_{k+1} = \frac{1}{2}u_k + \frac{4}{5}\left(x_k - u_k\right) = 0.8x_k - 0.3u_k \tag{5-16}$$

当 u_k 台机床投入高负荷生产时，获得 $10u_k$ 万元利润，$\left(x_k - u_k\right)$ 台机床投入低负荷产生，获得 $6\left(x_k - u_k\right)$ 万元利润，加起来就是第 k 年获取的利润，也就是第 k 个阶段的阶段效应，即：

$$10u_k + 6\left(x_k - u_k\right) = 4u_k + 6x_k \tag{5-17}$$

记 $f_k\left(x_k\right)$ 为第 k 年到第 5 年末最大总利润，则动态规划基本方程为：

$$\begin{cases} f_k = \max\limits_{0 \leqslant u_k \leqslant x_k} \left\{4u_k + 6x_k + f_{k+1}\left(0.8x_k - 0.3u_k\right)\right\} \\ f_6\left(x_6\right) = 0, \qquad\qquad k = 5,4,3,4,1 \end{cases} \tag{5-18}$$

以上是求动态模型的过程，式（5-18）的第一个方程表示，在状态 x_k 的情况下，可以做出 $x_k + 1$ 种不同决策，每一个决策都会产生一个第 k 年到第 5 年末的利润值，根据这些值找出一个最好的决策作为这个阶段的最优决策。先来看 f_5 如何求得，因为式（5-18）中 $f_6\left(x_6\right) = 0$，所以，当 k=5 时：

$$f_5 = \max_{0 \leqslant u_5 \leqslant x_5} \left\{4u_5 + 6x_5 + f_6\left(0.8x_5 - 0.3u_5\right)\right\} \tag{5-19}$$

因为 $f_6\left(0.8x_5 - 0.3u_5\right) = f_6\left(x_6\right) = 0$，则 $f_5 = \max\limits_{0 \leqslant u_5 \leqslant x_5} \left\{4u_5 + 6x_5\right\}$。在 x_5 确定的情况下，如何确定 u_5，使得 f_5 的值最大呢？显然，使 $4u_5 + 6x_5$ 最大，只要做决策 $u_5 = x_5$，即把全部机床投入高负荷工作。因此有：

$$f_5 = \max_{0 \leqslant u_5 \leqslant x_5} \left\{4u_5 + 6x_5 + f_6\left(0.8x_k - 0.3u_k\right)\right\} = 10x_5 \tag{5-20}$$

同理，当 k=4 时：

$$f_4 = \max_{0 \leqslant u_4 \leqslant x_4} \left\{4u_4 + 6x_4 + f_5\left(0.8x_4 - 0.3u_4\right)\right\}$$

$$f_4 = \max_{0 \leqslant u_4 \leqslant x_4} \left\{u_4 + 14x_4\right\} \tag{5-21}$$

要使 f_4 得到最大值，则决策为 $u_4 = x_4$，于是有：

$$f_4 = 15x_4 \tag{5-22}$$

当 k=3 时，

$$f_3 = \max_{0 \leqslant u_3 \leqslant x_3} \left\{4u_3 + 6x_3 + f_4\left(0.8x_3 - 0.3u_3\right)\right\}$$

$$f_3 = \max_{0 \leqslant u_3 \leqslant x_3} \left\{-0.5u_3 + 18x_3\right\} \tag{5-23}$$

所以做决策 $u_3 = 0$ ， f_3 取得最大值，且 $f_3 = 18x_3$ 。

当 k=2 时：

$$f_2 = \max_{0 \leqslant u_2 \leqslant x_2} \left\{4u_2 + 6x_2 + f_3\left(0.8x_2 - 0.3u_2\right)\right\}$$

$$f_2 = \max_{0 \leqslant u_2 \leqslant x_2} \left\{-1.4u_2 + 20.4x_2\right\} \tag{5-24}$$

所以做决策 $u_2 = 0$ ， f_2 取得最大值，且 $f_2 = 20.4x_2$ 。

当 k=1 时：

$$f_1 = \max_{0 \leqslant u_1 \leqslant x_1} \left\{4u_1 + 6x_1 + f_2\left(0.8x_1 - 0.3u_1\right)\right\}$$

$$f_1 = \max_{0 \leqslant u_1 \leqslant x_1} \left\{-2.12u_1 + 22.32x_1\right\} \tag{5-25}$$

所以做决策 $u_1 = 0$ ， f_1 取得最大值，即 $f_1 = 22.32x_1$ 。

既然第一个阶段的决策是把 0 台机器投入高负荷工作，且第一个阶段的状态变量值 $x_1 = 125$ ，所以 $f_1 = 22.32 \times 125 = 2790$ ，即最终取得的最大利润为 2790 万元。根据前面的决策，且 x_1=125，u_1=0，可以计算出后面各阶段开始时的状态值，根据状态转移方程式（5-16）， $x_{k+1} = 0.8x_k - 0.3u_k$ ，有： $x_2 = 0.8 \times 125 - 0.3 \times 0 = 100$ ；同样地，因为 u_2=0，所以 x_3=80；因为 u_3=0，所以 x_4=64；因为 u_4=x_4，所以 x_5=32。

5.2 动态规划的基本性质

（1）无后效性　动态规划解决最优问题时，如果给定某一阶段的状态，则在这一阶段以后，过程的发展不受这阶段以前各段状态的影响。如图 5-2 所示，第三个阶段 E 状态下的最优值确定后，在 E 下的决策以及 E 后面各阶段的决策就不考虑 E 之前的各阶段是如何决策的。在带回收的资源分配问题中，第 k 年初的状态确定后，其后各年所做决策与第 k 年前如何决策无关，换句话说，过去与未来无关。

（2）最优子结构　作为整个过程的最优策略具有如下性质：无论过去的状态和决策如何，对前面的决策所形成的当前状态而言，余下的决策必须构成最优策略。可以通俗地理解为子问题的局部最优将导致整个问题的全局最优，即问题具有最优子结构的性质，也就是说一个问题的最优解只取决于其子问题的最优解，非最优解对问题的求解没有影响。在 5.1 节最短路径问题中，A 到 K 的最优路径上的任一点到终点 K 的路径也必然是该点到终点 K 的一条最优路径，满足最优化原理。

（3）子问题的重叠性　动态规划受到喜爱的一个重要因素是它能将原本具有指数级时间复杂度的搜索算法变成具有多项式时间复杂度的算法，这其中的关键在于动态规划可以有效地解决冗余计算问题。

回到图 5-2，如果用穷举算法来求 A 到 K 的最短距离，首先要计算 B、C、D 到 K 的各种不同路径的距离 S_{BK}、S_{CK}、S_{DK}。这时注意到，计算 S_{BK} 时，肯定要计算 S_{FK}，因为 C 到 K 也可以经过 F，因此在计算 S_{CK} 时，也要计算 S_{FK}，这样就造成了重复计算。纵观整个图，这样的重复计算非常多，那么，动态规划如何解决这样的重复计算问题呢？它以最优结果为目标，放弃大量不是最优值的计算。比如，在计算 S_{BK} 时，它只是直接利用 S_{EK}、S_{FK} 的最优值，不再考虑 S_{EK}、S_{FK} 是如何计算的，这样就大大减少了计算量。这样做，一方面保证了最优，另一方面减少了计算量，这样的核心思想是动态规划广受欢迎的重要原因。

5.3　货郎担问题

货郎担问题是指从一个城市出发，经每一个城市一次且仅一次，最后回到出发城市，其最短距离是多少？如果用穷举法加以实现的话，其时间复杂度为 $O(n!)$。显然难以应用于实际中，本节用动态规划的思想来解决这个问题。假设城市个数为 $n=4$，各城市之间的距离用矩阵 $\boldsymbol{C}$ 表示，i, j 表示城市的编号。$i, j=1, 2, 3, 4$。

$$\boldsymbol{C}=\left(c_{ij}\right)=\begin{Bmatrix} \infty & 3 & 6 & 7 \\ 5 & \infty & 2 & 3 \\ 6 & 4 & \infty & 2 \\ 3 & 7 & 5 & \infty \end{Bmatrix}$$

为减小复杂度，假设开始是从城市 1 出发。

这个问题如果要用动态规划来解决，首先应考虑如何划分阶段。这里，我们考虑从一个城市出发，到达另一个城市作为一个阶段，这样整个问题就可以划分为 4 个阶段。根据假设，第 1 阶段的开始状态为城市 1。第 2 个阶段的开始状态有 3 种，城市 2、3、4。第 3 个阶段的开始状态为城市 2、3、4，这三个城市分别有两个状态，因为它们是通过不同的城市到达的，后续的决策也是不一样的，所以应该列为不同的状态。例如，城市 3 如果是从城市 2 来的，在这种状态下，只能做到城市 4 的决策，如果是从城市 4 来的，只能做到城市 2 的决策。第 4 个阶段的开始状态为城市 2、3、4，也分别有两种状态，第 4 个阶段末的状态为城市 1。阶段划分图如图 5-3 所示。

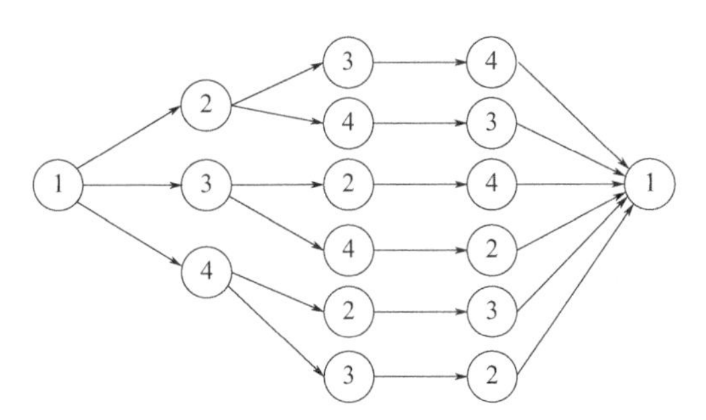

图 5-3　货郎担问题的阶段划分图

令 $s(i,\overline{v})$ 表示从顶点 i 出发，经 $\overline{v}$ 中各个顶点一次，最后回到起点的最短路径的长度，很显然，刚开始时，从城市 1 出发，则 $\overline{v}=\{1,2,3,4\}-\{1\}$。于是货郎担问题的动态规划方程可以写成：

$$\begin{cases} s(i,\overline{v})=\min\limits_{k\in v}\left\{c_{ik}+s\left(k,\overline{v}-\{k\}\right)\right\} \\ s(k,\varphi)=c_{k1} \end{cases} \tag{5-26}$$

则：

$$s(1,\{2,3,4\})=\min\left(c_{12}+s(2,\{3,4\}),c_{13}+s(3,\{2,4\}),c_{14}+s(4,\{2,3\})\right) \tag{5-27}$$

要求 $s(1,\{2,3,4\})$，只要求得 $s(2,\{3,4\})$，$s(3,\{2,4\})$，$s(4,\{2,3\})$，计算如下：

$$\begin{cases} s(2,\{3,4\})=\min\left(c_{23}+s(3,\{4\}),c_{24}+s(4,\{3\})\right) \\ s(3,\{2,4\})=\min\left(c_{32}+s(2,\{4\}),c_{34}+s(4,\{2\})\right) \\ s(4,\{2,3\})=\min\left(c_{42}+s(2,\{3\}),c_{43}+s(3,\{2\})\right) \end{cases} \tag{5-28}$$

接下来：

$$\begin{cases} s(3,\{4\})=c_{34}+s(4,\varphi)=c_{34}+c_{41}=2+3=5 \\ s(4,\{3\})=c_{43}+s(3,\varphi)=c_{43}+c_{31}=5+6=11 \\ s(2,\{4\})=c_{24}+s(4,\varphi)=c_{24}+c_{41}=3+3=6 \\ s(4,\{2\})=c_{42}+s(2,\varphi)=c_{42}+c_{21}=7+5=12 \\ s(2,\{3\})=c_{23}+s(3,\varphi)=c_{23}+c_{31}=2+6=8 \\ s(3,\{2\})=c_{32}+s(2,\varphi)=c_{32}+c_{21}=4+5=9 \end{cases} \tag{5-29}$$

因为上述各状态顶点的后续顶点只有一个，所以路径是固定的，比如，$s(3,\{4\})$，最短路径就是城市 3→4→1。因此：

$$\begin{cases} s(2,\{3,4\}) = \min(c_{23} + s(3,\{4\}), c_{24} + s(4,\{3\})) = \min(2+5, 3+11) = 7 \\ s(3,\{2,4\}) = \min(c_{32} + s(2,\{4\}), c_{34} + s(4,\{2\})) = \min(4+6, 2+12) = 10 \\ s(4,\{2,3\}) = \min(c_{42} + s(2,\{3\}), c_{43} + s(3,\{2\})) = \min(7+8, 5+9) = 14 \end{cases} \quad (5\text{-}30)$$

从式（5-30）的第一个式子可以看出，7 这个值是由 $c_{23} + s(3,\{4\})$ 得到的，所以路径是 2→3→4→1；同理，根据第二个式子，最短路径是 3→2→4→1，根据第三个式子，最短路径是 4→3→2→1。有了这些结果后，可以计算：

$$\begin{aligned} s(1,\{2,3,4\}) &= \min(c_{12} + s(2,\{3,4\}), c_{13} + s(3,\{2,4\}), c_{14} + s(4,\{2,3\})) \\ &= \min(3+7, 6+10, 7+14) = 10 \end{aligned} \quad (5\text{-}31)$$

所以，这个货郎担问题的最短距离为 10，又因为最小值是从 $c_{12} + s(2,\{3,4\})$ 的值得到的，所以最短路径为 1→2→3→4→1。

在实际计算中，先计算式（5-26）中的值，得到式中各状态顶点到起点的最短路径和距离，然后计算式（5-27），再得到式中各状态顶点到起点的最短路径和距离，最后计算式（5-29）得到整个最短路径和最短距离。

上述过程是计算从城市 1 出发，经各城市一次且仅一次，最后回到城市 1 的最短路径和距离。同样的方法，还要分别计算从城市 2、城市 3、城市 4 出发，最后回到各起点的最短路径和距离，然后从中选择一条最短的，才算解决了有 4 个城市的货郎担问题。

令 N_i 为计算式（5-26）时需要计算的形式为 $s(k, \overline{v} - \{k\})$ 的个数，开始计算时集合 $\overline{v} - \{k\}$ 有 $n-1$ 个城市，以后在不同的决策阶段，分别有 $n-2, n-1, \cdots, 0$ 个城市。在整个计算中，需要计算 j 个不同城市的集合个数为 C_{n-1}^{j}，其中 $j = 0,1,\cdots,n-1$。因此，总个数为：

$$N_i = \sum_{j=0}^{n-1} C_{n-1}^{j} \quad (5\text{-}32)$$

当 $\overline{v} - \{k\}$ 集合中的城市个数为 j 时，为了计算 $s(k, \overline{v} - \{k\})$，需要进行 j 次加法和 j–1 次比较运算。因此，从城市 i 出发，经其他城市再回到 i，全部运算时间 T_i 为：

$$T_i = \sum_{j=0}^{n-1} j C_{n-1}^{j} < \sum_{j=0}^{n-1} n C_{n-1}^{j} = n \sum_{j=0}^{n-1} C_{n-1}^{j} \quad (5\text{-}33)$$

根据二项式定理：

$$\left(x+y\right)^n=\sum_{j=0}^{n}C_n^j x^j y^{n-j} \tag{5-34}$$

令 $x=y=1$，则

$$2^n=\sum_{j=0}^{n}C_n^j \tag{5-35}$$

所以，$T_i<n\times2^{n-1}=O\left(n\times2^n\right)$。

因为货郎担问题的起点是任意一个城市，都需要按照上述方法来做，所以整个问题的运算时间 T 为：

$$T=\sum_{i=1}^{n}T_i<n^2\times2^{n-1}=O\left(n^2\times2^n\right) \tag{5-36}$$

从这个总时间可以看出，用动态规划解决货郎担问题的时间复杂度是指数级的，比穷举法的 $O(n!)$要好一些，虽然指数的时间复杂度在实际中也难以应用于规模较大的情况，但动态规划问题可以保证得到的结果是最优的。

5.4 多段图最短路径问题

我们把图 5-1 的路径稍微改变一下，加一条 C 到 D 的路径，如图 5-4 所示。

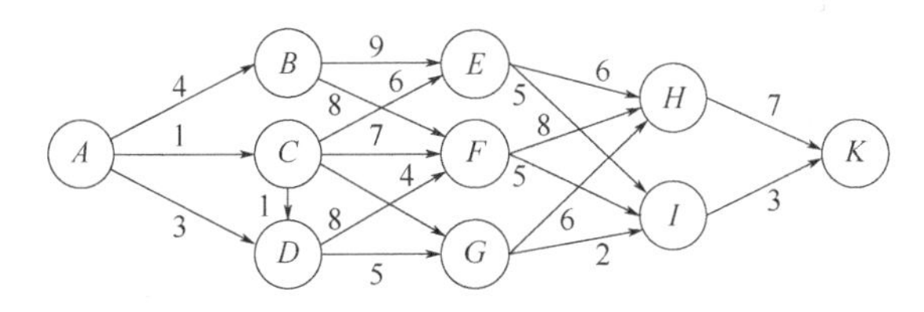

图 5-4　路径图

很显然，这个图如果用动态规划来求解 A 到 K 的最短路径，就不能把 B、C、D 作为第二阶段开始的状态，因为这样的话，D 状态就可以由同一阶段内的状态 C 来转移，这不符合动态规划中转移的性质。对于这样的问题，我们可以依据一种被称为多段图的理论对图进行阶段划分，然后应用动态规划求解，下面先来看一下多段图的定义。

定义 5.1　给定有向连通赋权图 $G=\left(V,E\right)$，如果把 V 划分成 k 个不相交的子集 V_i，$1\leqslant i\leqslant k$，$k\geqslant2$，使得 E 中的每一条边，有 $u\in V_i,v\in V_{i+m}$，$m\geqslant1$，则

称这样的图为多段图。令$|V_1|=|V_k|=1$，称$s \in V_1$为源点，$t \in V_k$为收点。

对于图 5-4，可以令$V_1=\{A\}$，$V_2=\{C\}$，$V_3=\{B,D\}$，$V_4=\{E,F,G\}$，$V_5=\{H,I\}$，$V_6=\{K\}$，这样顶点集划分保证了定义 5.1 给出的条件，所以图 5-4 是一个多段图。多段图的最短路径问题就是求源点到收点的最短路径问题。

现在，我们可以应用动态规划的思想来求源点到收点的最短距离了。首先，把 V_i 中各元素作为第 i 个阶段的状态，图 5-4 实质上就分为了 5 个阶段，其中第 6 个阶段为边界，它的阶段效应为 0。

我们注意到，第 1 个阶段的 A 状态如果做了一个到 B 的决策，那下一个状态就是 B，而 B 这个状态并不在第 2 个阶段，所以状态转移方程应用的是 $x_{k+m}=T(x_k,u_k)$，$m \geqslant 1$，其阶段效应也就是 A 到 B 的边长。

5.4.1 多段图的计算过程

为了编程方便，现在把图 5-4 中的顶点号进行数字编号，分别按顺序把 V_1 到 V_6 中的顶点编号，如图 5-5 所示。

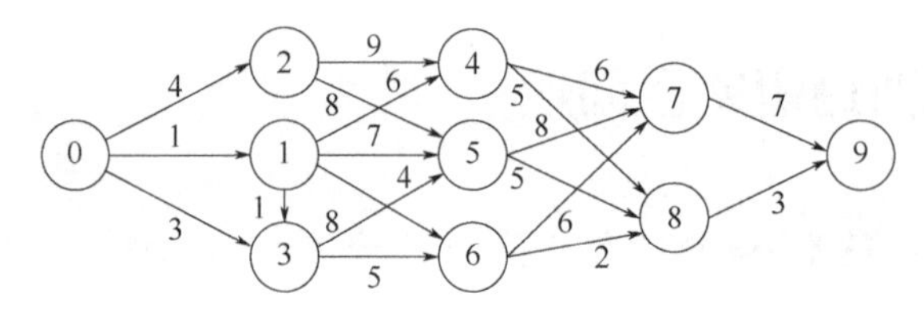

图 5-5　路径图

令$s[i]$表示从顶点 i 到收点 9 的最短距离，c_{ij} 为顶点 i 到顶点 j 的边长，如果这两点之间没有直接边，则$c_{ij}=+\infty$，根据动态规划原理，可以确定动态规划方程为：

$$s[i]=\lim_{i<j\leqslant 9}\left(c_{ij}+s[j]\right) \qquad (5\text{-}37)$$

令$\text{path}[i]$存放使$c_{ij}+s[j]$最小的 j，即：

$$\text{path}[i]=\arg\min_{j}\left(c_{ij}+s[j]\right) \qquad (5\text{-}38)$$

用$\text{minpath}[n]$存放从源点到收点 n 的最短通路上的顶点编号。多段图的最短路径的步骤描述如下。

步骤 1：对所有的 i，$0 \leqslant i \leqslant n$，把$s[i]$初始化为最大值，$\text{path}[i]$初始化为−1，$s[n-1]$初始化为 0。

步骤 2：令$i \leftarrow n-2$。

步骤 3：根据式（5-37）计算 $s[i]$，根据式（5-38）计算 $\text{path}[i]$。

步骤 4：$i=i-1$，若 $i \geqslant 0$，转步骤 3；否则转步骤 5。

步骤 5：$i \leftarrow 0$，$\text{minpath}[0] \leftarrow 0$。

步骤 6：如果 $\text{minpath}[i] == n-1$，算法结束；否则转步骤 7。

步骤 7：$i \leftarrow i+1$，$\text{minpath}[i] \leftarrow \text{path}[\text{minpath}[i-1]]$；转步骤 6。

下面详细计算图 5-5 中的最短路径和距离。在初始化完成后，计算过程如下(不考虑无直接边的写入，因为它们是+∞，肯定不是最小)：

i=8：$s[8] = \lim\limits_{i<j \leqslant 9}(c_{89} + s[9])$=3+0=3，$\text{path}[8] = 9$；

i=7：$s[7] = \lim\limits_{i<j \leqslant 9}(c_{79} + s[9])$=7+0=7，$\text{path}[8] = 9$；

i=6：$s[6] = \lim\limits_{6<j \leqslant 9}(c_{67} + s[7], c_{68} + s[8]) = \lim(6+7, 2+3) = 5$，$\text{path}[6] = 8$；

i=5：$s[5] = \lim\limits_{5<j \leqslant 9}(c_{57} + s[7], c_{58} + s[8]) = \lim(8+7, 5+3) = 8$，$\text{path}[5] = 8$；

i=4：$s[4] = \lim\limits_{4<j \leqslant 9}(c_{47} + s[7], c_{48} + s[8]) = \lim(6+7, 5+3) = 8$，$\text{path}[4] = 8$；

i=3：$s[3] = \lim\limits_{3<j \leqslant 9}(c_{35} + s[5], c_{36} + s[6]) = \lim(4+8, 5+5) = 10$，$\text{path}[3] = 6$；

i=2：$s[2] = \lim\limits_{2<j \leqslant 9}(c_{24} + s[4], c_{25} + s[5]) = \lim(9+8, 8+8) = 16$，$\text{path}[2] = 5$；

i=1：$s[1] = \lim\limits_{1<j \leqslant 9}(c_{13} + s[3], c_{14} + s[4], c_{15} + s[5], c_{16} + s[6])$

$= \lim(1+10, 6+8, 7+8, 8+5) = 11$，$\text{path}[1] = 3$；

i=0：$s[0] = \lim\limits_{0<j \leqslant 9}(c_{01} + s[1], c_{02} + s[2], c_{03} + s[3])$

$= \lim(1+11, 4+16, 3+10) = 12$，$\text{path}[0] = 1$；

$\text{minpath}[0] = 0$；

$\text{minpath}[1] = \text{path}[\text{minpath}[0]] = \text{path}[0] = 1$；

$\text{minpath}[2] = \text{path}[\text{minpath}[1]] = \text{path}[1] = 3$；

$\text{minpath}[3] = \text{path}[\text{minpath}[2]] = \text{path}[3] = 6$；

$\text{minpath}[4] = \text{path}[\text{minpath}[3]] = \text{path}[6] = 8$；

$\text{minpath}[5] = \text{path}[\text{minpath}[4]] = \text{path}[8] = 9$。

所以，整个多段图的最短距离为 $s[0]$=12，最短路径为 0→1→3→6→8→9。

5.4.2 多段图的动态规划算法实现

本算法采用邻接表的形式来存储图结构和它们的权值，数据结构定义如下：

```
typedef struct Node{
int v_id;    //顶点编号
type edge;     //该顶点到它的邻接顶点的边长
struct Node *next;    //下一个邻接顶点
}NODE;
```

用下列数组存放相关的数据：

```
NODE node[n];          //多段图邻接表头结点
type s[n];             //各顶点到收点的最优距离，类型设定为type
int minpath[n];        //存放从源点到收点的最短通路上的顶点编号
int path[n];           //各顶点到收点最短路径上的下一个顶点的编号
```

整个算法描述如下。

算法 5.1 多段图动态规划算法。

输入：多段图邻接表头结点 node[]及顶点个数 n。

输出：最短路径距离以及最短路径上的各顶点编号 minpath[n]。

```
1.  float multiStageGraph (NODE node[], int minpath[], int n)
2.  {
3.       int i;
4.       NODE *pnode;
5.       int *path = (int *)malloc(sizeof( int)*n);
6.       type min_s, *s = (type *)malloc(sizeof(type)*n);
7.       for (i=0; i<n; i++)    // 初始化各值
8.       {
9.            s[ i ] =0xFFFF;
10.           path[ i ] = -1;
11.           minpath[ i ] = 0;
12.      }
13.       s[n-1] = 0;  //设定最后一个结点到收点的距离为0
14.      for (i=n-2; i>=0; i--)   //从图的最后一个结点的前一个结点开始计算
15.      {
16.            pnode = node[i].next;  //指向该顶点的第一个邻接点
17.            while (pnode != NULL)
18.            {  //循环确定顶点pnode到收点的最短距离及该路径上的下一个顶点
19.               if (pnode->edge + s[pnode->v_id] < s[i])
20.               {
21.                    s[i] = pnode->edge + s[pnode->v_id];
22.                    path[i] = pnode->v_id;
```

```
23.             }
24.             pnode = pnode->next;
25.         }
26.     }
27.     i = 0;
28.     while ((minpath[i] != n-1) && (path[i] != -1))
29.      {
30.         i++;
31.         minpath[i] = path[minpath[i-1]];
32.      }
33.     min_s = s[0];
34.     delete path;
35.     delete s;
36.     return min_s;
37. }
```

从上面的代码可以看出，多段图最短路径的计算分为三个部分，第一个部分为初始化部分，所花费时间为 $O(n)$；第二个部分利用动态规划思想进行计算，一个阶段顶点利用后续阶段顶点到收点的最短距离确定它到收点的最短路径和距离，它要计算 n 个顶点，而且每一条边要计算一次加法并且加以比较，假设图中有 m 条边，第二部分所花费时间为$O(n+m)$；第三部分为导出路径，它所计算的次数为阶段数 k，因此，整个算法的时间复杂度为$O(n+m)$。

因为要开辟空间来存放各顶点到收点最短路径上的后一个顶点，以及每一个顶点到收点的最短距离，所以空间复杂度为 $O(n)$。

5.5 设备更新问题

设备更新问题的一般提法是：已知一台设备的收益函数 $r(t)$、维修费用函数 $u(t)$ 及更新费用函数 $c(t)$，要求在 n 年内的每年年初做出决策，是继续使用旧设备还是更新设备，使 n 年总收益最大。一些变量如下。

$r_k(t)$：在第 k 年设备已使用过 t 年(或称役龄为 t 年)，再使用 1 年时的收益。

$u_k(t)$：在第 k 年设备役龄为 t 年，再使用一年的维修费用。

$c_k(t)$：在第 k 年卖掉一台役龄为 t 年的设备，买进一台新设备的更新净费用。

α：折扣因子($0 \leqslant \alpha \leqslant 1$)，表示一年以后的单位收入价值相当于现年的$\alpha$ 单位。

阶段 k：将问题划分为 n 个阶段，每年为一个阶段，k=1, 2, …, n。

状态变量s_k：第k年初，设备已使用过的年数，即役龄。

决策变量x_k：第k年初更新设备还是继续使用旧设备，分别用R或K表示。

状态转移方程可以写成：

$$s_{k+1}=\begin{cases}s_k+1, & x_k=K\\ 1, & x_k=R\end{cases} \tag{5-39}$$

阶段指标函数：

$$v_k(s_k,x_k)=\begin{cases}K: r_k(s_k)-u_k(s_k)\\ R: r_k(0)-u_k(0)-c_k(s_k)\end{cases} \tag{5-40}$$

最优值函数$f_k(s_k)$：第k年初设备役龄为s_k年时，采用最优策略到第n年末的最大收益。则动态规划基本方程为：

$$\begin{cases}f_k(s_k)=\max\limits_{x_k\in\{R,K\}}\{v_k(s_k,x_k)+\alpha f_{k+1}(s_{k+1})\} \quad (k=n,n-1,\dots,1)\\ f_{n+1}(s_{n+1})=0\end{cases} \tag{5-41}$$

【例 5.2】 某台新设备的年效益及年均维修费、更新净费用如表 5-1 所示。试确定今后五年内的更新策略，使总收益最大。设$\alpha=1$。

表5-1 新设备问题基本数据列表

项目	役龄 t					
	0	1	2	3	4	5
效益 $r_k(t)$	5	4.5	4	3.75	3	2.5
维修费 $u_k(t)$	0.5	1	1.5	2	2.5	3
更新费 $c_k(t)$	0.5	1.5	2.2	2.5	3	3.5

解：建立如前所述的动态规划模型，其中$n=5$。

当$k=5$时，状态变量s_5可取 1，2，3，4。

由基本方程：

$$f_5(s_5)=\max\begin{Bmatrix}K:\ r_5(s_5)-u_5(s_5)\\ R:\ r_5(0)-u_5(0)-c_5(s_5)\end{Bmatrix}$$

可得：

$$f_5(1)=\max\begin{Bmatrix}K:\ r_5(1)-u_5(1)\\ R:\ r_5(0)-u_5(0)-c_5(1)\end{Bmatrix}=\max\begin{Bmatrix}K:4.5-1\\ R:5-0.5-1.5\end{Bmatrix}=3.5,\quad x_5(1)=K$$

$$f_5(2)=\max\begin{Bmatrix}K:\ r_5(2)-u_5(2)\\ R:\ r_5(0)-u_5(0)-c_5(2)\end{Bmatrix}=\max\begin{Bmatrix}K:4-1.5\\ R:5-0.5-2.2\end{Bmatrix}=2.5,\quad x_5(2)=K$$

$$f_5(3)=\max\begin{Bmatrix}K: & r_5(3)-u_5(3) \\ R: & r_5(0)-u_5(0)-c_5(3)\end{Bmatrix}=\max\begin{Bmatrix}K:3.75-2 \\ R:5-0.5-2.5\end{Bmatrix}=2,\quad x_5(3)=R$$

$$f_5(4)=\max\begin{Bmatrix}K: & r_5(4)-u_5(4) \\ R: & r_5(0)-u_5(0)-c_5(4)\end{Bmatrix}=\max\begin{Bmatrix}K:3-2.5 \\ R:5-0.5-3\end{Bmatrix}=1.5,\quad x_5(4)=R$$

当 k=4 时，状态变量 s_4 可取 1，2，3。

由基本方程：

$$f_4(s_4)=\max\begin{Bmatrix}K: & r_4(s_4)-u_4(s_4)+f_5(s_4+1) \\ R: & r_4(0)-u_4(0)-c_4(s_4)+f_5(1)\end{Bmatrix}$$

可得：

$$f_4(1)=\max\begin{Bmatrix}K: & r_4(1)-u_4(1)+f_5(2) \\ R: & r_4(0)-u_4(0)-c_4(1)+f_5(1)\end{Bmatrix}=\max\begin{Bmatrix}K:4.5-1+2.5 \\ R:5-0.5-1.5+3.5\end{Bmatrix}=6.5,$$

$$x_4(1)=R$$

$$f_4(2)=\max\begin{Bmatrix}K: & r_4(2)-u_4(2)+f_5(3) \\ R: & r_4(0)-u_4(0)-c_4(2)+f_5(1)\end{Bmatrix}=\max\begin{Bmatrix}K:4-1.5+2 \\ R:5-0.5-2.2+3.5\end{Bmatrix}=5.8,$$

$$x_4(2)=R$$

$$f_4(3)=\max\begin{Bmatrix}K: & r_4(3)-u_4(3)+f_5(4) \\ R: & r_4(0)-u_4(0)-c_4(3)+f_5(1)\end{Bmatrix}=\max\begin{Bmatrix}K:3.75-2+1.5 \\ R:5-0.5-2.5+3.5\end{Bmatrix}=5,$$

$$x_4(3)=R$$

当 k=3 时，状态变量 s_3 可取 1，2。由基本方程：

$$f_3(s_3)=\max\begin{Bmatrix}K: & r_3(s_3)-u_3(s_3)+f_4(s_3+1) \\ R: & r_3(0)-u_3(0)-c_3(s_3)+f_4(1)\end{Bmatrix}$$

可得：

$$f_3(1)=\max\begin{Bmatrix}K: & r_3(1)-u_3(1)+f_4(2) \\ R: & r_3(0)-u_3(0)-c_3(1)+f_4(1)\end{Bmatrix}=\max\begin{Bmatrix}K:4.5-1+5.8 \\ R:5-0.5-1.5+6.5\end{Bmatrix}=9.5,$$

$$x_3(1)=R$$

$$f_3(2)=\max\begin{Bmatrix}K: & r_3(2)-u_3(2)+f_4(3) \\ R: & r_3(0)-u_3(0)-c_3(2)+f_4(1)\end{Bmatrix}=\max\begin{Bmatrix}K:4-1.5+5.5 \\ R:5-0.5-2.2+6.5\end{Bmatrix}=8.8,$$

$$x_3(2)=R$$

当 k=2 时，状态变量 s_2 只能取 1。

由基本方程：

$$f_2\left(s_2\right)=\max\begin{Bmatrix}K:\ r_2(s_2)-u_2(s_2)+f_3(s_2+1)\\R:\ r_2(0)-u_2(0)-c_2(s_2)+f_3(1)\end{Bmatrix}$$

可得：

$$f_2\left(1\right)=\max\begin{Bmatrix}K:4.5-1+8.8\\R:5-0.5-1.5+9.5\end{Bmatrix}=12.5\text{，}\quad x_2\left(1\right)=R$$

当 $k=1$ 时，状态变量 s_1 只能取 0。

由基本方程：

$$f_1\left(s_1\right)=\max\begin{Bmatrix}K:\ r_1(s_1)-u_1(s_1)+f_2(s_1+1)\\R:\ r_1(0)-u_1(0)-c_1(s_1)+f_2(1)\end{Bmatrix}$$

可得：

$$f_1\left(0\right)=\max\begin{Bmatrix}K:5-0.5+12.5\\R:5-0.5-1.5+12.5\end{Bmatrix}=17\text{，}\quad x_1\left(0\right)=K$$

上述计算过程逆推回去，可知：

$s_1=0$，$x_1(0)=K$；$s_2=1$，$x_2(1)=R$；$s_3=1$，$x_3(1)=R$；$s_4=1$，$x_4(1)=R$；$s_5=1$，$x_5(1)=K$。

5.6 最长公共子序列

最长公共子序列（longest common sequence，LCS）问题是动态规划中的一个经典问题。一个字符串 S，如果按顺序取出其中的若干个字符，称这若干个字符按顺序组成的串为原字符串 S 的子序列。例如 S: abcdefg，则 ade 就是 S 的一个子序列。bdfg 也是 S 的一个子序列。用正规的数学定义就是：

定义 5.2 字符表Σ上的字符序列 $S=a_1a_2...a_n$ 及 $T=c_1c_2...c_j$，若对所有的 $k,k=1,2,\cdots,j$，有 $c_k=a_{ik}$，其中 ik ($1\leqslant ik\leqslant n$)是 S 的下标递增序列，称 T 是 S 的子序列。

我们把一个子序列的字符个数称为这个子序列的长度。根据定义，一个字符串有多个子序列，假设一个字符串的长度为 n，则它的全部子序列个数为：

$$\text{num}=C_n^0+C_n^1+C_n^2+\cdots+C_n^n=2^n \tag{5-42}$$

给定 2 个序列 X 和 Y，当另一序列 Z 既是 X 的子序列又是 Y 的子序列时，称 Z 是 X 和 Y 的公共子序列。例如 X: xyzxyxz，Y:xxyzyzx，序列 xyz 和 xyzyz 都是 X 和 Y 的公共子序列。显然两个序列的公共子序列也存在多个，本节要解决的问题是给定两个序列，求出它们的最长公共子序列。

很显然，如果用穷举法来解决这个问题，就要列出两个序列的所有子序列，然后比较它们是否相同，在所有相同的子序列中找出最长的，由式（5-42）可知，如果两个序列的长度分别是m,n，则需要比较2^{n+m}次，且每比较一次本身还需要计算量，所以用穷举法求最长公共子序列的时间复杂度很高，在实际中根本行不通。

5.6.1 最长公共子序列的搜索过程

设序列$X = x_1x_2...x_m$和$Y = y_1y_2...y_n$的最长公共子序列为$Z = z_1z_2...z_k$，用T_t形式表示序列T的前t个字符，则有如下性质：

① 若$x_m = y_n$，则$z_k = x_m = y_n$，且Z_{k-1}是X_{m-1}和Y_{n-1}的长度为$k-1$的最长公共子序列。

② 若$x_m \neq y_n$且$x_m \neq z_k$，则Z是X_{m-1}和Y的最长公共子序列。

③ 若$x_m \neq y_n$且$y_n \neq z_k$，则Z是X和Y_{n-1}的最长公共子序列。

证明性质如下。

证明性质①：如果$x_m \neq z_k$，因为$x_m = y_n$，所以可以把x_m或y_n追加到Z的最后面，这时就形成了一个长度为k+1的LCS，与Z是长度为k的LCS矛盾。因此，必有$z_k = x_m = y_n$。这样Z_{k-1}就是X_{m-1}和Y_{n-1}的公共子序列。假设X_{m-1}和Y_{n-1}存在一个长度大于k–1的公共子序列T，则把x_m或y_n追加到T的末尾后，则T的长度就大于k，矛盾，所以，性质①是成立的。

证明性质②：如果$x_m \neq z_k$，那么Z就是X_{m-1}和Y的一个公共子序列。如果X_{m-1}和Y存在一个长度大于k的公共子序列T，那么T也一定是X和Y公共子序列，也就是说，X和Y存在一个长度大于k的公共子序列T，这与X和Y的LCS长度为k矛盾。

性质③与性质②证明一样。

有了上面的三个性质，再来分析一下如何求$X = x_1x_2...x_m$和$Y = y_1y_2...y_n$的LCS。

首先，判断两个序列的最后两个字符x_m和y_n，如果$x_m == y_n$，依据性质①，就可以得到X、Y的LCS的最后一个字符，并且知道它的长度是X_{m-1}和Y_{n-1}的LCS的长度加上1，这样问题就转化成了求X_{m-1}和Y_{n-1}的LCS的长度。

其次，如果两个序列X、Y的最后两个字符x_m和y_n不相等，则根据性质②和③，只需要知道X_{m-1}和Y的LCS长度和X和Y_{n-1}的LCS的长度，两者中较大的即为X、Y的LCS的长度。这样求X、Y的LCS的问题就变成了求X_{m-1}和Y的LCS长度以及X和Y_{n-1}的LCS的长度这两个子问题。

到这里，可以发现，这三个子问题的每一个问题都可以包含上述三个子问题。直到最后，当一个序列的长度为0时，另一个序列的LCS长度为0。因此，如果我们用$\text{len}[i][j]$表示序列X_i和序列Y_j的LCS长度，那么，就可以列出式（5-43）的递推公式：

$$\text{len}[i][j]=\begin{cases}0 & i=0\text{或}j=0\\ \text{len}[i-1][j-1]+1 & x_i=y_j\text{且}i,j>0\\ \max(\text{len}[i][j-1],\text{len}[i-1][j]) & x_i\neq y_j\text{且}i,j>0\end{cases} \tag{5-43}$$

从这个式子，我们可以很明显地看到，要解决$\text{len}[m][n]$问题，只需要解决三个子问题$\text{len}[m-1][n-1]$，$\text{len}[m][n-1]$和$\text{len}[m-1][n]$，且这三个子问题的结果都是最优的。

因此，对LCS的搜索可以分阶段进行，第一阶段求$\text{len}[0][j]$，其中$j=0,1,2,\cdots$，n。第二阶段，依据这个结果求$\text{len}[1][j]$，$\text{j}=0,1,2,\cdots,n$。依次类推，第n个阶段求出$\text{len}[m][j]$，$j=0,1,2,\cdots,n$，其中的最后一个值$\text{len}[m][n]$就是最终LCS的长度。

有了上述原理，我们可以知道如何去搜索具体的LCS，搜索开始时$i=m$，$j=n$，往前进行搜索，直到i或者j为0。当$\text{len}[i][j]=\max(\text{len}[i-1][j],\text{len}[i][j-1])$时，根据性质②、③可知，$X_i$和$Y_j$的LCS最后一个字符一定是从较大值的方向来的，因此搜索方向为较大的那个，所以当$\text{len}[i][j]=\text{len}[i][j-1]$时，$i-1$，继续搜索，如果$\text{len}[i][j]=\text{len}[i][j-1]$，$j-1$，继续搜索。如果$\text{len}[i-1][j]=\text{len}[i][j-1]$，则两个方向都存在LCS，就要分别进行搜索。又由性质①可知，当$\text{len}[i][j]=\text{len}[i-1][j-1]+1$时，$x_i=y_j$，且$x_i$是$X_i$和$Y_j$的LCS最后一个字符，接下来$i$和$j$均减1，继续搜索。

【例5.3】 求序列X：“*bacdbd*”和序列Y：“*dbcbadb*”的最长公共子序列的长度。按式（5-43）计算出的$\text{len}[i][j]$数据如表5-2所示。从表中可以看出，X、Y的LCS长度为4。

表5-2 最长公共子序列长度计算实例

j \ i	0	1	2	3	4	5	6	
0	0	0	0	0	0	0	0	
1	0	0	0	0	1	1	1	*d*
2	0	1	1	1	1	2	2	*b*
3	0	1	1	2	2	2	2	*c*
4	0	1	1	2	2	3	3	*b*
5	0	1	2	2	2	3	3	*a*
6	0	1	2	2	3	3	4	*d*
7	0	1	2	2	3	4	4	*b*
		b	*a*	*c*	*d*	*b*	*d*	

搜索的过程从 i=6，j=7 开始，如图 5-6 所示，搜索方向用箭头←↑↖表示。

j \ i	0	1	2	3	4	5	6	
0	0	0	0	0	0	0	0	
1	0	0	0	0	1	1	1	*d*
2	0	1	1	1	1	2	2	*b*
3	0	1	1	2	2	2	2	*c*
4	0	1	1	2	2	3	3	*b*
5	0	1	2	2	2	3	3	*a*
6	0	1	2	2	3	3	4	*d*
7	0	1	2	2	3	4	4	*b*
		b	*a*	*c*	*d*	*b*	*d*	

图 5-6　LCS 的搜索过程

从图 5-6 可以看出，在(6, 7)处，有两个分支，说明至少存在两个不同的 LCS，再看(3, 5)处也存在两个分支，这说明开始从水平搜索的分支又存在两个不同的 LCS，所以序列 X、Y 存在 3 个不同的 LCS。

5.6.2　最长公共子序列算法实现

首先定义数据存放 X、Y 数据的数组为：char x[]、char y[]（下标从 0 开始），L 为所求得的 LCS 的长度，用于存放 X_i 和 Y_j LCS 长度的数组为 len 。对两个序列的 LCS 长度算法描述如下。

算法 5.2　计算最长公共子序列的长度。

输入：序列 X、Y 的数据 x[]、y[]以及它们的长度 m 和 n。

输出：X、Y 的 LCS 长度 L。

```
1.  void LCSLength(char x[], char y[], int m, int n, int &L)
2.  {
3.       int **len = new int*[n+1],i,j;
4.       for (i = 0; i <= n; i++)  len [i] = new int[m+1];
5.       for (i = 0; i <= m; i++)  len [i][0] = 0; //j为0的LCS长度为0
6.       for (j = 0; j <= n; j++)  len [0][j] = 0; //i为0的LCS长度为0
7.       for (i = 1; i <= m; i++)
8.            for (j = 1; j <= n; j++)
9.            {
10.                if (x[i-1]==y[j-1])
11.                     len [i][j] = len [i-1][j-1]+1;
12.                else if (len [i-1][j]>= len [i][j-1])
```

```
13.                         len [i][j] = len [i-1][j];
14.                         else len [i][j] = len [i][j-1];
15.             }
16.      L = len [m][n];
17.       delete len;
18. }
```

从上面的算法过程可以看出，计算时间主要花在了求 $\text{len}[i][j]$，它的复杂度分析为 $O(mn)$。算法使用的空间主要是用于存放各长度的数组空间，所以它的空间复杂度为 $O(mn)$。

搜索具体 LCS 的过程，实质上就是一个多重递归过程。根据前面的分析，如果两个竖向相邻单元格的数据相同，则向上继续搜索具体的 LCS，如果两个水平相邻单元格数据相同，则向左继续搜索，这里存在两种都成立的情况，说明可以形成两种不同的 LCS。如果两种情况不存在，那么就向左上继续搜索，这实质上是一个递归过程，下面是对搜索过程的算法描述。

算法 5.3 搜索具体 LCS。

输入：len[*i*][*j*]数据，序列 *X* 的数组 *x*[]，*i*、*j* 的初始值为两个序列的字符个数，str 为暂存一个 LCS 的数组，*k* 为当前搜索到的 LCS 的个数，*L* 为 LCS 的长度。

输出：LCS 的个数 NUM 以及存放全部 LCS 结果的二维串 result。

```
1.  void SearchLCS(int **len, char x[], int i, int j, char *str, int
k, int L, char **&result, int &NUM)
2.  {
3.              int t = L-1;
4.       if(i==0 || j==0)
5.       {
6.                  if(NUM==0)   //创建存放 LCS 空间行的位置
7.                  result = (char **)malloc(sizeof(char *));
8.              else         //多于一个 LCS 时，继续创建
9.                  result = (char **)realloc(result,sizeof(char *)*
(NUM+1));
10.             result[NUM] = (char *)malloc(sizeof(char)*(1+L));  /*
创建存放一个 LCS 的空间*/
11.             while(t>=0) {  //把搜索到的 LCS 逆向存入新开的行空间中
12.                     result[NUM][L-t-1] = str[t--];
13.                 }
14.             result[NUM][L] = '\0';
15.                     NUM++;
```

```
16.                return;
17.            }
18.        if(len[i][j]==len[i][j-1] || len[i][j]==len[i-1][j])   //
存在上下、左右相邻数据相等
19.            {
20.                if(len[i][j]==len[i][j-1])
21.            {
22.                SearchLCS(len, x, i, j-1, str, k, L, result, NUM);
//向左搜索
23.                }
24.                    if(len[i][j]==len[i-1][j])
25.                {
26.                SearchLCS(len, x, i-1, j, str, k, L, result, NUM);
//向上搜索
27.            }
28.        }
29.        else
30.        {
31.            if(len[i][j]-1==len[i-1][j-1])
32.                    {
33.                str[k++] = x[j-1];   //把 LCS 的字符存入暂存空间 str 中
34.                SearchLCS(len, x, i-1, j-1, str, k, L, result, NUM);
//向左上搜索
35.            }
36.        }
37. }
```

这个算法中，完整搜索到一个 LCS，最多只需要花费 $O(m+n)$，所以整个算法运行的具体时间与两个子序列存在的 LCS 个数以及长度大小有关。计算空间复杂度也是考虑这两个因素，LCS 长度决定了暂存空间 str 数组的大小，LCS 的个数决定了数组 result 的空间大小。

5.7 0/1 背包问题

给定一个载重量为 w (重量)的背包，有 n 件物品，每件物品有自己的重量 w_i 和价值 v_i，$1 \leqslant i \leqslant n$，要求在不超过背包载重量情况下把物品放入背包，使得背包内的物品总价值最高，这就是著名的背包问题。所谓 0/1 背包问题，就是装入物品时，满足要么全装，要么不装的背包问题。

5.7.1 0/1 背包问题求解分析

对于 n 个物品如何放入载重量为 w 的背包中价值最大这个问题，我们先只考虑第 n 个物品放还是不放在包里。如果放，我们就只要知道前 $n-1$ 个物品怎么放在载重量为 $w-w_n$ 的包里价值最大，最大价值是多少，就可以知道现在包中物体的最大价值。如果不放，我们就只要知道前 $n-1$ 物品怎么放在载重量为 w 的包里价值最大，最大价值是多少。如果知道了这两个答案，那么对于第 n 个物体到底放不放进包里，就可以根据这两个答案决定了，也就是包里物品价值最大的方案。这样我们就能确定第 n 个物体是放还是不放。

问题是要决定第 n 个物体放还是不放，必须知道另外两个问题的答案，那这两个问题的答案是什么呢？我们发现，这两个问题只不过是整个问题的子问题，每一个子问题的解决依靠的是更小的子问题，直到最后有一个具体的答案。需要说明的一点是如果某个物体的重量超出了背包剩余载重量，就只能选择不放。令 $f[i][j]$ 表示前 i 个物体放入容量为 j 的包中产生的最大价值，则 0/1 背包问题实质上就是求 $f[n][w]$。

根据前面的分析和 $f[i][j]$ 的定义，很明显有：$f[0][j]=0$，$j=0,1,2,\cdots,w$，$f[i][0]=0$，$i=0,1,2,\cdots,n$。我们可以写出一个一般性公式：

$$\begin{cases} f[0][j]=0 \\ f[i][0]=0 \\ f[i][j]=\max\left(f[i-1][j-w_j]+v_i, f[i-1][j]\right) \end{cases} \tag{5-44}$$

其中，$j=0,1,2,\cdots,w$，$i=0,1,2,\cdots,n$。

【例 5.4】 5 个物品的重量和价值分别为(5, 12)，(4, 3)，(7, 10)，(2, 3)，(6, 6)，背包容量为 15。如何放使背包物品价值最大？

根据式（5-44），我们很容易建立最高价值 $f[i][j]$ 的计算表格，如表 5-3 所示。

表 5-3 0/1 背包问题的最大价值计算表

	0	1	2	3	4	5	6	7	8	9	10	11	12	13	14	15
0	0	0	0	0	0	0	0	0	0	0	0	0	0	0	0	0
1	0	0	0	0	0	12	12	12	12	12	12	12	12	12	12	12
2	0	0	0	0	3	12	12	12	12	15	15	15	15	15	15	15
3	0	0	0	0	3	12	12	12	12	15	15	15	22	22	22	22
4	0	0	3	3	3	12	12	15	15	15	15	18	22	22	25	25
5	0	0	3	3	3	12	12	15	15	15	15	18	22	22	25	25

为说明问题，我们选择单元格$f[3][9]$分析一下过程。它表示前 3 件物品中，能够放入容量为 9 的背包中的物品所获得的最大价值，下面考虑第三件物品是否入背包中。

若放入背包中：$f[3][9]=f[2][9-w_3]+v_3=f[2][2]+v_3=10$；

若不放入背包：$f[3][9]=f[2][9]=15$。

因为 15>10，$f[3][9]$的最终值为 15，也就是说第三件物品不放入背包，前 3 件物品放入容量为 9 的背包中得到的最高价值是 15。

对于选择具体的物品，从$f[n][w]$往前推，如果$f[n][w]>f[n-1][w]$，表明第 n 个物品放入背包中，再到$f[n-1][w-w_n]$中继续决定第 n-1 物品是否放入背包中。如果$f[n][w]\leqslant f[n-1][w]$，则表明第 n 个物品不放入背包中，再到$f[n-1][w]$处继续决定第 n-1 物品是否放入背包中。根据这个方法，可以确定物品 1、3、4 号放入背包中，最大价值为 25。

5.7.2 0/1 背包问题的实现

在实现背包问题之前先说明一下各数据结构。

int x[n]：n 个物品放入背包情况，元素为 1 时表示放入，为 0 时表示不放入。

int weight[n]：表示 n 个物品的重量。

int value[n]：表示 n 个物品的价值。

int w, n：表示包的总重量和物品的个数。

int **f：表示前 i 个物体放入容量为 j 的背包中所产生的最大价值二维数组。

下面是动态规划算法解决 0/1 背包问题的算法描述。

算法 5.4 0/1 背包问题的动态规划算法。

输入：各物品的重量 weight[]和价值 value[]，背包载重量 w，物品个数 n。

输出：由函数返回放入背包物品的最大价值以及 x[]。

```
1.  int knapsack(int x[], int weight[], int value[], int w, int n)
2.  {
3.              int i, j, v;
4.              int **f;
5.          f = (int **)malloc(sizeof(int*)*(n+1));  //创建数组行
6.          for(i=0; i<=n; i++)
7.          {
8.              f[i] = (int *)malloc(sizeof(int)*(1+w));  //创建数组列
```

```
9.          for(j=0; j<=w; j++)
10.             f[i][j] = 0;
11.         }
12.     for(i=0; i<n; i++)
13.         x[i] = 0;  //x[i]赋初值0
14.     for (i = 1; i<=n; i++)
15.     {
16.         for (j = 1; j <=w; j++)
17.         {
18.             if (j-weight[i-1]>=0 && f[i-1][j-weight[i-1]]+
value[i-1]>f[i-1][j])
19.             {
20.                 f[i][j] = f[i-1][(j-weight[i-1])]+value
[i-1]; /*放入物品时的最大价值计算*/
21.             }
22.             else
23.             {
24.                 f[i][j] = f[i-1][j];//不放物品时的最大价值计算
25.             }
26.         }
27.     }
28.     j = w;
29.     for (i=n; i>0; i--)   //整个循环递推完成物品具体放入背包情况
30.     {
31.         if (f[i][j]!= f[i-1][j])
32.         {
33.             x[i-1] = 1;
34.             j = j-weight[i-1];
35.         }
36.     }
37.     v = f[n][w];
38.     free(v);
39.     return v;  //返回最大价值
40. }
```

从上述算法描述可以看出，空间复杂度主要为价值表f所需的空间，所以算法的空间复杂度为$O(nm)$。运算时间主要花费在f数组的初始化和计算上，它们都花费了$\Theta(nm)$时间，所以其时间复杂度为$\Theta(nm)$。

5.8 最大连续子序列和问题

最大连续子序列和问题是指给定一组数，数组元素均为自然数集（可以是正数、负数和 0），请求出该组数的一个连续子序列，使得这个子序列的和值最大。

例如：$a[] = \{1, 2, -9, 5, 6, -3, 7, 8, -89, 10\}$，那么它的最大连续子序列为$\{5,6,-3,7,8\}$，和值为 23。

这个问题，最自然的想法是穷举法，即用三重循环加以实现，依次求出所有连续子序列的和值，然后取最大的那个值作为结果。但这种算法效率极其低下，时间复杂度为 $O(n^3)$。

仔细分析一下这种算法，发现重复计算非常多。比如，当计算完前 4 个数的和后，再计算前 5 个数的和时，又要计算一次前 4 个数的和，然后把这个和与第 5 个数相加，才得到前 5 个数的和。那有没有办法减少重复的计算呢？有，下面以有 5 个数据的实例来说明，假设这 5 个元素分别为 a_1, a_2, a_3, a_4, a_5。我们把这 5 个元素的所有连续相加形式都列出来，一共 15 种，如图 5-7 所示。

(a)	(b)	(c)	(d)	(e)
a_1	a_2	a_3	a_4	a_5
	a_1+a_2	a_2+a_3	a_3+a_4	a_4+a_5
		$a_1+a_2+a_3$	$a_2+a_3+a_4$	$a_3+a_4+a_5$
			$a_1+a_2+a_3+a_4$	$a_2+a_3+a_4+a_5$
				$a_1+a_2+a_3+a_4+a_5$

图 5-7 有 5 个元素的连续和的所有情况示意图

从图 5-7 可以看出，最大连续子序列和问题的最终答案就是所列 15 个表达式的值中最大的那个值。注意到最终结果是给出所有和式的最大值，如果我们知道图 5-7 五个部分中每一个部分所有表达式的最大值，设为 $\max\_\text{sum}[i]$，$i=0,1,2,3,4$，最终的最大值就是所有 $\max\_\text{sum}[i]$ 当中的最大值。

现在假设已经知道了 $\max\_\text{sum}[i]$，那么 $\max\_\text{sum}[i+1]$ 是多少呢？通过观察我们发现，第 i+1 个部分后面的 i 个和式，它的最后一项都是 a_{i+1}，而其余部分实质上就是它前面的第 i 部分。因此，i+1 个部分后面的 i 个和式的最大值就是 $\max\_\text{sum}[i]+a_{i+1}$。再把它与 i+1 个部分的第一个和式 a_{i+1} 比较大小，就可以得出整个 i+1 部分的最大值，即：

$$\max\_\text{sum}[i+1]=\max\left(\max\_\text{sum}[i]+a_{i+1}, a_{i+1}\right) \tag{5-45}$$

换一种写法就是：

$$\max\_\text{sum}[i+1]=\begin{cases}\max\_\text{sum}[i]+a_{i+1}, \max\_\text{sum}[i]>0\\ a_{i+1}, \max\_\text{sum}[i]\leqslant 0\end{cases} \tag{5-46}$$

例如，图 5-7（d）部分中，后面 3 个和式的最后一项是 a_4，这 3 个式子前面的部分就是图 5-7（c）部分，所以图 5-7（d）部分中，后面 3 个和式最大值就是 $\max\_\text{sum}[3]+a_4$，它和这部分的第 1 个和式 a_4 相比较，最大值就是整个图 5-8（d）部分的最大值。因此，如果我们把图 5-7 中的每一个部分作为一个阶段的话，那么式（5-45）或式（5-46）就是状态转移方程。

根据式（5-46），如果知道前面一个部分的最大值，只需要计算一个简单的加法和比较，就可以得出后一个部分的最大值，而不需要把后一个部分所有表达式的和全部计算出来，这样就节省了大量的计算。很显然，整个计算过程需要知道第 1 个部分和式的最大值，但这恰好是已知的，它就是 a_1。

要找到和值最大子序列的开始和结束位置，因为 $\max\_\text{sum}[i]$ 是以 a_i 结尾的连续序列，那么只有两种情况：

① 这个最大和的连续序列只有一个元素，即以 a_i 处开始，以 a_i 处结尾。

② 这个最大和的连续序列有多个元素，它以 a_{i-1} 结尾的连续序列最大和值序列的开始处开始，一直到 a_i 结尾。

下面描述一下最大连续子序列和问题算法，首先介绍一下数据变量的意义。

```
int maxsum;     //存放整个序列中最大连续和值
int sum, presum; //sum 存放第 i 个部分的最大和值；presum 存放第 i-1 个部分的最大和值
int i_start;  //存放第 i 个部分最大和值的开始位置
int i_end;  //存放第 i 个部分最大和值的结束位置
int Startpos, Endpos  //和值最大序列的起始和结束位置
```

算法 5.5 最大连续子序列和问题的动态规划算法。

输入：序列个数 *n*，序列数组 *a*[]，下标从 1 开始。

输出：最终的最大和值由函数返回，和值最大序列的起始位置。

```
1.  int DP_MaxSum(int n, int a[], int &Startpos, int &Endpos)
2.  {
3.  int maxsum, i;
4.  int sum, presum;
5.  int i_start = 1;
6.  int i_end = 1;
7.  maxsum = presum = a[1];  //初始化为序列第一个元素值
8.  Startpos = 1;            //初始化为1
```

```
9.  Endpos = 1;                    //初始化为1
10. for(i=2; i<=n; i++)            //从第2个元素开始计算
11. {
12.     if(presum>0)
13.     {
14.         sum = presum+a[i];
15.         i_end = i;     //以a_i处结尾，开始位置为前i-1部分的开始位置
16.     }
17.     else
18.     {
19.         sum = a[i];
20.         i_start = i;        //以a_i处开始
21.         i_end = i;          //以a_i处结尾
22.     }
23. //如果以a_i处结尾的最大连续和值大于以前找到的和最大连续值，则修改最大值
//maxsum并调整开始和结束位置
24.     if(maxsum < sum)
25.     {
26.         maxsum = sum;
27.         Startpos = i_start;
28.         Endpos = i_end;
29.     }
30.     presum = sum;
31. }
32. return maxsum;
33. }
```

从上面的算法描述可以看出，它的时间复杂度是线性的，而且空间复杂度为$O(1)$。所以这是一个十分优秀的算法。

通过这个例子，我们发现在动态规划中，直接利用前一阶段的计算结果给算法带来的高效性，这也是动态规划在算法设计中深受欢迎的原因。

5.9 最优二叉搜索树

二叉搜索树满足这样的性质：假设x是二叉搜索树中的一个结点，如果L是x左子树的一个结点，那么$L.key \leqslant x.key$，如果R是x右子树的一个结点，那么$R.key \geqslant x.key$。也就是说，二叉搜索树中的任意一个结点，大于等于它左子树中

的全部结点，小于等于它右子树中的全部结点。

给定一个有 n 个不同关键字且关键字已排序的序列 $K=\{k_1,k_2,\cdots,k_n\}$ ，并且 $k_1\leqslant k_2\leqslant\cdots\leqslant k_n$，每个关键字 k_i 都有一个搜索概率 p_i。在搜索过程中，可能遇到不在 K 中的元素，根据 k_i 的大小来划分，有 n+1 种，令为 $D=\{d_0,d_1,\cdots,d_n\}$，这些元素被称为伪关键字。d_0 表示小于 k_1 的元素，d_n 表示大于 k_n 的元素，对于 $i=1,2,\cdots,n-1$，d_i 表示 k_i 到 k_{i+1} 之间的元素。D 中的每一个元素也有一个搜索概率，用 q_i 表示。在二叉搜索树中，伪关键字 d_i 必然出现在叶结点上，关键字 k_i 必然出现在非叶结点上。如图 5-8 所示是一个二叉搜索树的例子。

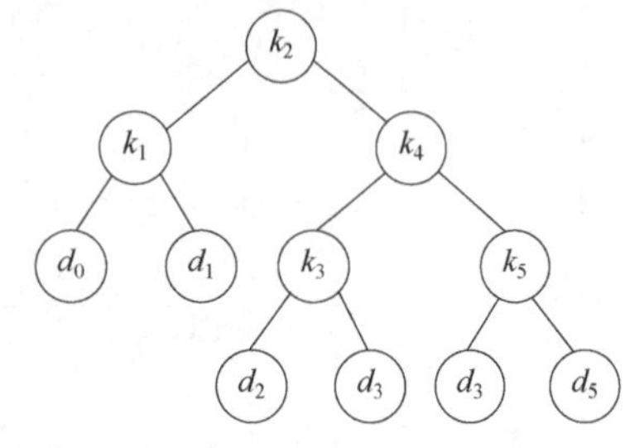

图 5-8　二叉搜索树实例

所以，对二叉搜索树进行搜索时，要么成功（找到某个关键 k_i），要么失败（找到某个伪关键字 d_i，即到达叶子结点），而且，对于一棵二叉搜索树，关键字和伪关键字的搜索概率满足：

$$\sum_{i=1}^{n}p_i+\sum_{i=0}^{n}q_i=1 \tag{5-47}$$

现在假定搜索一次的代价为访问的结点数，即在树内搜索所发现的结点的深度(结点的深度从 0 开始)加上 1，那么给定一棵二叉搜索树 T，进行一次搜索的期望代价就是：

$$\begin{aligned}E(T)&=\sum_{i=1}^{n}[\text{depth}_\text{T}(k_i)+1]p_i+\sum_{i=0}^{n}[\text{depth}_\text{T}(d_i)+1]q_i\\&=1+\sum_{i=1}^{n}\text{depth}_\text{T}(k_i)p_i+\sum_{i=0}^{n}\text{depth}_\text{T}(d_i)q_i\end{aligned} \tag{5-48}$$

式中，$\text{depth}_\text{T}(x)$ 表示结点 x 在树 T 中的深度。

从另一个角度看，就是我们搜索了很多不同的值，每个值搜索时都要从根结点开始经过 x 个结点结束。显然每一次搜索的 x 是不同的，但对于很多次的搜索，如果 x 出现的平均值也就是数学期望值越小，就认为这棵树越好，也就是说，从平均意义上讲，搜索一次访问的结点数越少，这正是节省计算量所需要的。

给定一组关键字和伪关键字以及它们对应的概率，构建一棵二叉搜索树，其中搜索期望代价最小的二叉搜索树，称为最优二叉搜索树(optimal binary search tree，OBST)。本节讨论的就是如何构建这样的最优二叉搜索树。

5.9.1 OBST 问题的动态规划求解过程

如果一棵 OBST 有一棵包含关键字 $k_i,\cdots,k_j$ 和伪关键字 $d_{i-1},\cdots,d_j$ 的子树 T'是最优的，令 T'的根结点为 $k_r\,(i\leqslant r\leqslant j)$，那么这棵子树的左子树和右子树也必定是最优的。

令 $E[i][j]$ 为搜索一棵包含关键字 $k_i,\cdots,k_j$ 的 OBST 的期望值，$w[i][j]$ 为这棵树中所有结点的概率之和。则有下列两种情况：

① 当 $j=i-1$ 时，说明此时只有伪关键字 d_{i-1}，故 $E[i][j-1]=q_{i-1}$，$w[i][j-1]=q_{i-1}$。

② 当 $j\geqslant i$ 时，我们要遍历以 $k_i,\cdots,k_j$ 作为根结点的情况，然后从中选择期望搜索代价最小的情况作为子问题的最优解。假设选择 $k_r\,(i\leqslant r\leqslant j)$作为根结点，假设知道一棵左子树的期望值为 $E[i][r-1]$，一棵右子树的期望值为 $E[r+1][j]$。那么，以 k_r 为根结点的树的期望值是多少呢？

当一棵子树连接到一个根结点上时，子树中所有结点的深度都增加了 1，那么这棵子树的期望值增加其结点的概率之和。令一棵包含子序列 $k_i,\cdots,k_j$ 的树，其所有结点的概率之和为：

$$w[i][j]=\sum_{t=i}^{j}p_t+\sum_{t=i-1}^{j}q_t \tag{5-49}$$

那么，以 $k_r\,(i\leqslant r\leqslant j)$作为根结点的树的期望值为：

$$E[i][j]=p_r+\big(E[i][r-1]+w[i][r-1]\big)+\big(E[r+1][j]+w[r+1][j]\big) \tag{5-50}$$

式中，p_r 为 k_r 的搜索概率。

因为 $w[i][j]=p_r+w[i][r-1]+w[r+1][j]$，所以式（5-50）可以写成：

$$E[i][j]=E[i][r-1]+E[r+1][j]+w[i][j] \tag{5-51}$$

综合①②两种情况有：

$$E[i][j]=\begin{cases}\min\limits_{i\leqslant r\leqslant j}\big(E[i][r-1]+E[r+1][j]+w[i][j]\big), i\leqslant j\\ q_{i-1},\quad j=i-1\end{cases} \tag{5-52}$$

根据这个公式的第一个式子，我们可以确定，i 和 j 之间取得最小值的那个 k_r，就是子序列 $k_i,\cdots,k_j$ 构成树的根结点。OBST 问题就是求 $E[1][n]$ 的值以及每一个最终的 k_r 到底是哪个结点。

根据式（5-52）第一个式子知道，$E[i][j]$ 的结果依赖于第 i 行的第 j 列左边的

E 值以及第 j 列的第 i 行下面的值，如图 5-9 所示。

$E[i][i-1]$	$E[i][i]$	…	$E[i][j-1]$	$E[i][j]$
				$E[i+1][j]$
				$E[i+2][j]$
				…
				$E[j+1][j]$

图 5-9　$E[i][j]$依赖数据关系图

所以，对于整个过程的计算采用如下方式：第一步先计算出 $E[i][i-1]$，这个根据式（5-52）中的第二个式子非常容易求出。然后就可以从左上开始，依据式（5-52）中的第一个式子沿箭头方向向右下计算 $E[i][j]$，直到算出 $E[1][6]$，如图 5-10 所示（以 n=6 为例）。

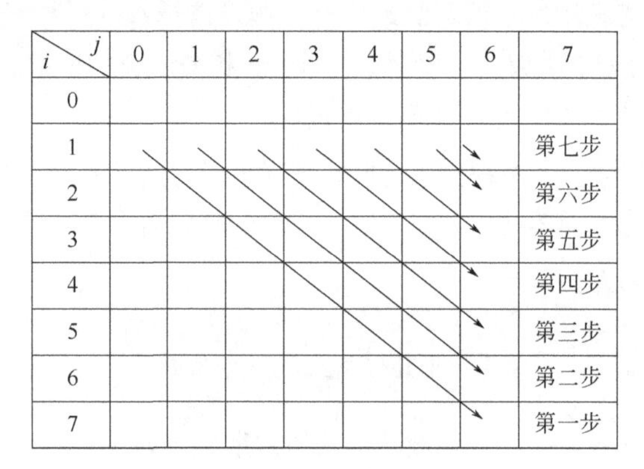

图 5-10　$E[i][j]$计算顺序说明

对于计算一个 $E[i][j]$ 时涉及的 $w[i][j]$，我们对式（5-49）稍作调整，有：

$$w[i][j]=\sum_{t=i}^{j-1}p_t+p[j]+\sum_{t=i-1}^{j-1}q_t+q[j]=w[i][j-1]+p[j]+q[j] \qquad (5\text{-}53)$$

因此，在计算 $w[i][j]$ 前，只要先计算出 $w[i][j-1]$，就能很容易得到 $w[i][j]$ 的值，而且，它的计算正好与 $E[i][j]$ 的计算顺序一致，因此，在计算一个 $E[i][j]$ 之前，先计算出 $w[i][j]$，而对于 $j=i-1$ 时，根据式（5-49）有：

$$w[i][j]=q[i-1] \qquad (5\text{-}54)$$

因此，对于整个算法可以归结为如下步骤。

步骤 1：根据式（5-52）的第二个式子和式（5-54），分别计算 $E[i][i-1]$ 和 $w[i][i-1]$，$i=1,2,\cdots,n+1$。

步骤 2：沿图 5-10 所示的步骤和方向先计算 $w[i][j]$，然后计算 $E[i][j]$，直到计算出$E[1][n]$。

下面我们来分析一下OBST中各子树的根如何确定。在计算一个$E[i][j]$，把取得最小值的k_r记录下来，对于所有$i \leqslant j$序列构成的树都必有一个根结点，那么$E[1][n]$对应记录的k_r就是整个树的根结点，在这个确定之后，左、右子树的根结点就是$E[1][r-1]$和$E[r+1][n]$记录的根结点，所以这是一个递归求解的过程。

5.9.2 OBST问题的实现过程

要说明清楚OBST问题的实现过程，我们先说明一个数据变量的意义。n表示关键字个数，E是二维数组，用于存放期望搜索代价，root是一个二维数组，存放子树的根结点，w是一个二维数组，存放树的概率之和，p[]存放关键字的概率，下标从1开始，q[]存放伪关键字的概率。

算法5.6 OBST问题的动态规划算法。

输入：关键字个数n以及概率p[]、伪关键字的概率q[]。

输出：最优期望搜索代价E以及各最优子树根结点root。

```
1.  void optimal_binary_search_tree(float p[], float q[], int n, int
**&root)
2.  {
3.        int i, l, j, r;
4.        double t;
5.        float **w, **E;
6.        E = (float **)malloc(sizeof(float*)*(n+2));
7.        for(i=0; i<=n+1; i++)
8.             E[i] = ( float *)malloc(sizeof(float)*(1+n));
9.        root = (int **)malloc(sizeof(int*)*(n+2));
10.       for(i=0; i<=n; i++)
11.            root[i] = (int *)malloc(sizeof(int)*(1+n));
12.       w = (float **)malloc(sizeof(float*)*(n+2));
13.       for(i=0; i<=n+1; i++)
14.            w[i] = ( float *)malloc(sizeof(float)*(1+n));
15.       for(i=1; i<=n+1; i++)
16.       {
17.           E[i][i-1] = q[i-1];
18.           w[i][i-1] = q[i-1];
19.       }
20.       for(l=1; l<=n; l++)
```

```
21.      {
22.          for(i=1; i<=n-l+1; i++)
23.          {
24.              j = i + l-1;
25.              E[i][j] = MAX;  //MAX表示一个很大的数
26.              w[i][j] = w[i][j-1] + p[j]+q[j];
27.             for(r=i; r<=j; r++)
28.             {
29.                 t = E[i][r-1] + E[r+1][j] + w[i][j];
30.                if(t < E[i][j])   //最优搜索代价作为新的e[i][j]值并
更新根结点
31.                 {
32.                     E[i][j] = t;
33.                     root[i][j] = r;
34.                 }
35.             }
36.         }
37.      }
38.      free(w);  free(E);
39. }
```

由于此算法包含三重 for 循环，而每层循环的下标最多取 n 个值，很容易看出来是 $O(n^3)$。空间复杂度主要耗费在 E、root、w 数组中，所以它的空间复杂度为 $O(n^2)$。

下面简单说一下各子树根结点的算法，在得到 root 数组以后，应用递归思想完成。

算法 5.7 输出树及子树的根结点编号的递归算法。

输入：root 数据和关键字个数 n，子序列的初始编号 i 和结束编号 j。

输出：根结点。

```
1.  void print_bst(int i, int j, int **root, int n)
2.  {
3.      if(i==1 && j==n)
4.          printf("root is %d\n", root[i][j]);
5.      if(i < j)
6.      {
7.          int r = root[i][j];
8.          if(i != r)
9.              printf("left child root %d\n",root[i][r-1]);
```

```
10.            print_bst(i, root[i][j]-1, root, n);
11.            if(j != r)
12.                printf("right child root %d\n",root[r+1][j]);
13.            print_bst(root[i][j]+1, j, root, n);
14.       }
15. }
```

这是一个非常简单的递归算法，它的时间复杂度为$O(\log n)$。

习 题

1. 给定一个有向无环图 $G=(V, E)$，边权重为实数，给定图中两个顶点 s 和 t。设计动态规划算法，求从 s 到 t 的最长加权简单路径，并分析算法的时间复杂度。

2. 回文是正序与逆序相同的非空字符串。例如，所有长度为 1 的字符串、civic、racecar、aibohphobia 都是回文。设计动态规划算法，求给定输入字符串的最长回文子序列。

3. 设计一个算法，找出由 n 个数组成的序列的最长单调递增子序列。

4. 一个机器人位于一个 $m\times n$ 网格的左上角，机器人每次只能向下或者向右移动一步。机器人试图达到网格的右下角。设计一个算法求总共有多少条不同的路径。

5. 给定两个单词 word1 和 word2，你可以对一个单词进行如下三种操作：插入一个字符，删除一个字符，替换一个字符。设计一个算法计算出将 word1 转换成 word2 所使用的最少操作数。

6. 你面前有一栋 1～N 共 N 层的楼，然后给你 K 个鸡蛋（K 至少为 1）。现在确定这栋楼存在楼层 F（$1\leqslant F\leqslant N$），在这层楼将鸡蛋扔下去，鸡蛋恰好没摔碎（高于 F 的楼层都会碎，F 楼层或低于 F 的楼层都不会碎）。问在最坏情况下，至少要扔几次鸡蛋，才能确定这个楼层 F。

7. 在一个圆形操场的四周摆放 N 堆石子，现要将石子有次序地合并成一堆。规定每次只能选相邻的 2 堆合并成新的一堆，并将新的一堆的石子数，记为该次合并的得分。试设计出一个算法，计算出将 N 堆石子合并成一堆的最小得分和最大得分。

第6章

回溯

回溯算法实际上是一个类似尝试搜索的过程，主要是在尝试搜索过程中找问题的解，当发现不满足求解条件时，返回到上一步，继续尝试别的路径，依据返回的意思取名称为“回溯”。

回溯法是一种选优搜索法，按选优条件向前搜索，以达到目标。但当探索到某一步时，发现原先选择的答案已经不是最优或达不到目标，就退回一步重新选择，这种走不通就退回再走的技术为回溯法。通俗一点说就是在解决问题时，每进行一步，都是抱着试试看的态度，如果发现当前选择不是最好的，或者这么走下去肯定达不到目标，立刻回退重新选择。这种走不通就回退再走的方法就是回溯算法。

满足回溯条件的某个状态的点称为“回溯点”。因为许多规模较大的问题都可以使用回溯法，因此回溯法被誉为“通用解题方法”。

【例 6.1】 各城市之间的距离如图 6-1 所示，∞表示没有路径。求每一个城市经过一次且仅一次的最短路径。

	1	2	3	4
1	∞	∞	1	7
2	8	∞	1	∞
3	7	2	∞	6
4	2	5	3	∞

图 6-1　城市之间的距离

我们用向量 $\boldsymbol{x}=[x_1,x_2,x_3,x_4]$中的分量表示路径上顺序经过城市的编号。

首先我们尝试 $x_1=1$ 的情况：第二个城市 x_2 就可以取值为 1、2、3、4。当 $x_2=1$ 时，与 x_1 相同，所以不满足货郎担问题的条件，所以 $x_2=2$，x_1 到 x_2 没有路径，尝试 $x_2=3$，此时距离为 $s=1$。

再尝试 x_3，它也可以取 1、2、3、4 四个值，当 $x_3=1$ 时，与 x_1 值相同，只能尝试 $x_3=2$，此时经过的距离 $s=2$。

再尝试 x_4，根据 x_1、x_2、x_3 已经取得的值，x_4 只能取 4，而根据图城市 2 到 4 没有路径，所以 x_4 到此时行不通，于是要尝试其他情况，所以从 x_4 回到 x_3 处继续尝试 x_3 的其他取值，这个过程就是回溯。

例 6.1 就是按照这种行不通就回溯的方法，尝试所有可以尝试的结果，最后得到一个最终结果。

为更好地理解回溯算法的本质，下面我们讲解回溯算法中涉及的一些概念和方法步骤。

6.1 问题的解空间和状态空间树

在上面的例 6.1 中，路径上的四个城市分别用四个变量 x_1、x_2、x_3、x_4 表示，最后得到一个具体最短路径时，每一个变量都有一具体值，这就是整个问题的解，并且把这四个变量形成一个向量 $\boldsymbol{X}=(x_1,x_2,x_3,x_4)$表示。在实际中，一个复杂问题的解也往往由 n 个变量表示，我们写成 $\boldsymbol{X}=(x_1,x_2,\cdots,x_n)$，称为解向量。

$\boldsymbol{X}$ 的每一个变量都有一个取值范围，例 6.1 中各分量的取值范围都为集合{1,2,3,4}。再比如在有 3 个物体的 0/1 背包问题中，它的解向量可以写成 $\boldsymbol{X}=(x_1,x_2,x_3)$，它的每一个分量的取值范围就都是{0,1}，0 表示不放入包中，1 表示放入包中。

最终问题的结果是每个分量有一个具体的值，由这些具体值组成的向量就表示问题的最终问题的答案，本章要介绍的是针对一个问题用回溯算法得到每一个分量具体取什么值。

当确定了解向量及各分量的取值范围以后，首先考虑一个问题是这个解向量到底可以取多少种不同值，这里把解向量所有可能的取值，也就是各分量 x_i 所有可能取值的组合称为问题的解空间。比如前面例子中的有 3 个物体的 0/1 背包问题，它的解空间就是：

{(0,0,0), (0,0,1), (0,1,0), (0,1,1), (1,0,0), (1,0,1), (1,1,0), (1,1,1)}

例 6.1 问题的解空间是：{(1,1,1,1), (1,1,1,2),(1,1,1,3),⋯, (4,4,4,4)}，共 44 个。考虑到问题的解中各分量的值不能相同，所以这个解空间可以压缩为{(1,2,3,4), (1,2,4,3),(1,3,2,4),⋯, (4,3,2,1)}，一共 4!个。

确定了问题的解空间后，可以用一棵树来描述解空间，称为状态空间树。这主要是为了组织解空间，以便更有效地求解问题，因为回溯方法的基本思想是通过搜索解空间来找到问题所要求的解。比如，3 个城市的货郎担问题解空间树如图 6-2 所示，在 0 层和 1 层之间的边上标明的数据表示 x_1 可能的取值，第 1 层与第 2 层之间的数据表示 x_2 可能的取值，第 2 层到第 3 层之间的数据表示 x_3 可能的取值。

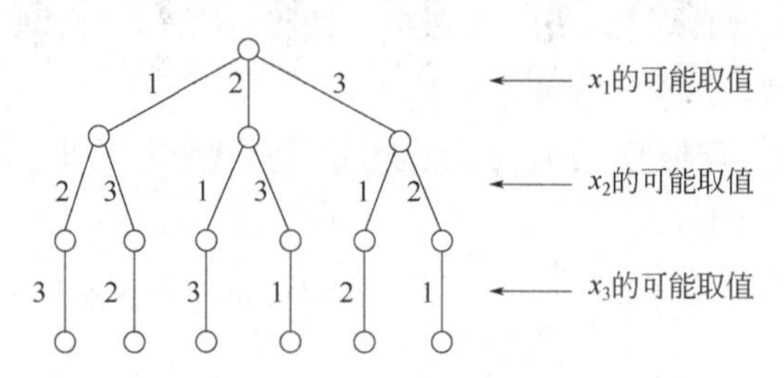

图 6-2　有 3 个城市的货郎担问题的状态空间树

【例 6.2】　定和子集问题：已知一个正实数的集合 $P=\{w_1,w_2,\cdots,w_n\}$ 和另一个正实数 M，试求 P 的所有子集 S，使得 S 中的数之和等于 M。这个问题的解向量可以表示成 $\boldsymbol{X}=\{x_1,x_2,\cdots,x_n\}$，用 0 表示 w_i 不在子集中，1 表示 w_i 在子集中，它的树结构是一棵完整二叉树。如图 6-3 所示。

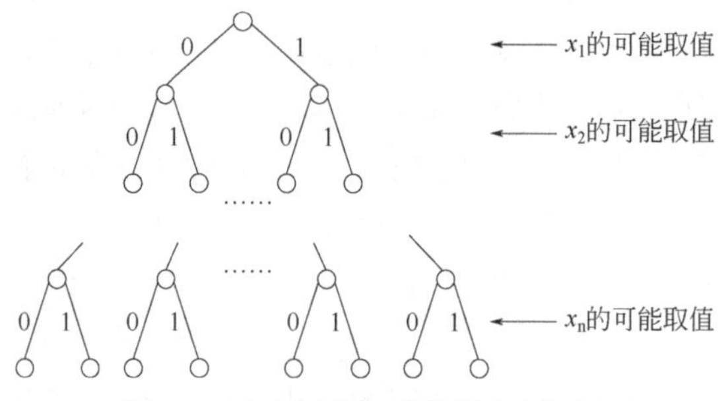

图 6-3　定和子集问题的状态空间树

根据状态空间树，我们很容易看出，一条从根结点到一个叶子结点路径边上的值构成一个可能解，所有从根结点到叶子结点路径形成的解构成解空间。

6.2　状态空间树的动态搜索

一个问题的解空间元素很多，解决问题的本质就是要得到解空间的一个或少数的元素，这就要求我们去掉解空间的大多数元素。

通常情况下，一个问题的解各分量存在一些约束，我们把约束分为两种：一种是显性约束，一种是隐性约束。显性约束是指对分量 x 的取值限定，比如 0/1 背包问题，每一个 x_i 分量只能取 0 或者 1，这就是显性约束。隐性约束是指各分量之间的限制，比如货郎担问题中两个分量之间的值不能一样，这个约束就是隐性约束。我们把解空间中满足约束条件的元素称为可行解。可行解可能不止一个，比如有 n 个城市的货郎担问题，解空间有 n^n 个元素，它的可行解有 $n!$ 个元素。

对于要寻找最优的问题，要给定一个目标函数，把满足目标函数最优的可行解作为最终解。比如例 6-2 中的 0/1 背包问题，它的目标函数就是放入包中物体的价值；货郎担问题的目标函数就是路径的距离。使目标函数值最优的可行解，称为问题的最优解。

当然，实际中一些问题不需要找最优解，只要找到一个可行解就可以，比如最后要讲到的 n 皇后问题。

状态空间树确定了解空间的组织结构并对所有解进行了穷举，回溯算法的任务就是要在这棵树上进行搜索以便找到问题的最终解。

回溯算法从状态空间树的根结点出发，以深度优先的方式搜索整个解空间，以便找到最终解，但这并不意味着回溯算法要对状态空间树的每一条路径都进行处理，首先，不满足约束条件的不处理，其次，如果确定不是最优的也不处理，这样，就有可能使得搜索空间大为压缩。

回溯算法搜索到树的任一结点时，总是先判断该结点是否肯定不包含问题的解。如果肯定不包含，则跳过对以该结点为根的子树的搜索，逐层向其祖先结点回溯。否则，进入该子树，继续按深度优先的策略进行搜索。

回溯法在用来求问题的所有解时，要回溯到根，且根结点的所有子树都已被搜索完毕才结束。而回溯法在用来求问题的任一解时，只要搜索到问题的一个解就可以结束。

为更加详细地叙述回溯算法的过程，我们先引入几个概念。

① 活结点（l_结点） 一般地，如果搜索到一个结点，而这个结点不是叶子结点，并且满足约束条件和目标函数的界，同时，这个结点的所有子结点还未搜索完，就称这个结点为活结点（l_结点）。

② 扩展结点（e_结点） 把当前正在搜索其子结点的结点称为扩展结点。显然，扩展结点也是活结点。

③ 死结点（d_结点） 不满足约束条件或目标函数的结点，或其子结点已经全部搜索完毕的结点以及叶子结点，称为死结点。

有了这三个概念，回溯算法的搜索过程可以作如下叙述：当搜索到一个活结点时，把活结点变为扩展结点，继续探索这个结点的子结点。当搜索到一个死结点，且没有得到问题的最终解时，放弃搜索以这个死结点为根的子树，向上回溯到它的父结点，如果这个父结点当前还是扩展结点，就继续搜索这个父结点的另一个子结点，如果这个父结点在其子结点全部搜索完变成了死结点，就沿着这个父结点向上，回溯到它的祖父结点。这个过程一直进行，直到找到满足问题的最终解，或者状态树的根结点变成死结点为止。

【例 6.3】 有 4 个城市的货郎担问题，其费用矩阵如图 6-4 所示，求从城市 1 出发回到城市 1 的最短路径。

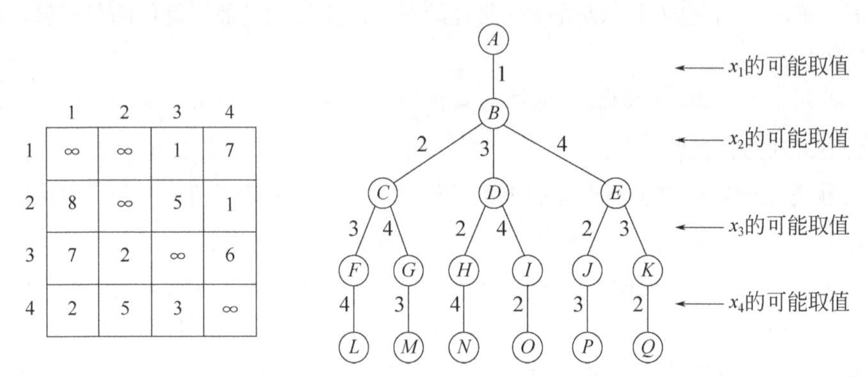

	1	2	3	4
1	∞	∞	1	7
2	8	∞	5	1
3	7	2	∞	6
4	2	5	3	∞

图 6-4 有 4 个城市的货郎担问题费用矩阵及状态空间树

我们把解向量设定为 $\boldsymbol{X}=(x_1,x_2,x_3,x_4)$，各分量表示路径经过的城市编号，因为这里只求从城市 1 出发的情况，所以，$x_1=1$，在货郎担问题要求所经过的城市不相同，因此，分量之间存在着隐性约束，即 $x_i \neq x_j, i,j=1,2,3,4$，把这样的可能解去掉之后，形成了图 6-4 的状态空间树，其中的结点用大写字母表示。

因为问题是要求最短路径，所以需要一个目标函数来评估，非常明显，这个目标函数就是所经路径上两城市之间的距离之和，令为 dis。用回溯算法解决这个问题的搜索过程如下。

步骤 1：初始化 dis 为+∞。

步骤 2：从结点 *A* 开始搜索，这时结点 *A* 是活结点，因此，它变成了扩展结点，搜索它的子结点 *B*，*B* 结点此时变为活结点，同时它也变成了扩展结点，继续搜索 *B* 的子结点 *C*，此时意味着从城市 1 走到了城市 2，它们之间的距离为+∞，大于或等于目标函数 dis 的下界，因此，*C* 结点成为死结点，所以回溯到 *B* 结点。

步骤 3：因为 *B* 结点此时是扩展结点，继续搜索它的下一个子结点 *D*，也就意味着从城市 1 到城市 3，此时路径距离为 1，小于目标函数 dis，所以 *D* 是一个活结点，同时它有两个子结点，因此它变成了扩展结点。

步骤 4：搜索 *D* 的第一个子结点 *H*，意味着从城市 3 到城市 2，这里路径距离为 1+2=3，小于目标函数的下界，所以结点 H 是活动结点，同时，它有子结点 N，所以它变成了扩展结点。

步骤 5：搜索 H 的子结点 N，意味着从城市 2 到城市 4，目前的路径距离为 1+2+1=4，最后回到 1 点，得到一个路径距离为 6 的回路。这时，$\boldsymbol{X}$=(1,3,2,4)形成了一个有效解，dis 的下界变成了 6。

步骤 6：因为 N 是一个叶子结点，是死结点，因此，回溯到它的父结点 H。此时，H 的所有子结点都搜索完，H 也是死结点，因此，再回溯到 H 的父结点 D。D 有子结点 I 没有搜索，所以 D 是扩展结点。

步骤 7：搜索 D 的第二个子结点 I，搜索 I 意味着从城市 3 到城市 4，所以 dis=1+6=7，这已经超出了 dis 的下界 6，所以 I 成为了死结点，进行回溯到 D，此时 D 没有子结点可搜索，因此，D 也成为死结点，再回溯到 D 的父结点 B，因为 B 有子结点 E 没有搜索，B 是扩展结点。搜索它的子结点 E。

步骤 8：搜索结点 E，意味着路径从城市 1 走到城市 4，它的距离是 7，已经超出了下界 dis=6，所以 E 成为死结点，回溯到它的父结点 B，此时 B 的所有子结点搜索完毕，也成为死结点，再回溯到根结点 A。

步骤 9：根结点 A 的所有子结点搜索完毕，因此，A 成为死结点，整个回溯算法结束。得到一条最优的路径为 $\boldsymbol{X}$=(1,3,2,4)。

6.3　回溯算法的一般性描述

可用回溯法求解的问题 P，通常要能表达为：对于已知的由 n 元组$(x_1,x_2,\cdots,x_n)$组成的一个状态空间 $E=\{(x_1,x_2,\cdots,x_n)|x_i\in S_i,i=1,2,\cdots,n\}$，给定关于 n 元组中的一个分量的一个约束集 D，要求 E 中满足 D 的全部约束条件的所有 n 元组，其中 S_i 是分量 x_i 的定义域，且$|S_i|$有限，$i=1,2,\cdots,n$。我们称 E 中满足 D 的全部约束条件的任一 n 元组为问题 P 的一个可行解。

解问题 P 最朴素的方法就是穷举法，即对 E 中的所有 n 元组逐一地检测其是否满足 D 的全部约束，若满足，则为问题 P 的一个解。但显然，其计算量是相当大的。

对于许多问题，所给定的约束集 D 具有完备性，即 i 元组$(x_1,x_2,\cdots,x_n)$满足 D 中仅涉及$(x_1,x_2,\cdots,x_i)$的所有约束意味着 $j(j\leqslant i)$元组$(x_1,x_2,\cdots,x_j)$一定也满足 D 中仅涉及 $x_1,x_2,\cdots,x_j$ 的所有约束，$i=1,2,\cdots,n$。换句话说，只要存在 $0\leqslant j\leqslant n-1$，使得$(x_1,x_2,\cdots,x_j)$违反 D 中仅涉及 $x_1,x_2,\cdots,x_j$ 的约束之一，则以$(x_1,x_2,\cdots,x_j)$为前缀的任何 n 元组

$(x_1,x_2,\cdots,x_j,x_{j+1},\cdots,x_n)$一定也违反$D$中仅涉及$x_1,x_2,\cdots,x_i$的一个约束$(n\geqslant i\geqslant j)$。因此，对于约束集$D$具有完备性的问题$P$，一旦检测断定某个$j$元组$(x_1,x_2,\cdots,x_j)$违反$D$中仅涉及$(x_1,x_2,\cdots,x_j)$的一个约束，就可以肯定，以$(x_1,x_2,\cdots,x_j)$为前缀的任何$n$元组$(x_1,x_2,\cdots,x_j,x_{j+1},\cdots,x_n)$都不会是问题$P$的解，因而就不必去搜索它们。回溯法正是针对这类问题，利用这类问题的上述性质而提出来的比穷举法效率更高的算法。

令解向量$\boldsymbol{X}=(x_1,x_2,\cdots,x_n)$，它的每一个分量取值的有穷集$S_i=\{a_{i1},a_{i2},\cdots,a_{im}\}$，$i=1,2,\cdots,n$,回溯法开始时，解向量初始化为空，从根结点出发，选择S_1的第一个元素作为x_1的值，即$x_1=a_{11}$，如果$\boldsymbol{X}=(x_1)$是问题的部分解，则该结点是活结点，它有子结点，则也是扩展结点。搜索该结点为根的子树，首次搜索时，选择S_2的第一个元素为解向量的第二个元素的值，即$x_2=a_{21}$，如果$\boldsymbol{X}=(x_1,x_2)$是问题的部分解，则这个结点也是活结点，同时也是扩展结点，继续搜索S_3的第一个元素作为x_3的值，如果$\boldsymbol{X}=(x_1,x_2)$不是问题的部分解，则这个结点就成了死结点，放弃搜索该结点为根的子树，取S_2的第二个元素作为x_2的值，即$x_2=a_{22}$，继续向下搜索。

一般地，如果已经搜索到了部分解$X=(x_1,x_2,\cdots,x_i)$，在把$x_{i+1}=a_{i+1,0}$时有以下几种情况。

① 如果$\boldsymbol{X}=(x_1,x_2,\cdots,x_{i+1})$是问题的最终解，说明这是一个有效解，保存起来，如果问题只要求得到一个解就可以，那么搜索结束，如果要更多的解或寻找整个问题的最优解则继续搜索。

② 如果$\boldsymbol{X}=(x_1,x_2,\cdots,x_{i+1})$是问题的部分解，则$x_{i+2}=a_{i+2,0}$，继续搜索它的子树。

③ 如果$\boldsymbol{X}=(x_1,x_2,\cdots,x_{i+1})$既不是最终解，也不是部分解，则分两种情况处理：

一是当$x_{i+1}=a_{i+1,k}$不是S_{i+1}的最后一个元素，$x_{i+1}=a_{i+1,k+1}$，则继续搜索它的兄弟子树。

二是当$x_{i+1}=a_{i+1,k}$是S_{i+1}的最后一个元素，就回溯到$X=(x_1,x_2,\cdots,x_i)$，此时的$x_i=a_{i,k}$如果不是S_i的最后一个元素，则$x_i=a_{i,k+1}$，继续搜索它的兄弟子树，如果$x_i=a_{i,k}$是S_i的最后一个元素，则继续回溯到$\boldsymbol{X}=(x_1,x_2,\cdots,x_{i-1})$。

所以，根据上述描述，可以用循环写出回溯算法的一般性描述的代码：

```
/*
m[i]：集合 Si 的元素个数；
x[i]：解向量 X 的第 i 个分量；
k[i]：当前算法对集合 Si 中元素的取值位置；
initial(X)：解向量 X 初始化为空；
a(i,k[i])：取 Si 的第 k[i]个值；
constrain(X)：判断解向量是否满足约束条件，若满足则返回真；
```

```
bound(X)：判断解向量是否满足目标函数的界，若满足则返回真；
solution(X)：判断解向量是否为问题的最终解，如果是则标志置为真。

*/
1.  void backtrack ( )
2.  {
3.        initial(x);
4.        i =1;  k[ i ] = 1;      //设定解的第一个分量的第一个取值
5.        flag = FALSE;         //找到最终解的标识，初始为 FALSE 时表示没有找到
6.        while (i >= 1)
7.        {
8.              while (k[ i ] < m[ i ])              //当 S_i 的值没有取完
9.              {
10.                   x[ i ] = a(i, k[ i ]);
11.                   if (constrain(x) && bound(x))  //如果满足约束条件
和问题的界
12.                   {
13.                         if (solution(x))          //是问题的一个有效解
14.                         {
15.                               flag = TRUE;
16.                               break;
      /*如果要找到所有解或最优解，这里就不用退出本层循环，
            需要保存解向量或者修改 bound(x)的值*/
17.                         }
18.                        else            //不是问题的最终解，向下搜索，取分量
的第一个值
19.                        {
20.                               i = i + 1;
21.                               k[ i ] = 1;
22.                        }
23.                  }
24.                  else                  //如果不满足约束条件或问题的界
25.                    k[ i ] = k[ i ] + 1;     //取下一个兄弟结点
26.        }
27.                      if (flag)  break; //若只要找一个最终解，退出本层循
环，否则此句不要
28.                            i = i-1;          //回溯到上一层
29.        }
```

```
30.          if(flag)  initial(x);  //在上面的搜索过程中，没有找到最终解，解向量置空
31.  }
```

用回溯算法解决一个问题时，一般有三个步骤：第一步，定义问题的解空间；第二步，确定空间状态的结构，这里强调的是，空间状态树是方便回溯算法的处理，在编写代码时并不需要真正构成这棵树；第三步，根据深度优先的搜索顺序逐步生成解，这期间根据约束条件（显性约束和隐性约束）和目标函数处理树的修剪，避免更多的搜索。

6.4 图的着色问题

图的着色问题源于地图制作工作，对于一幅地图，为了有效快速地区分不同的区域块，要求相邻区域块之间不能涂成同一种颜色。这里地图上相邻区域是指两个区域之间有一段共同的边界线，而不是只有一个或有限个共同的边界点。

1852 年，毕业于伦敦大学的格斯里（Francis Guthrie）来到一家科研单位搞地图着色工作时，发现每幅地图都可以只用四种颜色着色，于是想从数学上加以证明，这就是著名的四色猜想。这一从实践中来源的问题困扰了世界 100 多年，直到 1976 年 6 月，在美国伊利诺伊大学的两台不同的电子计算机上，用了 1200 个小时，作了 100 亿个判断，结果没有一张地图是需要五色的，最终证明了四色定理，轰动了世界。

在“四色问题”的研究过程中，不少新的数学理论随之产生，刺激了拓扑学与图论的发展，也发展了很多数学计算技巧。如将地图的着色问题转化为图论问题，丰富了图论的内容。不仅如此，“四色问题”在有效地设计航空班机日程表，设计计算机的编码程序上都起到了推动作用。

从这个实例中可以看出，来源于实际的看似不经意的问题有时解决起来是非常困难的，但或许还有特别重大的科学意义，这在科学发展史上有很多实例，如从地震学科中提出的小波理论，就在数学、通信和计算机科学上起到了很大的推动作用。所以重视实践，善于观察和提出问题是非常重要的科学与专业素养。

以我国部分省区地图为例，如何着色使得相邻省区的颜色不同呢？要用算法来解决这个实际问题，首先需要做的是把实际对象抽象为一种模型，以便于分析和设计算法。这里把一个省或区的区域看成一个图的顶点，如果实际地图中两个区域相邻，就用一条边连接这两个区域代表的顶点，这样就把真实的地图抽象成

了一个图结构，这里用无向图 $G=(E,V)$表示，如图 6-5 所示。

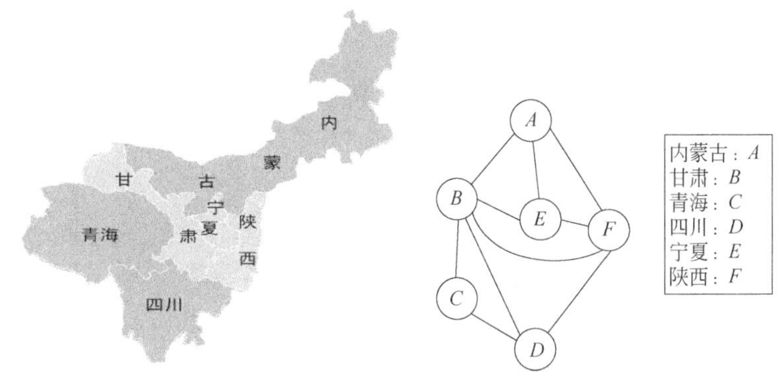

图 6-5　区域抽象图

有了这种抽象，地图的着色问题就可以用图的术语来描述：有 m 种颜色，如何为 V 中的每一个顶点着色，使得相邻顶点的颜色不同，这称之为 m 着色问题。

6.4.1　图着色问题的求解过程分析

图着色问题有非常多的求解算法，如贪婪算法、Welch Powell 算法、分支限界法、布尔代数法、蚁群算法、遗传算法等，本节用回溯算法加以解决。

定义颜色为$C=\{1,2,\cdots,m\}$，其中 1 表示第一种颜色，2 表示第二种颜色，等等。假设图中有 n 个顶点，则解向量可以定义为$V=(v_1,v_2,\cdots,v_n)$，则每一个分量的取值范围都是C，那么状态空间树就是一棵满 m 叉树，如图 6-6 所示。

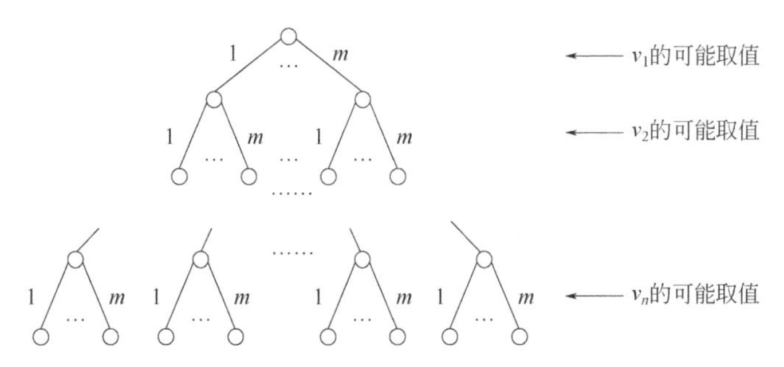

图 6-6　m 着色问题的状态空间树

现在考虑解向量的各分量之间的约束条件，m 着色问题要求图中相邻顶点颜色不同，因此，在搜索解的过程中，当决定分量v_i是否取某个值 j 时，就要先在部分解$\left(v_1,v_2,\cdots,v_{i-1}\right)$中，找到与第 i 个顶点相邻的顶点，如果有相邻顶点已经取得 j 值，则 v_i 就不能再取 j 值。所以，定义约束条件为：$v_i \neq v_j$，当第 i 个顶点和第 j 个顶点相邻。

如果其中 i 个顶点已经着色，满足相邻两个顶点的颜色都不一样并且仍有颜色未被使用，就称当前的着色是有效局部着色。如果其中 i 个顶点已经着色，并且存在相邻两个顶点的颜色一样，就称当前的着色是无效着色。

先把所有结点颜色设置零，从根结点开始，对根结点用第一种颜色进行着色，第一个肯定着色有效，接着对下一个结点着色。

如果从根结点到当前结点路径上的着色是有效局部着色且 $i<n$，则继续搜索它的子结点，并把这个子结点标注为当前结点；如果在当前路径上找不到有效着色，则标记当前结点为死结点，并继续搜索它的兄弟结点，如果所有兄弟结点搜索完毕且没有有效局部着色，就回溯到它的父结点，并把这个父结点标记为死结点，然后去搜索它的兄弟结点，这种过程一直进行。

在这个过程中，如果出现 $i>n$，即找到一种着色方案，假设问题只需要找到一种方案，则程序结束；假设问题需要更多方案，则回溯到此结点的父结点继续搜索直到根结点为死结点结束。

以图 6-5 所示的例子进一步进行说明，图和状态空间树如图 6-7 所示。

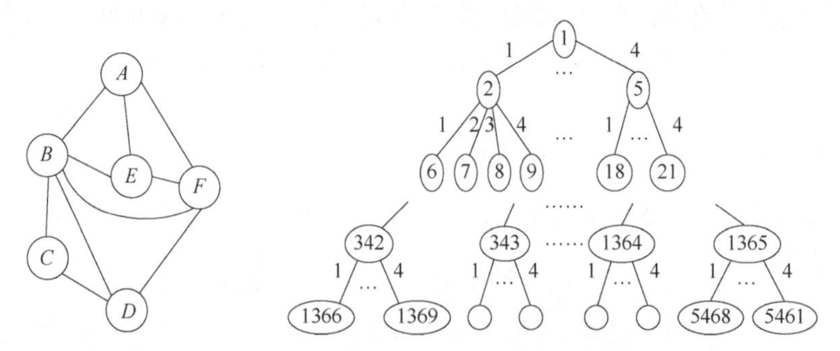

图 6-7　省区图及 4 着色问题的状态空间树

假设颜色个数 m=4,先初始解向量 $\boldsymbol{X}=\left(v_1,v_2,\cdots,v_6\right)=\left(0,0,0,0,0,0\right)$； v_1 到 v_6 分别对应顶点 A 到 F 的着色值。从根结点向下搜索，首先用颜色 1 着色 A 点,生成结点 2，得到部分解为$\left(1,0,0,0,0,0\right)$，是一个有效局部着色，继续向下搜索，以颜色 1 作为 B 的颜色，生成结点 6，得到部分解$\left(1,1,0,0,0,0\right)$，因为 A、B 相邻，颜色不能相同，所以这是一个无效着色，结点 6 变成死结点，那么，继续以 2 结点的下一条路径搜索，生成结点 7，以颜色 2 作为顶点 B 的着色，生成$\left(1,2,0,0,0,0\right)$，继续向下搜索，满足约束条件就向下搜索，不满足就找顶点的兄弟结点或回溯，重复这样的步骤，最后得到一个结果为$(1,2,1,3,3,4)$。

图 6-8 为实际的结点搜索过程，可以看到，搜索成功时，仅访问了 15 个结点，而状态空间树的结点个数为 5461 个。

因此，回溯算法的虽然列出了所有的可能解，但它并不全部穷举处理，当它把一个结点变成死结点后，将不再搜索以这个死结点为根的子树，比如结点 22。因此，实际访问结点的个数一般比状态空间树中的结点要少得多。

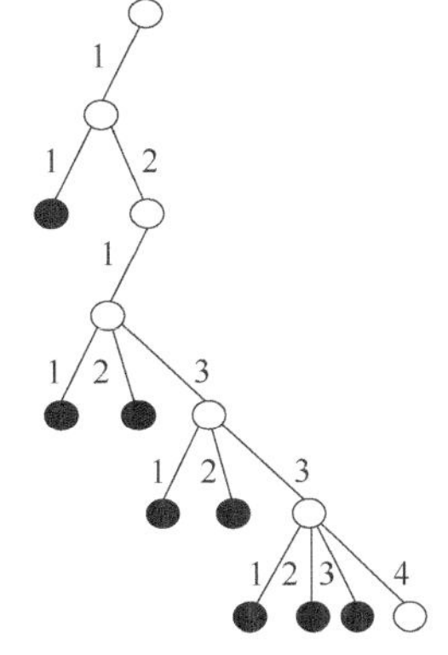

图 6-8　部分省区图 4 着色问题访问结点示意图

6.4.2　图着色问题算法实现

假定图中有 n 个顶点，颜色的个数为 m，它的值分别定义为$1,2,\cdots,m$，用数组 $x[n]$ 存放 n 个顶点的着色，用邻接矩阵 $\boldsymbol{E}[n][n]$ 存放图中各顶点之间的邻接关系，当元素 $\boldsymbol{E}[i][j]$ 值为真时，表示顶点 i 和顶点 j 有关联边，否则，没有关联边。

当我们正式给出回溯算法解决这个着色问题前，先讨论一下约束问题，m 着色问题的约束就是相邻顶点的着色不能相同，所以，当确定第 i 个顶点的颜色取值 $x[i-1]$（第一个顶点的下标为 0）为 $c(1\leqslant c\leqslant m)$ 时，需要确定前 $i-1$ 个顶点有没有与第 i 个顶点相邻的，如果相邻并且没有取 c 值，则满足约束条件。

因此，判断是否满足约束条件的函数为：

```
1.  BOOL ok(int x[],int k,int **E,int n)
2.  {
3.        int i;
4.        for (i=0;i<k;i++)
5.       { /*如果顶点 k 和顶点 i 是相邻接，并且着色相同，
         则顶点 k 就不能取 x[k]这个值，立即返回 FALSE*/
6.             if (E[k][i]==1 && (x[k]==x[i]))
7.                   return FALSE;
8.        }
9.         return TRUE;  //所有与 k 相邻的顶点颜色值都与 k 的取值不同，返回
TURE
10. }
```

有了约束条件的判定，图的 m 着色问题就可以描述为：

```
1.  void m_Coloring(int n, int m, int* &x, int **E)
2.  {
3.      int i,k;
4.      for (i=0;i<n;i++)                      //把解向量初始化为0
5.          x[i] = 0;
6.      k = 0;                     //k表示第k个顶点，它的取值用x[k]表示
7.      while(k>= 0)
8.      {
9.          x[k] = x[ k ] + 1;
            //如果顶点k取值没超出边界且不满足约束条件，则搜索它的兄弟结点值
10.         while ((x[k]<=m) && (!ok(x,k,E,n)))
11.             x[k] = x[k] + 1;
12.         if (x[k] <= m)        //如果顶点k取值在给定的颜色值范围
13.         {
14.             if (k == n-1)    //当是最后一个顶点时，说明找到着色方案
15.                 break;              //退出搜索
16.               else                  //如果不是最后顶点
17.                  k = k + 1;         //准备对一下顶点进行搜索
18.         }
19.         else     //如果顶点k取值不在给定的颜色值范围或不满足约束条件
20.         {
21.             x[k]=0;                 //还原本顶点初始化值
22.             k=k-1;                  //回溯到它的上一个顶点
23.         }
24.     }
25. }
```

从上面的描述可以看出，程序最多可能要访问所有的结点，因为整个状态空间树的结点数为$\sum_{i=0}^{n} m^i$，根据等比数列求和公式，结点个数为：$(m^{n+1}-1)/(m-1)$。对于每一个顶点的取值，要判断约束条件，这是一个循环，它最少执行一次判断，最多执行 n–1 次，因此，整个回溯执行的时间复杂度最多为$O(nm^n)$。但正如我们在图 6-8 中所看到的那样，实际被访问到的结点个数一般远远小于状态空间树中的结点总数。

对于算法的空间复杂度，只有输出的解向量所占用的空间，因此，算法的空间复杂度为$O(n)$。

6.5 *n*皇后问题

说到这个 *n* 皇后问题，就得先提一下历史上著名的 8 皇后问题。8 皇后问题是一个著名的古老问题。该问题是国际象棋棋手马克斯·贝瑟尔于 1848 年提出的：在 8×8 格的国际象棋上摆放 8 个皇后，使其不能互相攻击，即任意两个皇后都不能处于同一行、同一列或斜率为±1 的同一斜线上，问有多少种摆法。如图 6-9 所示为一个 8 皇后问题的摆法。

图 6-9　一个 8 皇后问题的摆法

后来 8 皇后问题被推广 *n* 皇后问题。*n* 皇后问题是一个经典的问题，即在一个 $n \times n$ 的棋盘上放置 *n* 个皇后，使其不能互相攻击，问有多少种摆法。本节就用回溯算法来解决这个问题。

6.5.1　*n*皇后问题的求解过程分析

与前面的图着色问题一样，根据回溯算法的基本步骤，首先要确定问题的解空间，根据图 6-9，方格中每一行有且只能有一个皇后，如果令 $x_i\left(1 \leqslant i \leqslant n\right)$ 表示第 *i* 行皇后放置的列数，如 $x_1 = 6$ ，就表示第 1 行的皇后放在第 1 行的第 6 个方格上，那么问题的解向量就可以写为： $\boldsymbol{X} = \left(x_1, x_2, \cdots, x_n\right)$ 。这种定义也间接地保证了各皇后不在同一行上。

由于 x_i 设定为第 *i* 行皇后放置的列数，因此解向量中每一个分量的取值范围就是 $\{1, 2, \cdots, n\}$ 。

有了解向量及各分量的取值范围，就可以确定 *n* 皇后问题的状态空间树，很显

然这就是一棵有 $n+1$ 层的满 n 叉树。因此对问题的求解又形成了在树中进行搜索的问题。

接下来的任务，就是确定搜索时的约束条件，对各分量本身的约束，即显性约束就是 $x_i \in \{1,2,\cdots,n\}$，但 n 皇后问题还有一个规定就是任意两个皇后都不能处于同一行、同一列或斜率为±1 的同一斜线上，这就是说，各分量之间要有隐性约束，这个约束可以写成式（6-1）。

$$\begin{cases} x_i \neq x_j & 1 \leqslant i,j \leqslant n, i \neq j \\ \left| x_i - x_j \right| \neq \left| i - j \right| & 1 \leqslant i,j \leqslant n, i \neq j \end{cases} \tag{6-1}$$

式（6-1）中的第一个式子保证各皇后不在同一列上，这个很容易理解。第二个式保证各皇后不在斜率为±1 的同一斜线上，因为只要两个皇后处于同一斜线上，必有$|x_i-x_j|=|i-j|$。例如 $x_4=1$，$x_8=5$ 时，表示第 4 个皇后放在第 4 行的第 1 个方格上，第 8 个皇后放在第 8 行的第 5 个方格上，处在斜率为 –1 的同一斜线上，因此也必有 $|1-5|=|4-8|$。

请特别关注一下，第二个式子之所以能够这样写，主要是因为解向量设定技巧带来的好处。

确定了式（6-1）给定的约束条件，就可以根据回溯算法的一般步骤搜索正确的解了。首先，初始化解向量全部为 0，即 $\boldsymbol{X}=(0,0,\cdots,0)$，从根结点开始搜索，扩展结点，$x_1=1$,得部分解向量 $\boldsymbol{X}=(1,0,\cdots,0)$，显然满足约束条件，再进行结点扩展，取 $x_2=1$，显然不满足约束条件，把这个结点标定为死结点，然后搜索其兄弟结点，取 $x_2=2$，仍然不满足约束条件，同样标定为死结点，再搜索这个结点的兄弟结点，$x_2=3$，这时满足约束条件，对此结点进行扩展，继续搜索它的子结点，如此继续下去，如果 x_i 取值没超出边界且不满足约束条件，则搜索它的兄弟结点值。如果 x_i 取值在给定的 1～n 范围内，考虑两种情况。一种是当 $i{==}n$ 时，表示找到一种正确的皇后放置方法，搜索可以结束，如果要搜索全部的解，则回溯到它的父结点，继续搜索。另一种是搜索该结点的第一个子结点，以确定 x_{i+1} 的值。如果 x_i 所有取值搜索完成都不满足约束条件，则把 x_i 还原成 0，并回溯到此结点的父结点，继续搜索它的兄弟结点，即对 x_{i-1} 取下一个可能的取值，直到根结点为死结点。

6.5.2 n 皇后问题的求解实现

令 $x[n+1]$数组表示 n 个皇后在行上的方格位置，这里定义 $n+1$ 是为了与前面的叙述统一起来，编程时，$x[0]$这个元素放置不用。在实现正式的搜索函数之前，首先定义一个约束函数 OK，如果第 k 个皇后与前面的皇后位置满足约束条件，返回 TRUE，否则返回 FALSE，这与着色问题中判断约束差不多。

```
1.  bool OK(int k)
2.  {
3.      for(int j=1; j<k; j++){
4.       if(x[j]==x[k] || abs(x[j]-x[k])== abs(j-k))
5.           return FALSE;
6.      }
7.      return TRUE;
8.  }
```

有了这个函数，可以把搜索过程描述成：

```
1.  void n_queens(int n, int *x)
2.  {
3.      int k;
4.      for(k=1; k<=n; k++)  x[k]=0;      //初始化解向量全部为 0
5.      k=1;
6.      while(k>=1)
7.      {
8.          x[k]+=1;                      //先放在第一个位置
9.          while((x[k]<=n && !(ok(k,x))))   //如果不能放
10.         {
11.             x[k]++;                   //放在下一个位置
12.         }
13.         if(x[k]<=n)
14.         {
15.             if(k==n)                  //如果已经放完了 n 个皇后
16.             {
17.                break;  /*找到答案，结束。如果想找全部方案，不需要 break
语句，并把这个找到的答案保存下来或者输出来*/
18.             }
19.             else                //没有处理完，让 k 自加，处理下一个皇后
20.             {
                   k++;
21.             }
22.         }
```

```
23.         else            //当前无法完成放置，还原 x[k]，回溯，回到第 k-1 步
24.       {
25.           x[k]=0;
26.         k--;
27.       }
28.     }
29. }
```

与前面的着色问题相同，n 皇后问题的时间复杂度主要考虑的是访问结点的个数以及访问一个结点对 x_i 取值进行约束判断。

n 皇后问题的结点数为 $\sum_{i=0}^{n} n^i = (n^{n+1}-1)/(n-1)$，一次约束判断执行式（6-1）最少为一次，最多为 n–1 次，因此，整个回溯执行的时间复杂度最多为 $O(n^{n+1})$，但实际执行中，由于约束条件的影响，很容易形成死结点，一旦形成死结点，则程序不执行以死结点的根的子树。另外，如果只需要找到一个解就结束搜索，也会使得很多子树不执行，这导致程序访问的结点数要比理论上的值小得多。

6.5.3 数独问题

回溯算法中求解时，对整个问题求解过程与已知若干分量解再继续求其余分量的过程是一样的，后面分量的求解只是在规模上相等或小一点，因此，这种求解可以用递归的思想进行设计算法。本节以数独问题为例，说明一下用递归思想完成回溯算法的过程。当某个解分量赋一个可取值时，判断它是否符合问题的约束条件，如果符合，则接下来的问题就是上一个问题的子问题；如果不符合，则回溯，又回到了原来的问题。用递归的思想进行编程，思路比较清晰，代码看起来比前面提到的方法要简单一些。

给定一个 9×9 矩阵，用 1～9 这 9 个数字填充单元格，使得每行、每列和每个子矩阵（3×3）的都有 1～9 这 9 个数字，子矩阵共 9 个，不重叠。图 6-10 给出了数独问题的一个初始矩阵，给定了部分数据，要求填充其中剩余的单元格，图 6-11 给出了填充后的矩阵。

从图 6-11 中可以看出，填充后的每一行、每一列和每个 3×3 的小矩阵均包含 1～9 这 9 个数字。现在的问题是如何在图 6-10 的基础之上完成填充呢？下面介绍用回溯算法的思想解决这一问题。

6	5		8	7	3		9	
		3	2	5				8
9	8		1		4	3	5	7
1		5						
4								2
						5		3
5	7	8	3		1		2	6
2				4	8	9		
	9		6	2	5		8	1

图 6-10　数独问题初始矩阵

6	5	1	8	7	3	2	9	4
7	4	3	2	5	9	1	6	8
9	8	2	1	6	4	3	5	7
1	2	5	4	3	6	8	7	9
4	3	9	5	8	7	6	1	2
8	6	7	9	1	2	5	4	3
5	7	8	3	9	1	4	2	6
2	1	6	7	4	8	9	3	5
3	9	4	6	2	5	7	8	1

图 6-11　给出了填充后的矩阵

从数独问题的规则可以看出，用回溯算法求解此问题时的约束条件为：

① 每格的数字范围在 1～9。

② 每格的数字在所在行内不能重复。

③ 每格的数字在所在列内不能重复。

④ 每格的数字在所在 3×3 的小矩阵内不能重复。

这里用一个 9×9 的二维数组 *a*[9][9]存放解，解的初始部分是相应的单元存放给定的部分数字，没有给定的全部为 0，这样的解可以理解为一个 81 维的一维解向量，如果以行优先的顺序用 *t* 表示这个一维向量的维数，则 *t* 在二维数组 *a* 中的行和列就分别是：row=*t*/9 和 col=*t*%9。

具体的解决思路是，当 *a*[row][col]没有给定解，即它为 0 时，顺序从 1～9 中给一个数字作为解，然后判断这个解是否满足约束条件，如果满足，则递归求下一个分量求解。如果不满足，则把 *a*[row][col]赋成 0，进行回溯。当 *a*[row][col]为非 0 时，说明解分量已经确定解分量，递归求下一个分量。当 *t*=9×9 时，说明找到了一个解，输出矩阵 ***a***。具体代码如下：

```
1.  #include <stdio.h>
2.  #include <stdbool.h>
3.  #define N 9
4.  int NUM = 0;         //解的个数
    //判断大九宫格和小九宫格中有没有不符合条件的
5.  bool ok(int row, int col, int a[][N])
6.  { //根据行和列以此判断 9×9 的单元格中有没有不符合条件的
7.      int i, j;
8.      for (i = 0; i < N; i++)
```

```
9.          if (i != row && a[i][col] != 0 && a[i][col] == a[row][col])
10.           return false;
11.     for (j = 0; j < N; j++)
12.       if (j != col && a[row][j] != 0 && a[row][j] == a[row][col])
13.           return false;
       //根据 9×9 的矩阵下标求出每个 3×3 中数的下标
14.      int row_3 = row / 3 * 3;
15.      int col_3 = col / 3 * 3;
      //判断 9×9 的矩阵中有没有不符合条件的
16.      for (i = row_3; i < row_3 + 3; i++)
17.          for (j = col_3; j < col_3 + 3; j++)
18.              if (i != row && j != col && a[i][j] != 0 &&
a[i][j] == a[row][col])
19.                  return false;
20.      return true;
21. }
    //进行回溯求解
22. void traceback(int t, int a[][N])
23. {
24.      if (t == N * N)        //当 t 走到最后一层时，输出数组 a
25.      {
26.          NUM++;         //找到一个解，加 1
27.          printf("解%d:\n", NUM);
28.          for (int i = 0; i < N; i++)
29.          {
30.              for (int j = 0; j < N; j++)
31.                  printf("%d ", a[i][j]);
32.              putchar('\n');
33.          }
34.          putchar('\n');
35.      }
36.      else
37.      {   //求出 t 时的下标
38.          int row = t / 9;
39.          int col = t % 9;
40.          if (a[row][col] == 0)      //当 a[row][col] 没确定解时，给
a[row][col] 进行赋值
```

```
41.         {
42.             for (int i = 1; i <= N; i++)
43.             {
44.                 a[row][col] = i;
45.                 if (ok(row, col, a))      //如果赋的值符合条件，判
断下一层
46.                     traceback(t + 1, a);
47.                 a[row][col] = 0;
48.             }
49.         }
50.         else                    //当a[row][col] 有解时，直接判断下一层
51.             traceback(t + 1, a);
52.     }
53. }
54. int main()
55. {
56.     int a[N][N] = {
          {6, 5, 0, 8, 7, 3, 0, 9, 0},
          {0, 0, 3, 2, 5, 0, 0, 0, 8},
          {9, 8, 0, 1, 0, 4, 3, 5, 7},
          {1, 0, 5, 0, 0, 0, 0, 0, 0},
          {4, 0, 0, 0, 0, 0, 0, 0, 2},
          {0, 0, 0, 0, 0, 0, 5, 0, 3},
          {5, 7, 8, 3, 0, 1, 0, 2, 6},
          {2, 0, 0, 0, 4, 8, 9, 0, 0},
          {0, 9, 0, 6, 2, 5, 0, 8, 1}};
57.     traceback(0, a);
58.     return 0;
59. }
```

执行结果共有6种不同的解，下面给出其中的两种。

解1：

```
6 5 1 8 7 3 2 9 4
7 4 3 2 5 9 1 6 8
9 8 2 1 6 4 3 5 7
1 2 5 4 3 6 8 7 9
4 3 9 5 8 7 6 1 2
8 6 7 9 1 2 5 4 3
```

```
5 7 8 3 9 1 4 2 6
2 1 6 7 4 8 9 3 5
3 9 4 6 2 5 7 8 1
```

解 2：

```
6 5 1 8 7 3 2 9 4
7 4 3 2 5 9 1 6 8
9 8 2 1 6 4 3 5 7
1 3 5 4 8 2 6 7 9
4 6 9 5 3 7 8 1 2
8 2 7 9 1 6 5 4 3
5 7 8 3 9 1 4 2 6
2 1 6 7 4 8 9 3 5
3 9 4 6 2 5 7 8 1
```

6.6 一些经典算法的回溯求解

本节对一些经典算法进行分析讲解，它主要来自于力扣（LeetCode）官网的题目，力扣是领扣网络旗下专注于程序员技术成长和企业技术人才服务的品牌。本节从这里精选一些题目进行讲解，以进一步加深大家对回溯思想的理解，以及解决具体问题的应对技巧。

【例 6.4】 给定一个无重复元素的数组 candidates 和一个目标数 target，找出数组中所有可以使元素和为 target 的组合，可以无限重复选取 candidates 中的元素。

例如，输入: candidates = [2,3,5], target = 8, 所求解集为:

```
[
[2,2,2,2],
[2,3,3],
[3,5]
]
```

这个问题与我们前面讲述的有点不同，主要是它的状态空间树的层数不是由 candidates 的元素个数给出的，因为可以重复使用各元素，所以其解向量的维数也就不同，从上面给的输入实例可以看出，解向量的维数分别为 2、3、4。下面我们还是画出它的状态空间树，以便分析，见图 6-12。

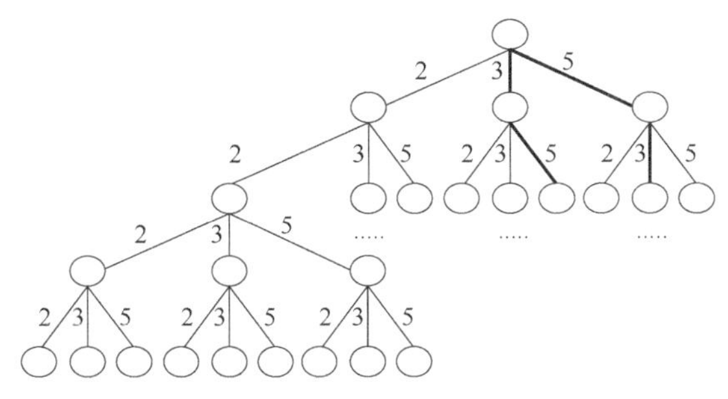

图 6-12　元素和为 target 的组合状态空间树简化图

从图中可以看出，解向量的每一维的可能取值都是数组元素值，它的层数是目标和值除以最小的那个元素取整。但是如果就这样用回溯法去搜索状态空间树寻找解向量，存在两个问题，第一个问题是我们如何确定向下搜索的层到何处为止？第二个问题是解向量重复，如图 6-12 中的两条粗线表示的解向量，实质是同一个解，如何解决？对于第一个问题，我们可以用一个变量把搜索到的暂时解各维求和，当这个和值小于 target 时，向下加一层，解向量的维也随之加 1。对于第二个问题，我们可以把给定的 candidates 的元素进行从小到大的排序，然后，当满足向下层搜索的条件时，下层的解只从与当前层的相同下标处开始往后搜索，而不是从 candidates 的第一个元素开始搜索，因为如果前面的元素与当前下标以前的元素形成了解，那在前面的子树中，一定已经有了这个解。

例如：我们从第一层的 2 向下搜索到分量 3、3，那么，现在从第一层的 3 往下就不用再搜索第二层的 2 这个分量，因为 2 这个量下形成的解肯定会找到 3，这就与前面搜索的解一样，所以，当搜索到 3 这个解时，就可以把第二层 3 前面的子树全部剪掉，节省搜索的次数。

另外，元素排序还有一个好处是，当到前一层的和小于 target，进入下一层的某个分量时，和已经比 target 大，则可以不再搜索这个分量后面的兄弟结点，因为这些兄弟结点肯定不是问题的解，所以不用搜索它后面兄弟结点的子树，也能节省搜索次数。例如，当我们搜索完 3、3，进入第三层的 3 时，这时和值已经大于 8，则第三层的 3 的兄弟结点 5 就可以不再搜索。具体代码如下：

```
1.  #include<stdio.h>
2.  #include<stdlib.h>
    /* candidates[]：从小大到排序好的给定元素，target 和目标和值
    len 为 candidates 的元素个数*/
3.  void backtrack (int candidates[],int target,int len)
4.  {
5.      int max =target/candidates[0]+1;     //解向量可能的最大元素个数
```

```
6.      int x[max];             //解向量
7.      int i=0,k[max];         //i 为层数，k[i]为第 i 个分量在 candidates 中
的下标
8.      k[i] = 0;
9.      int flag = 0;           //找到最终解的标识，初始为 FALSE 时表示没有找到
10.     int sum=0;
11.     while (i>=0)
12.     {
13.       while (k[i]<len)            //当 candidates 中的元素没有取完
14.       {
15.         x[i] = candidates[k[i]];
16.         sum+=x[i];
17.         if (sum<=target)          //如果满足约束条件和问题的界
18.         {
19.           if (sum==target)        //是问题的一个有效解
20.           {
21.               flag=1;             //找到解
22.               for(int j=0;j<=i;j++)        //输出解
23.                  printf("%d ",x[j]);
24.                printf("\n\n");
25.               sum=sum-candidates[k[i]];    //调整和值
26.              k[i] = k[i] + 1;              //到下一个兄弟结点
27.             }
28.              else             //满足条件的部分解，搜索下一层分量值
29.              {
30.                 int preki=k[i];
31.                 i=i+1;        //进入下一层，因为从小到大排序，直接从上一层
的下标开始
32.                 k[i] =preki;
33.              }
34.           }
35.           else                //如果和大于 target，则和减去这当前元素值
36.           {
37.            sum=sum-candidates[k[i]];
              //如果使用本层第 k[i]个元素求和的结果都比 target 大，不搜索其
兄弟结点，直接跳出
38.            break;
39.          }
40.       }
```

```
41.         i = i-1;             //回溯到上一层
42.         if(i>-1)             //如果没回溯到顶层，调整和并进入它的兄弟结点
43.         {
44.            sum=sum-candidates[k[i]];
45.            k[i]=k[i]+1;
46.         }
47.       }
48.     if(!flag)  printf("无解\n");
49. }
50. int main()
51. {
52.     int candidates[3]={2,3,5};        //这里给一个具体值，可以自己输入
53.     int target=8;
54.     sort(candidates);                 //把给定元素从小到大排序
55.     backtrack (candidates,target,sizeof(a)/sizeof(int)-1);
56. }
```

对于这种类型的问题，除了用回溯算法还可以用递归的思想进行求解，假设现在得到了部分解：$\boldsymbol{X}(x_1,x_2,\cdots,x_j)$，所求和值为 sum<target，那么我们可以把问题转换成原问题的一个子问题，就是找 x_j 后的分量，使得它们的和值为 sum−target 的问题。因此，可以用递归的思想来解决这个问题，而且同样地，下一层的解从上一层解在给定数组中的下标开始搜索。代码如下：

```
1.  #include<stdio.h>
2.  #include<stdlib.h>
    /*candidates 为给定元素数组，target 为目标和值，len 为当前解向量的最大下
    标。num 为 candidates 数组元素个数。pos 为上一层解在数组元素中的下标*/
3.  void search(int *candidates,int target,int len,int num,int
pos,int *result,int *sum)
4.  {
5.     if(*sum>target)
6.        return;
7.     else
8.     if(*sum==target)
9.     {
10.        int i=0;
11.        for(i;i<len;i++)
12.           printf("%d ",result[i]);
13.        printf("\n");
```

```
14.          return;
15.       }
16.     else
17.      {
18.         int j=pos;                                  //从上层的下标处搜索
19.         for(j;j<num;j++)
20.         {
21.          *sum=*sum+ candidates [j];
22.          result[len]= candidates [j];
23.          search(candidates,target,len+1,num,pos,result,sum);
//搜索子问题
24.          *sum=*sum-candidates [j];
25.          pos++;
26.         }
27.      }
28. }
29. int main()
30. {
31.     int num;                              //元素个数
32.     int i=0;
33.     int candidates [4]={2,3,5,7};         //给定一个实例，可自己输入，
并从小到大排序
34.     num=sizeof(candidates)/sizeof(int);
35.     int target=12;
36.     int *sum=0;     //解向量的和
37.     sum=(int *)malloc(sizeof(int));
38.     *sum=0;
39.     int result[target/ candidates[0]+1];
40.     search(a,target,0,num,0,result,sum);
41.     free(sum);
42. }
```

从上可以看出，用递归的思想来解决回溯算法问题，思路简单，源代码简洁，是一种不错的选择，但在应用时也应该注意到递归函数在运行时的不足，它要不断为调用递归函数开辟内存空间，同时要保留调用函数的现场信息，返回时还要还原信息，造成了诸多额外计算量。如果递归深度非常大，还是少用为好。

【例 6.5】 分书问题：有编号为 0、1、2、3、4 的 5 本书，分给 5 个人 A、B、C、D、E。写一个程序，输出所有人分到自己喜欢的分书方案。每个人喜欢的书用一个二维数组 Like 描述如表 6-1 所示。

表 6-1 各人喜欢各书的情况列表

人＼书	0	1	2	3	4
A	1	1	0	0	1
B	0	1	1	0	0
C	0	0	1	1	0
D	0	1	0	1	0
E	1	0	1	0	0

Like[i][j] =1，第 i 个人喜欢第 j 本书；

Like[i][j] =0，第 i 个人不喜欢第 j 本书。

这里用递归方法来解决这个问题，具体思想方法如下。

① 设计并实现一个函数 Assign(int i)，功能是给第 i 个人分书。

② 用一个一维数组 Get 表示把某本书分给了某人。Get[j]=i 时表示把第 j 本书分配给第 i 个人。

③ 依次把第 j 本书分给第 i 个人。如果第 i 个人不喜欢第 j 本书，则尝试下一本书，如果喜欢，并且第 j 本书尚未分配，则把书 j 分配给 i。

④ 如果 i=4 表明是最后一个人，方案分配完成，并输出该方案。否则调用 Assign(i+1)为第 i+1 个人分书。

⑤ 如果对第 i 个人分配了全部他喜欢的书，都没有找到可行的方案，那就回到前一个状态 i–1，让 i–1 把分到的书退回去，重新找喜欢的书，再递归调用函数，寻找可行的方案。

整个代码如下：

```
1.  #include <stdio.h>
2.  #define N 5                                //N为书和人的数量
3.  void Assign(int i,int Like[][N],int Get[],int *scheme)
4.  {
5.   for(int j=0;j<N;j++)
6.     {
7.      if(Like[i][j] && Get[j]==0)
8.        {
9.          Get[j]=i+1;     //避免当第 j 本书给第 0 个人时，与未分配的书冲突
10.         if(i==N-1)
11.         {
12.             (*scheme)++;
13.             printf("解%d:\n",*scheme);
```

```
14.               for(int k=0;k<N;k++)
15.                  printf("书本%d-->%c\n",k,Get[k]+'A'-1);
16.               }
17.              else
18.               {
19.                 Assign(i+1,Like,Get, scheme); //递归，把书分配给第i+1人
20.               }
21.               Get[j]=0;                     //回溯，寻找下一个方案
22.          }
23.       }
24. }
25. int main()
26. {
27.    int Like[N][N]={
          {1,1,0,0,1},
          {0,1,1,0,0},
          {0,0,1,1,0},
          {0,1,0,1,0},
          {1,0,1,0,0}
    };
28.     int Get[N]={0};
29.     int scheme[1]={0};                      //分配方案个数，初始化为0
30.     Assign(0,Like,Get,scheme);
31.    return 0;
32. }
```

运行结果如下：

解1：

```
书本0-->E
书本1-->B
书本2-->C
书本3-->D
书本4-->A
```

解2：

```
书本0-->E
书本1-->D
书本2-->B
书本3-->C
书本4-->A
```

如果只需要找到一个方案，则可以把 Assign 函数中最后一条语句“Get[j]=0;”去掉，因为当一个方案找到后，数组 Get[*j*]就不为 0 了，所以 for 循环中第一个 if 语句中的表达式 Like[i][j] && Get[j]==0 始终为 0，也就不找其他方案了，但循环还在进行，大家可以想办法进行修改。

【例 6.6】 求子集问题，给定一组不同的整数，返回它们的所有子集。给定一个集合比如 {1，2，3}，返回该集合的所有子集为：

```
[
  [3],
 [1],
 [2],
 [1,2,3],
 [1,3],
 [2,3],
 [1,2],
 []
]
```

用回溯算法求解这样的问题，首先要解决的是如何确定它的状态空间树，我们可以这样考虑，给定集合中的每一个元素有两种状态，要么在子集中，要么不在子集中，这样如上给出的集合就可以构成如图 6-13 所示的状态空间树。

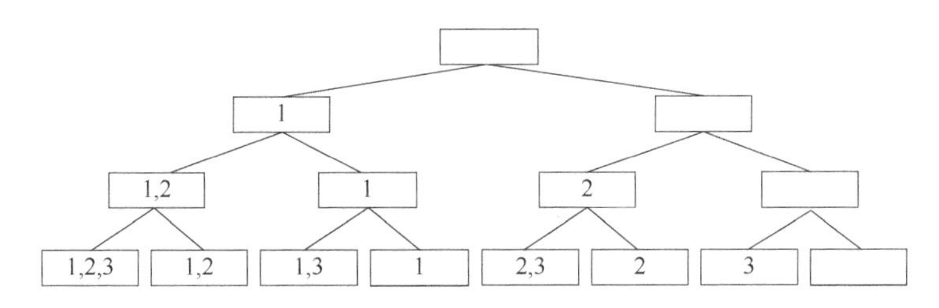

图 6-13 集合构成的状态空间树

对于一个有 n 个元素的集合，第 i 个元素用 x_i 来表示其在某一子集中的状态，$x_i=1$ 表示在子集中，$x_i=0$ 表示不在子集中，所以所有解可以表示为：$(x_1,x_2,x_3,\cdots,x_n)$；一共有 2^n 个向量。对于这个简单的例子，其实每一个那么可以写代码如下：

```
1.  #include<stdio.h>
2.  #define N 4                         //集合的元素个数
                                        //从第一个元素开始，确定第一个元素的状态
3.  void back(int i,int a[],int b[])
4.  {
```

```
5.    int j;
6.    if(i>N)                              //i>N表示所有元素状态已确定，输出
7.    {
8.       printf("{ ");
9.       for(j=1;j<=N;j++)
10.      {
11.        if(b[j])
12.           printf("%d ",a[j]);
13.      }
14.      printf("}\n");
15.      return ;
16.   }
17.   b[i]=1;                              //取第i个元素
18.   back(i+1,a,b);                       //处理下一个元素
19.   b[i]=0;                              //不取第i个元素
20.   back(i+1,a,b);                       //处理下一个元素
21.   return ;
22. }
23. int main()
24. {
25.  int a[N+1]={-1,1,2,3,4};              //存储集合元素,不利用开始一个元素
26.   int b[N+1]={0};                      //存储集合元素状态
27.   back(1,a,b);
28.   return 0;
29. }
```

运行结果如下：

```
{ 1 2 3 4 }
{ 1 2 3 }
{ 1 2 4 }
{ 1 2 }
{ 1 3 4 }
{ 1 3 }
{ 1 4 }
{ 1 }
{ 2 3 4 }
{ 2 3 }
{ 2 4 }
```

```
{ 2 }
{ 3 4 }
{ 3 }
{ 4 }
{ }
```

正如分析的那样，结果有 2^4 个子集。这个例子比较简单，因为这基本上是穷举的解。现在如果问另外一个问题，对于产生的子集，加上一些要求，比如，子集中元素的和为某个给定的值 m，又如何做到呢？比如，给定 m 为 10，这就需要对当前确定的解分量进行分析，如果当前元素和为 10，则找到一个答案；如果小于 10，则考察下一个元素值；如果大于 10，则回溯。具体代码如下：

```
1.  #include<stdio.h>
2.  #define N 10                //给定集合的元素个数
3.  int sum=0;
4.  void back(int i,int m,int a[],int b[])
5.  {
6.    int j;
7.    if(i>N)                //i>N 表示所有元素的状态都已经确定,但是其和不为 m
8.    {
9.       return ;
10.   }
11.   b[i]=1;                  //取第 i 个元素
12.   sum +=a[i];
13.   if(sum == m)             //子集的和满足条件，输出子集各元素
14.   {
15.      printf("{ ");
16.      for(j=1;j<=i;j++)
17.      {
18.         if(b[j])
19.            printf("%d ",a[j]);
20.      }
21.      printf("}\n");
22.   }
23.   else if(sum<m)
24.   {
25.      back(i+1,10,a,b);      //处理下一个元素
26.   }
27.   b[i]=0;                  //回溯
```

```
28.    sum-=a[i];              //把 sum 减去已加的集合元素值
29.    back(i+1,10,a,b);       //处理下一个元素
30.    return ;
31. }
32. int main()
33. {
34.    int a[N+1]={-1,1,2,3,4,5,6,7,8,9,10};    //给定集合值，开始一个元素不用
35.    int b[N+1]={0};    //存储集合元素状态。值为 1 表示取该元素，为 0 不取
36.    int m=10;          //给定的所求子集各元素之和
37.    back(1,m,a,b);     //从第一个元素开始，确定第一个元素的状态
38.    return 0;
39. }
```

执行结果如下：

```
{ 1 2 3 4 }
{ 1 2 7 }
{ 1 3 6 }
{ 1 4 5 }
{ 1 9 }
{ 2 3 5 }
{ 2 8 }
{ 3 7 }
{ 4 6 }
{ 10 }
```

回溯算法在实际中应用非常多，这里给出的实例主要是让大家进一步分析和掌握回溯算法的应用技巧，掌握它的思想本质，从而熟练地解决问题。

回溯算法是一种有组织的系统最优化搜索技术，问题的解空间通常是所有分量可能取值向量的笛卡尔积，理论上我们要搜索整个解空间，但回溯算法可以用约束条件剪除得不到的可行解的子树，用目标函数剪除得不到的最优解的子树，避免了很大一部分的搜索，可以看作穷举法的改进，适用于求解组织数量较大的问题。

习 题

1. 有 n 个学生分考场，其中有 k 对学生互相认识，认识的学生不能在同一个考场，问最少需要多少个考场？

2．用递归函数设计一个解 n 皇后问题的回溯算法。

3．用递归函数设计一个解图的 m 着色问题的回溯算法。

4．使用回溯法求解货郎担问题。

5．设计一个回溯算法，求解国际象棋中马的周游问题：给定一个 8×8 的棋盘,马从棋盘的某一个位置出发，经过棋盘中的每个方格恰好一次，最后回到它开始出发的位置。

6．给定背包的载重量 M=20；有 6 个物体，价值分别为 11、8、15、18、12、6，重量分别为 5、3、2、10、4、2。说明用回溯法求解上述 0/1 背包问题的过程。画出搜索树，结点按照生成编号，并在结点旁边标出生成该结点时所执行动作的结果。

7．设计一个 $n \times m$ 格的迷宫，四面封闭，仅在左上角的格子有入口，右下角的格子有出口。迷宫内部的格子，其东、西、南、北四面或者有出入口，或者没有出入口。设计一个回溯法算法通过迷宫。

8．有 n 项作业分配给 n 个人去完成，每人完成一项作业。假定第 i 个人完成第 j 项作业，需花费 c_{ij}, $c_{ij} \geqslant 0$, $i \geqslant 1$, $j \geqslant n$。编写一个回溯算法，把 n 项作业分配给 n 个人完成，使得花费最小。

第 7 章

分支与限界

在前面章节的学习中，主要围绕这样一类问题：问题有 n 个输入，而问题的解是由 n 个输入的某种排列或者某个子集合构成，但要求该排列或者子集（问题的可行解）必须满足某些事先给定的条件（约束条件）。在问题的求解过程中，满足约束条件的子集可能不止一个，即可行性解不唯一。为了衡量可行解的优劣，可以根据事先给定的标准（目标函数），通过寻找使得目标函数取极值的可行解来确定最优解。

回溯法解决问题时，是按深度优先的策略在问题的状态空间中，尝试搜索可能的路径，不便于在搜索过程中对不同的解进行比较，只能在搜索到所有解的情况下，才能通过比较确定哪个是最优解。这类问题更适合用广度优先策略搜索，因为在扩展结点时，可以在 e_结点的各个子结点之间进行必要的比较，有选择地进行下一步扩展。

本章介绍的分支限界法就是一种较好的解决最优化问题的算法。分支限界法由“分支”策略和“限界”策略两部分组成。“分支”策略体现在对问题空间是按广度优先的策略进行搜索；“限界”策略是为了加快搜索速度而采用启发信息剪枝的策略。

7.1 分支与限界算法

分支搜索法是一种在问题解空间上进行搜索尝试的算法。所谓“分支”是采用广度优先的策略，依次搜索 e_结点的所有分支，也就是所有的相邻结点。和回溯法一样，在生成的结点中，抛弃那些不满足约束条件（或者说不可能导出最优可行解）的结点，其余结点加入活结点表。然后从表中选择一个结点作为下一个 e_结点，继续搜索。选择下一个 e_结点的方式不同，会产生不同的分支搜索方式，下面我们将介绍两种搜索方式。

（1）先进先出（FIFO） 先进先出（FIFO）搜索算法是基于数据结构“队列”。一开始，根结点是唯一的活结点，根结点入队。从活结点队中取出根结点后，作为当前扩展结点。对当前扩展结点，先从左到右地产生它的所有子结点，用约束检查，把所有满足约束函数的子结点加入活结点队列中。再从活结点中取出队首结点（队中最先进来的结点）为当前扩展结点，……，直到找到一个解或活结点队列为空为止。

（2）先进后出（LIFO） 先进后出（LIFO）搜索是基于数据结构“栈”。一开始，根结点入栈。从栈中弹出一个结点为当前扩展结点。对当前扩展结点，先从左到右地产生它的所有子结点，用约束条件检查，把所有满足约束函数的子结点入栈，再从栈中弹出一个结点（栈中最后进来的结点）为当前扩展结点，……，直到找到一个解或栈空为止。

分支与限界的基本思想，是在分支结点 e_结点上，预先分别估算沿着它的各个子结点向下搜索的路径中，目标函数可能取得的“界”，然后把它的这些子结点和它们可能取得的“界”保存在一张结点表中，再从表中选取“界”最大或最小的 e_结点向下搜索。因为必须从表中选取“界”取极值的 e_结点，所以经常用到可能上面提到的队列和栈结构来维护这张表。

这样，从根结点开始，在整个搜索过程中，每遇到一个 e_结点，就对其各个子结点进行目标函数可能取得的值进行估算，以此来更新结点表，丢弃不再需要的结点，加入新的结点。再从表中选取“界”取极值的结点，并重复上述过程。随着这个过程的不断深入，结点表中所估算的目标函数的极值越来越接近问题的解。当搜索到一个叶子结点时，如果对该结点所估算的目标函数的值是结点表中的最大值或最小值，那么沿叶子结点到根结点的路径所确定的解，就是问题的最优解，由该叶子结点所确定的目标函数的值就是解这个问题所得到的最大值或最小值。

此时，分支与限界法不再像单纯的回溯法那样盲目地往前搜索，也不是遇到死胡同才往回走，而是依据结点表中不断更新的信息，不断地调整自己的搜索方向，有选择、有目标地往前搜索；回溯也不是单纯地沿着父结点，一层一层地向上回溯，而是依据结点表中的信息回溯。

7.2 作业分配问题

作业分配问题描述为，n 个操作员以 n 种不同时间完成 n 项不同作业，要求分配每位操作员完成一项作业，使完成 n 项作业的时间总和最少。

7.2.1 分支限界法解作业分配问题的思想方法

首先，对 n 个操作员依次编号为 $0,1,\cdots,n-1$,把 n 项作业也编号为 $0,1,\cdots,n-1$。用二维数组 c 来描述每位操作员完成每项作业时所需的时间，如元素 c_{ij} 表示第 i 位操作员完成第 j 号作业所需的时间。用向量 $\boldsymbol{x}$ 来描述分配给操作员的作业编号，如分量 x_i 表示分配给第 i 位操作员的作业编号。

对该问题的求解，从根结点开始向下搜索。在整个搜索过程中，每遇到一个e_结点，就对其所有子结点计算它们的下界，并把它们登记在结点表中。再从表中选取下界最小的结点，并重复上述过程。当搜索到一个叶子结点时，如果该结点的下界是结点表中最小的，那么该结点就是问题的最优解；否则，对下界最小的结点继续进行扩展。

通过上述操作，问题归结为如何计算下界。假定 k 表示搜索深度，当 $k=0$ 时，从根结点开始向下搜索。这时，它有 n 个子结点，对应于 n 个操作员。如果把第 0 号作业($j=0$)分配给第 i 位操作员，$0\leqslant i\leqslant n-1$，其余作业分配给其余操作员，显然所需时间至少为：

$$t = c_{i0} + \sum_{j=1}^{n-1}(\min_{l\neq i} c_{lj})$$

上式表示：如果把第 0 号作业分配给第 i 位操作员，所需时间至少为第 i 位操作员完成第 0 号作业所需时间，加上其余 $n-1$ 项作业分别由其余 $n-1$ 位操作员单独完成时所需最短时间之和。

例如，4 个操作员完成 4 项作业所需的时间如图 7-1 所示。第 0 行的 4 个数据分别表示第 0 位操作员完成 4 项作业所需时间。当把第 0 号作业分配给第 0 位操作员时，$c_{00}=3$，而第 1 号作业分别由其余 3 位操作员单独完成时，最短时间为 7，第 2 号作业最短时间为 6，第 3 号作业最短时间为 3。因此，当把第 0 号作业

	0	1	2	3
0	3	8	4	12
1	9	12	13	5
2	8	7	9	3
3	12	7	6	8

图 7-1　4 个操作员完成每项作业所需的时间

分配给第 0 位操作员时，所需时间至少不会小于 3+7+6+3=19，可以把它看成是在根结点下第 0 个子结点的下界。

同样，如果把第 0 号作业分配给第 1 位操作员，所需时间至少不会小于 9+7+4+3=23，可以把它看成是在根结点下第 1 个子结点的下界。一般地，当搜索深度为 k，前面第 $0,1,\cdots,k-1$ 号作业已分配给编号为 $i_0,i_1,\cdots,i_{k-1}$ 的操作员。令 $S=\{0,1,\cdots,n-1\}$表示所有操作员的编号集合；$m_{k-1}=\{i_0,i_1,\cdots,i_{k-1}\}$表示作业已分配操作员编号集合。当把第 k 号作业分配给编号为 i_k 的操作员时，$i_k\in S-m_{k-1}$，显然，所需时间至少为：

$$t=\sum_{l=0}^{k}c_{il}+\sum_{l=k+1}^{n-1}(\min_{i\in S-m_k} c_{il}) \tag{7-1}$$

当搜索深度为 k 时，式（7-1）可用来计算某个子结点的下界。如果每个结点都包含已分配作业的操作员编号集合 m、未分配作业的操作员编号集合 S、操作员的分配方案向量 x、搜索深度 k、所需时间的下界 t 等信息，那么用分支限界法解作业分配问题的过程，可叙述如下。

① 建立根结点 X，令根结点的 $X.k=0,X.S=\{0,1,\cdots,n-1\},X.m=\phi$，把当前问题的可行解的最优时间下界 bound 置为∞。

② 令 $i=0$。

③ 若 $i\in$X.S，建立子结点 Y_i，把结点 X 的数据复制到结点 Y_i，否则转步骤⑦。

④ 令 $Y_i.m=Y_i.mU\{i\},Y_i.S=Y_i.S-\{i\},Y_i.x_i=Y_i.k,Y_i.k=Y_i.k+1$,按式（7-1）计算 $Y_i.t$。

⑤ 如果 $Y_i.t<$bound,转步骤⑥；否则剪去结点 Y_i，转步骤⑦。

⑥ 把结点 Y_i 插入优先队列。如果结点 Y_i 是叶子结点，表明它是问题的一个可行解，用 $Y_i.t$ 更新当前可行解的最优时间下界 bound。

⑦ $i=i+1$，若 $i<n$，转步骤③，否则转步骤⑧。

⑧ 取下队列首元素作为子树的根结点 X，若 $X.k=n$，则该结点是叶子结点，表明它是问题的最优解，算法结束，向量 $\boldsymbol{X.x}$ 便是作业最优分配方案；否则，转步骤②。

【例 7.1】 考虑图 7-1 所示的 4 个操作员的作业最优分配方案。

令 t_{ik} 表示在某个搜索深度 k 下，把作业 k 分配给操作员 i 时的时间下界。那么，当 k=0 时，有：

$$t_{00}=3+7+6+3=19$$

$$t_{10}=9+7+4+3=23$$

$$t_{20}=8+7+4+5=23$$

$$t_{30}=12+7+4+3=26$$

于是，在根结点下建立 4 个子结点 2、3、4、5，对应于把第 0 号作业分别分配给第 0、1、2、3 号操作员，其下界分别为 19、23、24、26，如图 7-2 所示的搜索树中第 1 层子结点所表示的那样，把这些结点都插入优先队列中，这时结点 2 的下界最小，是优先队列的首元素，表明把第 0 号作业分配给第 0 号操作员所取得的下界最小。把它从队列中取下，并由它向下继续搜索，生成 3 个子结点，分别为 6、7、8，对应于把第 1 号作业分别分配给第 1、2、3 号操作员，其下界分别为：

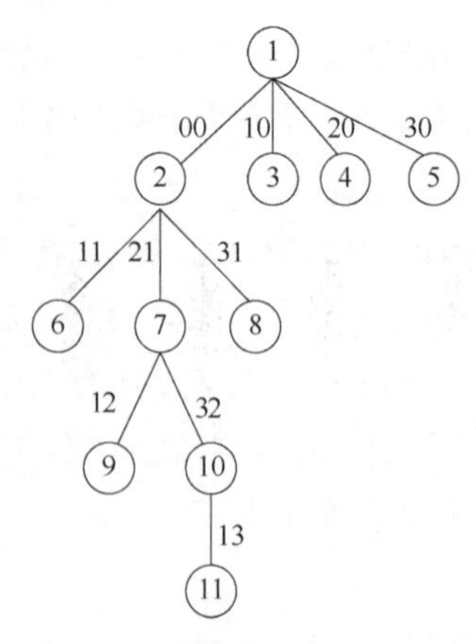

图7-2　4个操作员作业分配问题的搜索树

$$t_{11}=3+12+6+3=24$$

$$t_{21}=3+7+6+5=21$$

$$t_{31}=3+7+9+3=22$$

也把这 3 个结点插入优先队列中。这时，结点 7 的下界 21 最小，是队列的首元素。表明把第 0、1 号作业分别分配给第 0、2 号操作员，所取得的下界最小。把它从队列中取下，并由它向下继续搜索，生成 2 个子结点，分别为 9、10，对应于把第 2 号作业分别分配给第 1、3 号操作员，其下界分别为：

$$t_{12}=3+7+13+8=31$$

$$t_{32}=3+7+6+5=21$$

也把这 2 个结点插入队列中。这时，结点 10 的下界 21 最小，是队列首元素。表明把第 0、1、2 号作业分别分配给第 0、2、3 号操作员，所取得的下界最小。把它从队列中取下，并由它向下继续搜索，生成 1 个子结点 11，其下界为：

$$t_{13}=3+7+6+5=21$$

把它插入队列中。因为它是队列中下界最小的结点，所以把它从队列中取下。又因为它是叶子结点，所以它就是问题的最优解。由此得到 4 个操作员的作业分配方案是：

$$x_0=0 \qquad x_1=3 \qquad x_2=1 \qquad x_3=2$$

7.2.2　分支限界法解作业分配问题算法的实现

结点的数据结构定义如下：

```
struct ass_node{
    int x[n];                 //分配给操作员的作业
    int k;                    //搜索深度
    float t;                  //当前搜索深度下，已分配的作业所需时间
    float b;                  //本结点所需的时间下界
    struct ass_node *next; //优先队列链指针
};
typedef struct ass_node ASS_NODE;
```

在这里，用数组 x 来存放分配给操作员的作业，其中 $x[i]=j$ 表示把作业 j 分配给操作员 i；$x[i]=-1$ 表示操作员 i 尚未分配作业。这样，数组 x 包含了集合 m 和 S 的信息；数组 x 中所有不等于-1 的元素都属于集合 m；所有等于-1 的元素都属于集合 S。在搜索过程中，各个结点的数据是动态变化的，互不相同，发生回溯时，必须使用结点中原来的数据。

使用二维数组 c 来存放 n 个操作员分别完成 n 项作业所需时间，用变量 bound 存放当前已搜索到的某个可行解的最优时间，用变量 qbase 存放优先队列的首指针。

```
float c[n][n];                 //n 个操作员分别完成 n 项作业所需时间
float bound;                   //当前已搜索到的可行解的最优时间
ASS_NODE *qbase;               //优先队列的首指针
```

用下面两个函数对优先队列进行操作：

```
void Q_insert(ASS_NODE *qbase, ASS_NODE *xnode);
```

把 xnode 所指向的结点按所需时间下界插入优先队列 qbase 中，下界越小，优先性越高。

```
ASS_NODE *Q_delete(ASS_NODE *qbase);
```

取下并返回优先队列 qbase 的首元素。

于是，作业分配问题的分支限界算法可叙述如下。

算法 7.1 作业分配问题的分支限界算法。

输入：n 个操作员分别完成 n 项作业所需时间 c[][]，操作员个数 n。

输出：最优分配方案 job[]，及最优下限时间。

```
1.  #define MAX_FLOAT_NUM∞                    //最大的浮点数
2.  float job_assigned(float c[][],int n, int job[])
3.  {
```

```
4.       int i,j,m;
5.       ASS_NODE *xnode,*ynode,*qbase=NULL;
6.       float min,bound=MAX_FLAOT_NUM;
7.       xnode=new ASS_NODE;
8.       for(i=0;i<n;i++)                    //初始化 xnode 所指向的根结点
9.            xnode->x[i]= -1;
10.      xnode->t=xnode->b=0;
11.      xnode->k=0;
12.      while(xnode->k!=n)  {                    //非叶子结点，继续向下搜索
13.           for(i=0;i<n;i++)  {                //对 n 个操作员分别判断处理
14.                if(xnode->x[i]== -1)  {    //操作员 i 尚未分配作业
15.                     ynode=new ASS_NODE;    //为操作员 i 建立一个结点
16.                     *ynode=*xnode;          //把父结点的数据复制给它
17.                     ynode->x[i]=ynode->k;    //把作业 k 分配给操作员 i
18.                     ynode->t+=c[i][ynode->k]; //已分配作业的时间累计
19.                     ynode->b=ynode->t;
20.                     ynode->k++;              //该结点下一次的搜索深度
21.                     for(j=ynode->k;j<n;j++){ //该结点下一次的搜索深度
22.                          min=MAX_FLOAT_NUM;
23.                          for(m=0;m<n;m++){
24.                              if((ynode->x[m]== -1)&&(c[m][j]<min))
25.                                   min=c[m][j];
26.                          }
27.                     ynode->b+=min;
28.                     }
29.                     if(ynode->b<bound){     //小于可行解的最优下界
30.                          Q_insert(qbase,ynode);  //把结点按下界插入
优先队列
31.                          if(ynode->k==n)        //已得到一个可行解
32.                               bound=ynode->b; //更新可行解的最优下界
33.                     }
34.                     else delete ynode;  //大于可行解的最优下界，剪除
35.           }
36.      }
37.      delete xnode;                    //释放结点 xnode 的缓冲区
38.      xnode=Q_delete(qbase);           //取下队列首元素于 xnode
39.      }
40.      min=xnode->b;                    //保存下界，以便作为返回值返回
```

```
41.     for(i=0;i<n;i++)              //把分配方案保存于数组 job 中返回
42.         job[i]=xnode->x[i];
43.     while(qbase){              //释放结点缓冲区
44.         xnode=Q_delete(qbase);
45.         delete xnode;
46.     }
47.     return min;
48. }
```

算法的第 7～11 行，建立由 xnode 所指向的结点作为根结点，把结点中数组 x 的所有元素置为−1，表明所有的操作员都还没有分配作业；把搜索深度 k,也即等待分配的第一个作业号码初始化为 0，把已分配作业的时间累计值 t 也初始化为 0，并把该结点作为父结点。第 12 行开始的 while 循环，在当前的父结点下，为所有未分配作业的操作员 i 建立相应的分支结点，这些分支结点继承了父结点在此之前所得到的全部结果后，把作业 k 分配给相应的操作员，并计算由此完成所有作业至少需要的时间。第 29～34 行判断这些分支结点的时间估计值是否小于当前可行解的最优时间下界 bound，如果不是，则把该结点插入优先队列中，并继续判断该结点是否是叶子结点；如果不是，表明该结点是一个可行解，则用其时间计算值来更新当前可行解的最优下界 bound。如果某个分支结点的时间估计值大于当前可行解的最优下界 bound，则把它从树中剪去。最后，再取下优先队列首元素作为新的父结点。这个过程一直继续，直到从队列取下的元素，其搜索深度 $k=n$ 时为止。这时，该结点是叶子结点，并且其下界是所有结点中下界最小的，因此结束搜索。第 40～47 行是释放缓冲区，保存及返回数据。

该算法的时间复杂度估算如下：在第 11 行之前初始化部分，第 8、9 行的 for 循环，初始化根结点的向量 $\boldsymbol{x}$ 需要 $O(n)$时间；其余需要 $O(1)$时间。第 12 行的 while 循环及第 13 行的 for 循环一起，假定需进行 c 个结点的处理。每处理一个结点，就执行一次由第 14 行开始的 if 语句的一个子句。在此子句里，第 16 行把父结点的数据复制给子结点，需要 $O(n)$时间；第 21～28 行的二重循环，计算完成未分配作业至少需要的时间估计值，需要 $O(n^2)$时间；第 30 行把结点插入优先队列，第 38 行取下队列首元素，需要 $O(cn^2)$时间。在算法的结束部分，第 41 行以及第 43 行的循环部分分别需要 $O(n)$时间和 $O(c)$时间。因此，算法在最坏情况下，需要 $O(cn^2)$时间。

因为共处理 c 个结点，每个结点需要 $O(n)$空间，因此在最坏情况下，算法的空间复杂度是 $O(cn)$。

7.3 单源最短路径问题

问题描述：给定有向赋权图 $G=(V,E)$，图中每一条边都具有非负长度，求从源顶点 s 到目标顶点 t 的最短路径问题。

7.3.1 分支限界法解单源最短路径问题的思想方法

根据分支限界法思想，解题思路描述为，把源顶点 s 作为根结点开始进行搜索。对源顶点 s 的所有邻接顶点都产生一个分支结点，估计从源点 s 经该邻接顶点到达目标顶点 t 的距离作为该分支结点的下界，然后选择下界最小的分支结点，对该分支结点所对应的顶点的所有邻接顶点继续进行上述的搜索。

例如，在图 7-3 中，源顶点为 a，目标顶点为 t。把 a 作为根结点进行搜索。a 有 3 个邻接顶点，因此产生 3 个分支结点，如图 7-4 所示。从顶点 a 到这 3 个分支结点所对应的顶点 b、c、d，其距离分别为 1、4、4。B 有两个邻接顶点 c 和 e，它们和 b 的距离分别为 2 和 9。如果从对应 b 的结点 1 继续搜索，则 b 到 t 的最短路径距离不会小于 1+min{2,9}=3。因此，可以把 3 作为结点 1 的下界。同样，结点 2 的下界为 4+min{3,6,3,4}=7，结点 3 的下界为 4+7=11。因此，可以选择结点 1 继续进行搜索。

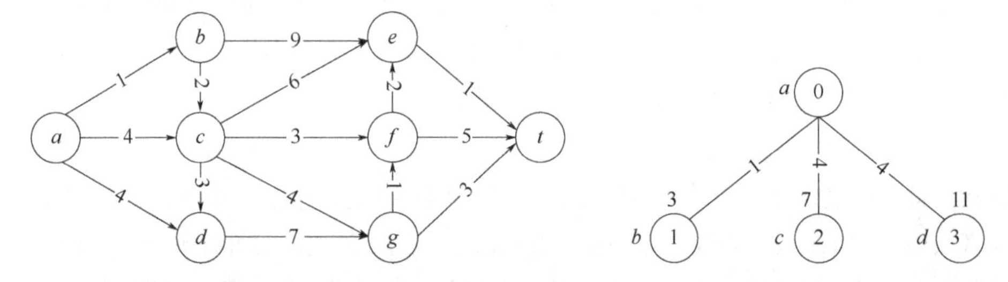

图 7-3　顶点 a 到顶点 t 的最短路径的有向赋权图　图 7-4　图 7-3 搜索树的第一层分支结点

假定 d(node)是搜索树中从根结点到结点 node 所对应的顶点 u 的路径长度，顶点 u 的邻接顶点为 $v_1,v_2,\cdots,v_l$，而 c_{u,v_i} 为顶点 u 到其邻接顶点 $v_i(i=1,\cdots,l)$的距离。令

$$h=\min(c_{u,v_1},c_{u,v_2},\cdots,c_{u,v_l}) \quad (7\text{-}2)$$

则结点 node 的下界 b(node)可表示为：

$$b(\text{node})=d(\text{node})+h \quad (7\text{-}3)$$

如果把顶点编号为 $0,1,\cdots,n-1$，用顶点邻接表来表示各顶点之间的邻接关系，用下面的数据结构来存放搜索树中的结点：

```
struct path_node{
    int   u;                              //该结点所对应的顶点
    int  path[n];                         //从源点开始的路径上的顶点编号
    int k;                                //当前搜索深度下，路径上的顶点个数
    int d;                                //从源点到本结点所对应顶点的路径长度
    float b;                              //经本结点到目标顶点最短路径长度下界
    struct path_node *next;
};
Typedef struct path_node PATH_NODE;
```

假定源顶点为 s，目标顶点为 t，用分支限界法求解单元最短路径问题的步骤可描述如下。

① 初始化：建立根结点 X，令根结点的 $X.u=s$，$X.k=1$，$X.\text{path}[0]=s$，$X.d=0$，$X.b=0$，当前可行解的最短路径下界 bound 置为∞。

② 令顶点 $X.u$ 所对应的顶点为 u，对 u 的所有邻接顶点 v_i，建立子结点 Y_i，把结点 X 的数据复制到结点 Y_i。

③ 令 $Y_i.u=v_i$，$Y_i.\text{path}[Y_i.k]=v_i$，$Y_i.k=Y_i.k+1$，$Y_i.d=Y_i.d+c_{u,v_i}$，对顶点 v_i 按式（7-2）和式（7-3）计算 h 和 $Y_i.b$。

④ 如果 $Y_i.b<\text{bound}$，转步骤⑤；否则剪去结点 Y_i，转步骤⑥。

⑤ 把结点 Y_i 插入优先队列。如果结点 $Y_i.u=t$，表明它是问题的一个可行解，用 $Y_i.b$ 更新当前可行解的最短路径长度下界 bound。

⑥ 取下优先队列首元素作为子树的根结点 X，若 $X.u=t$，表明它是问题的最优解，算法结束，数组 $X.\text{path}$ 存放从源点 s 到目标顶点 t 的最短路径上的顶点编号，$X.d$ 存放该路径的长度，否则，转步骤②。

【例 7.2】 用分支限界法求图 7-3 所示有向图。

具体步骤如下。

根结点 0 所对应的源点 a 有 3 个邻接顶点 b、c、d，分别为它们在根结点 0 下建立 3 个分支结点 1、2、3，其下界分别为 3、7、11。结点 1 的下界最小，选择从结点 1 继续进行搜索。

结点 1 对应的顶点 b 的邻接顶点 c 和 e，分别为它们建立分支结点 4 和 5，下界分别为 6 和 11。结点 4 的下界最小，选择从结点 4 继续进行搜索。

结点 4 对应的顶点 c 的邻接顶点 d、e、f、g，分别为它们建立分支结点 6、7、8、9，下界分别为 13、10、8、8。结点 2 的下界最小，选择从结点 2 继续进行搜索。

结点 2 对应的顶点也为 c，同样也为它的 4 个邻接顶点分别建立结点 10、11、12、

13，下界分别为 14、11、9、9。结点 8 的下界最小，选择从结点 8 继续进行搜索。

结点 8 对应的顶点 *f* 的邻接顶点为 *e*、*t*，分别为它们建立分支结点 14、15，下界分别为 9、11。这时结点 15 对应的顶点 *t* 是目标顶点，因此得到了一个可行解，路径为 *a*、*b*、*c*、*f*、*t*，路径长度为 11。它是当前可行解的下界。这时结点 9 的下界最小，选择从结点 9 继续搜索。

结点 9 对应顶点 *g* 的邻接顶点为 *f*、*t*，分别为它们建立分支结点 16、17，下界均为 10。这时结点 17 对应的顶点 *t* 是目标顶点，因此又得到了一个可行解，路径为 *a*、*b*、*c*、*g*、*t*，路径长度为 10。由它刷新当前可行解的下界。这时结点 14 的下界最小，选择从结点 14 继续搜索。

结点 14 对应顶点 *e* 的邻接顶点为 *t*，为它建立分支结点 18，下界为 9，从而得到了一个可行解，路径为 *a*、*b*、*c*、*f*、*e*、*t*，路径长度为 9；同时结点 18 的下界是所有结点中最小的，因此它是最优解，搜索结束。

从源点 *a* 到目标顶点 *t* 的最短路径的搜索过程如图 7-5 所示。

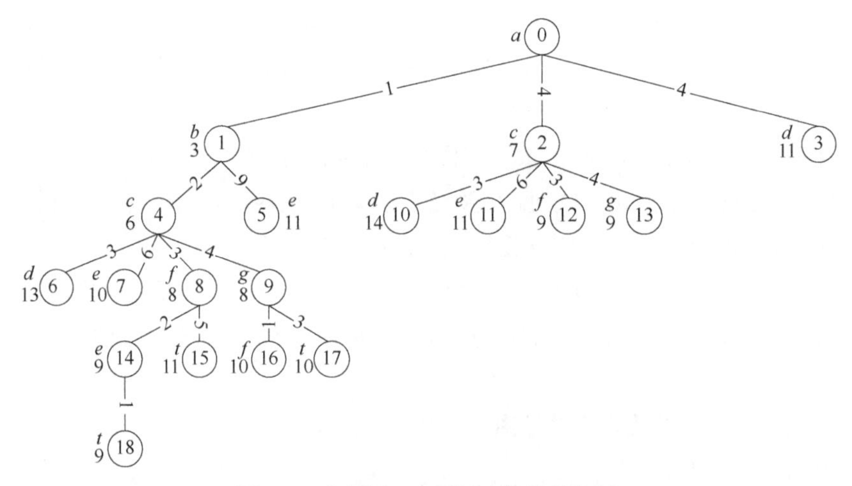

图 7-5　求解图 7-3 最短路径的搜索树

7.3.2　分支限界法解单源最短路径问题算法的实现

用下面的数据结构来存放顶点邻接表：

```
struct adj_list {                   //邻接表结点的数据结构
    int v_num;                      //邻接顶点编号
    float len;                      //邻接顶点与该顶点的距离
    struct adj_list *next;          //下一个邻接顶点
```

```
};
typedef struct adj_list NODE;
```

用变量 qbase 存放优先队列的首指针：

```
PATH_NODE *qbase;                          //优先队列的首指针
```

用下面两个函数对优先队列进行操作：

```
void Q_insert(PATH_NODE *qbase, PATH_NODE *xnode);
```

把 xnode 所指向的结点按路径长度下界插入优先队列 qbase 中，下界越小，优先性越高。

```
PATH_NODE *Q_delete(PATH_NODE *qbase);
```

取下并返回优先队列 qbase 的首元素。

于是，分支限界法解单源最短路径问题算法的实现描述如下。

算法 7.2 单源最短路径的分支限界算法。

输入：顶点个数 n，有向图的邻接表头结点 node[]，源顶点 s，目标顶点 t。

输出：源顶点 s 到目标顶点 t 最短路径的长度，最短路径上的顶点编号 path[]，顶点个数 k。

```
1.  #define MAX_FLOAT_NUM∞                              //最大的浮点数
2.  float shortest_path (NODE node[],int n,int s,int t,int path[],int
&k)
3.  {
4.      int i;
5.      PATH_NODE *xnode,*ynode,*qbase=NULL;
6.      NODE *pnode,*p;
7.      float h,bound=MAX_FLOAT_NUM;
8.      xnode=new PATH_NODE;                  //初始化 xnode 所指向的根结点
9.      xnode->u=xnode->path[0]=s;
10.     xnode->d=xnode->b=0;  xnode->k=1;
11.     for(i=1;i<n;i++)
12.         xnode->path[i]=-1;
13.     while(xnode->u!=t)  {              //结点所对应的顶点不是目标顶点
14.         pnode=node[xnode->u].next;        //取该顶点的邻接表指针
15.         while(pnode)  {
16.             if(pnode->v_num!=s)  {        //限制邻接顶点不是源顶点
17.                 ynode=new PATH_NODE;  //为邻接顶点建立一个结点
```

```
18.                    *ynode=*xnode;          //把父结点的数据复制给它
19.                    ynode->u=pnode->v_num;  //结点对应的顶点编号
20.                    ynode->path[k]=ynode->u;  //当前结点路径上的
顶点编号
21.                    ynode->k=ynode->k+1;    //路径上的顶点个数
22.                    ynode->d=ynode->d+pnode->len;   //当前结点路
径的长度
23.                    p=node[ynode->u].next;
24.                    if(p==NULL)   h=0;            //按式(7-2)计算 h
25.                     else  {
26.                          h=MAX_FLOAT_NUM;
27.                        while(p)  {
28.                            if(p->len<h)   h=p->len;
29.                            p=p->next;
30.                         }
31.                     }
32.                     ynode->b=ynode->d+h;
33.                     if(ynode->b<bound)  {  //小于可行解的最优下界
34.                         Q_insert(qbase,ynode);  //把结点按下界插
入优先队列
35.                         if(ynode->u==t)   //若已得到一个可行解
36.                              bound=ynode->b; //更新可行解的最优下界
37.                     }
38.                     else delete ynode; //大于可行解的最优下界，剪除
39.                 }
40.                 pnode=pnode->next;      //取下一个邻接顶点
41.           }
42.         delete xnode;                   //释放结点 xnode 的缓冲区
43.         xnode=Q_delete(qbase);          //取下队列首元素
44.     }
45.     h=xnode->d;                       //保存路径长度作为返回值返回
46.     k=xnode->k;
47.     for(i=0;i<k;i++)
48.         path[i]=xnode->path[i];
49.     while(qbase)  {                   //释放结点缓冲区
50.          xnode=Q_delete(qbase);
51.          delete xnode;
52.    }
53.    return h;
54.  }
```

算法的第 8～12 行，建立一个以 xnode 所指向的结点作为根结点，并对它进行初始化。第 13～44 行的 while 循环，实现最短路径的搜索。第 14 行取得当前结点所对应顶点邻接表中第一个邻接顶点的指针，为下面的工作做准备。第 15～41 行的 while 循环为当前结点所对应顶点的所有邻接顶点建立分支结点。第 16～39 行的 if 子句，如果邻接顶点不是源顶点，就为该邻接顶点建立一个分支结点。该分支结点继承父结点在此之前所得到的全部结果后，第 19 行更新该分支结点所对应的顶点编号，第 20 行把该顶点编号登记到路径上。第 23～32 行按式（7-2）和式（7-3）计算 h 和结点的下界。第 33～37 行判断该分支结点的下界是否小于当前可行解的下界 bound，如果是，则把该结点插入优先队列中，并继续判断该结点对应顶点是不是目标顶点 t；如果不是，表明已得到一个可行解，则用其下界来更新当前可行解的下界 bound。第 38 行，如果某个分支结点的下界大于当前可行解的下界 bound，则继续从该分支结点向下搜索已没有意义，因此舍弃该结点。最后，第 43 行再取下队列首元素作为新的父结点，按照上述步骤处理。这一过程一直继续，直到从队列取下的结点，其对应顶点是目标顶点 t，此时其下界必是所有结点中下界最小的，因此结束搜索。

算法的时间复杂度估计如下：第 8～12 行对父结点进行初始化，需要 $O(n)$时间。第 13～44 行的 while 循环，循环体的执行次数取决于所搜索的结点个数，假定为 c。循环体的执行时间取决于内部两个嵌套的 while 循环，即第 15～41 行的 while 循环和第 27～30 行的 while 循环，它们都与每个顶点的邻接顶点个数有关。假定源顶点和目标顶点不邻接，其他顶点在最坏情况下有 $n-2$ 个邻接顶点，则第 27～30 行的 while 循环需要 $O(n)$时间，而第 15～41 行的 while 循环需要 $O(n^2)$时间。因此，算法的时间复杂度为 $O(cn^2)$。

算法的空间复杂度取决于优先队列的结点个数，每个结点需要 $O(n)$空间存放路径的顶点编号，而队列的结点个数不会超过所搜索的结点个数，因此算法所需要的空间为 $O(cn)$。

7.4 0/1 背包问题

使用分支限界法来解决 0/1 背包问题，涉及分支的选择和界限的确定。

7.4.1 分支限界法解 0/1 背包问题的思想方法

假定 n 个物体重量分别为 $w_0,w_1,\cdots,w_{n-1}$，价值分别为 $p_0,p_1,\cdots,p_{n-1}$，背包载重量为

W。首先，仍然按价值重量比递减的顺序，对 n 个物体进行排序。令排序后物体序号的集合为 $S=\{0,1,\cdots,n-1\}$。把这些物体划分为 3 个集合：选择装入背包的物体集合 S_1，不选择装入背包的物体集合 S_2，尚待确定是否选择装入的物体集合 S_3。假定 $S_1(k)$、$S_2(k)$、$S_3(k)$分别表示在搜索深度为 k 时的 3 个集合中的物体，因此在开始时有：

$$S_1(0)=\phi \qquad S_2(0)=\phi \qquad S_3(0)=S=\{0,1,\cdots,n-1\}$$

分支方法：假设比值 p_i/w_i 最大的物体序号为 s（其中，$s\in S_3$），用 s 进行分支，一个分支结点表示把物体 s 装入背包，另一个分支结点表示不把物体 s 装入背包。当物体按价值重量比递减的顺序排序后，s 就是集合 $S_3(k)$中的第一个元素。特别地，当搜索深度为 k 时，物体 s 的序号就是集合 S 中的元素 k。于是，把物体 s 装入背包的分支结点作如下处理：

$$S_1(k+1)=S_1\{k\}\cup\{k\}$$
$$S_2(k+1)=S_2\{k\}$$
$$S_3(k+1)=S_3\{k\}-\{k\}$$

不把物体 s 装入背包的分支结点则作如下处理：

$$S_1(k+1)=S_1\{k\}$$
$$S_2(k+1)=S_2\{k\}\cup\{k\}$$
$$S_3(k+1)=S_3\{k\}-\{k\}$$

假定 $b(k)$表示在搜索深度为 k 时某个分支结点的背包中物体的价值上界。这时，$S_3(k)=\{k,k+1,\cdots,n-1\}$。用如下方法计算这两种分支结点的背包中物体价值的上界，若

$$W<\sum_{i\in S_1(k)} w_i$$

令

$$b(k)=0 \tag{7-4}$$

若

$$W=\sum_{i\in S_1(k)} w_i+\sum_{i=k}^{l-1} w_i+x_i.w_l, 0\leqslant x<1, k<l, k,\cdots,l\in S_3(k)$$

令

$$b(k)=\sum_{i\in S_i(k)} p_i+\sum_{i=k}^{l-1} p_i+x.p_l \tag{7-5}$$

令每个结点都包含集合当前 S_1、S_2、S_3 中的物体，以及搜索深度为 k、上界 b 等数据，用优先队列来存放结点表。这样，0/1 背包问题的分支限界法求解过程可叙述如下。

① 令当前可行解的最优上界 bound 为 0，把物体按价值重量比递减顺序排序。

② 建立根结点 X，令 $X.b=0$，$X.k=0$，$X.S_1=\phi$，$X.S_2=\phi$，$X.S_3=S$。

③ 若 $X.k=n$，算法结束，$X.S_1$ 即为装入背包中的物体，$X.b$ 即为装入背包中物

体的最大价值；否则，转步骤④。

④ 建立结点 Y，令 $Y.S_1 = X.S_1 \cup \{X.k\}, Y.S_2 = X.S_2, Y.S_3 = X.S_3 - \{X.k\}, Y.k = X.k+1$；按式（7-4）、式（7-5）计算 $Y.b$；$Y.b$ 与 bound 进行比较，处理是否插入优先队列和更新 bound。

⑤ 建立结点 Z，令 $Z.S_1=X.S_1$，$Z.S_2=X.S_2 \cup \{X.k\}$，$Z.S_3=X.S_3-\{X.k\}$，$Z.k=X.k+1$；按式（7-4）、式（7-5）计算 $Z.b$；把 $Z.b$ 与 bound 进行比较，处理是否插入优先队列和更新 bound。

⑥ 取下优先队列首元素于结点 X，转步骤③。

【例 7.3】 有 5 个物体，重量分别为 8、16、21、17、12，价值分别为 8、14、16、11、7，背包载重量为 37，求装入背包的物体及其价值。

首先对物体的极值重量比进行非递减排序。假定物体序号分别为 0、1、2、3、4。用分支限界法求解这个问题时，其搜索过程如图 7-6 所示。最后求得解为 $S_1=\{1,2\}$，最大价值为 30。

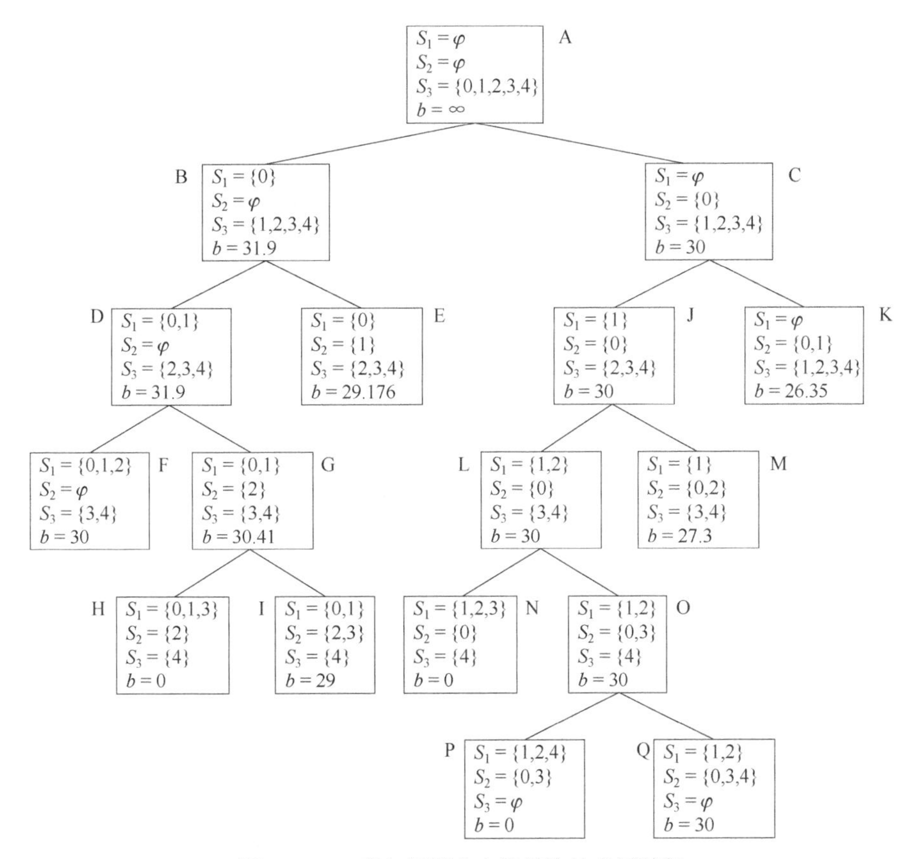

图 7-6　0/1 背包问题分支限界法的求解过程

7.4.2 0/1 背包问题分支限界算法的实现

用下面的数据结构来存放物体的有关信息：

```
typedef struct{
    float     w;              //物体重量
    float     p;              //物体价值
    float     v;              //物体的价值重量比
    int    num;               //物体排序前的初始序号
}OBJECT;
OBJECT    ob[n];
float   W;                    //背包载重量
```

用布尔数组来表示集合中的物体，相应元素为0，表示不存在相应物体；为1，表示存在相应物体。因为物体是按价值重量比递减顺序排序的，搜索深度 k 与物体装入背包的顺序存在对应关系，所以集合 S_2 和 S_3 可以隐含。这样，可以用下面的结构来存放结点中的数据：

```
struct knapnode{
    BOOL s1[n];                    //当前集合 S1 中的物体
    int k;                         //当前结点的搜索深度
    float b;                       //当前结点的价值上界
    float w;                       //当前集合 S1 中的物体重量
    float p;                       //当前集合 S1 中的物体价值
    struct knapnode *next;         //优先队列的链指针
};
typedef struct knapnode KNAPNODE;
```

用变量 qbase 指向优先队列的首元素，用变量 bound 存放当前搜索到的可行解的最优上界，用数组 obx 存放最终背包中物体的原始序号。

```
KNAPNODE *qbase;                //优先队列指针
float bound;                    //当前可行解的最优上界
int obx[n];                     //按原始序号存放的背包中的物体
```

用下面两个函数对优先队列进行操作：

```
void Q_insert(KNAPNODE *qbase,KNAPNODE *xnode);
```

把 xnode 所指向的结点按背包中物体的价值上界插入优先队列 qbase 中，上界越大，优先性越高。

```
KANPNODE *Q_delete(KNAPNODE *qbase);
```

取下并返回优先队列 qbase 的首元素。

使用 knap_bound 函数来计算分支结点的上界。Knap_bound 函数叙述如下：

```
1.  void knap_bound(KNAPNODE *node, float M, OBJECT ob[],int n)
2.  {
3.      int  i=node->k;
4.      float  w=node->w;
5.      float  p=node->p;
6.      if (node->w>M)                          //物体重量超过背包载重量
7.          node->b=0;                         //上界置为 0
8.      else {                                 //否则，确定背包的剩余载重量
9.      while( (w+ob[i].w<=M)&&(i<n)) {       //继续装入可得到的最大价值
10.         w+=ob[i].w;
11.         p+=ob[i++].p;
12.     }
13.     if(i<n)
14.         node->b=p+(M-w)*ob[i].p/ob[i].w;
15.     else
16.        node->b=p;
17.    }
18. }
```

这个函数的执行时间，在最好的情况下是 $O(1)$时间，在最坏的情况下是 $O(n)$ 时间。这样，0/1 背包问题分支限界算法可叙述如下。

算法 7.3 用分支限界方法实现 0/1 背包问题。

输入：包含 n 个物体的重量和价值的数组 ob[],背包载重量 M。

输出：最优装入背包的物体 obx[],装入背包的物体个数 k,装入背包的物体价值。

```
1.  float knapsack_bound(OBJECT ob[],float M,int n,int obx[],int &k)
2.  {
3.      int i;
4.      float v,bound=0;
5.      KNAPNODE *xnode,*ynode,*znode,*qbase=NULL;
6.      for(i=0;i<n;i++)  {
7.           ob[i].v=ob[i].p/ob[i].w;           //计算物体的价值重量比
8.           ob[i].num=i; obx[i]=-1;            //物体排序前的原始序号
```

```
9.      }
10.      merge_sort(ob,n);                          //物体按价值重量比排序
11.      xnode=new KANPNODE;                       //建立父结点 x
12.      for(i=0;i<n;i++)                             //结点 x 初始化
13.           xnode->s1[i]=FALSE;
14.      xnode->p=xnode->w=0;
15.      xnode->k=0;
16.      while(xnode->k<n)  {
17.           ynode=new KNAPNODE;            //建立结点 y
18.           *ynode=*xnode;                      //结点 x 的数据复制到结点 y
19.           ynode->s1[ynode->k]=TRUE;         //装入第 k 个物体
20.           ynode->w+=ob[ynode->k].w;         //背包中物体重量累计
21.           ynode->p+=ob[ynode->k].p;         //背包中物体价值累计
22.           ynode->k++;                         //搜索深度加 1
23.           knap_bound(ynode,M,ob,n);          //计算结点 y 的上界
24.           if (ynode->b>bound)  {             //上界高于当前可行解的最优值
25.                Q_insert(qbase,ynode);  //结点 y 按上界插入优先队列
26.                if (ynode->k==n)        //结点 y 为叶子结点
27.                     bound=ynode->b;    //更新当前可行解的最优值
28.           }
29.           else delete ynode;            //剪去结点 y
30.           znode=new KANPNODE;           //建立结点 z
31.           *znode=*xnode;                //结点 x 的数据复制到结点 z
32.           znode->k++;                   //搜索深度加 1
33.           knap_bound(znode,M,ob,n);     //计算结点 z 的上界
34.           if (znode->b>bound)  {
35.                Q_insert(qbase,znode);      //结点 z 按上界插入优先队列
36.                if(znode->k==n)
37.                     bound=znode->b;
38.           }
39.           else delete znode;
40.           delete xnode;                 //释放结点 x 的缓冲区
41.           xnode=Q_delete(qbase);       //取下队列首元素作为新的父结点
42.      }
43.      v=xnode->p;   k=0;
44.      for(i=0;i<n;i++)                      //取装入背包中物体在排序前的序号
45.             if(xnode->s1[i])
46.                  obx[k++]=ob[i].num;
```

```
47.     delete xnode;                  //释放 x 结点缓冲区
48.     while (qbase)  {               //释放队列结点缓冲区
49.         xnode=Q_delete(qbase);
50.         delete xnode;
51.     }
52.     return v;                      //返回背包中物体的价值
53. }
```

该算法分为 3 个部分：第 6～15 行是初始化部分，第 16～42 行是算法的搜索部分，第 43～52 行是算法的结束部分。第 7 行计算物体的价值重量比；第 8 行把物体在排序前的原始序号保存在结构变量 ob 的成员变量 num 中，并把数组 obx 的成员初始化为-1；第 10 行把物体按价值重量比的递减顺序排序；第 11～15 行建立一个父结点，把结点中表示背包所装入的物体集合的数组 S_1 的所有元素初始化为假，把结点中表示背包所装入物体的重量、价值、搜索深度等变量都初始化为 0。算法的主要工作由第 16～42 行的 while 循环完成。如果有 xnode 所指向的结点的搜索深度 k 小于 n，就继续执行循环体。循环体由两个主要部分组成：第 17～29 行处理把物体 k 装入背包的分支结点，计算装入物体 k 后的上界，再按上界的值处理是否插入队列；第 30～39 行处理不把物体 k 装入背包的分支结点，计算在这种情况下的上界，再按上界的值处理是否插入队列。第 40 行释放 xnode 所指向的缓冲区；第 41 行从队列中取下上界最大的元素，并使 xnode 指向这个元素。这时，如果 xnode 所指向的结点搜索深度 k 等于 n，说明该结点已完成搜索，并且是上界中的最大者，因此是最优装入的方案。算法的最后部分是释放缓冲区及返回结果的处理。

算法的时间复杂度估计如下：算法的第 6～15 行中，第 6～9 行的 for 循环需要花费 $O(n)$时间，第 10 行执行排序算法需要花费 $O(n\log n)$时间；第 11～15 行对父结点进行初始化，需要花费 $O(n)$时间。第 16～42 行的 while 循环，循环体的执行次数取决于所搜索的结点个数，假定搜索的结点个数为 c。第 18 行和第 31 行，复制结点中的数据，需花费 $O(n)$时间；第 23 行和第 33 行的计算上界的工作，需花费 $O(n)$时间；第 25、35、41 行的队列操作，需花费 $O(n)$时间；其余花费 $O(1)$时间。因此，第 16～42 行的 while 循环，需花费 $O(cn)$时间。最后，在第 43～52 行中，第 44～46 行的 for 循环把背包中的物体按原始序号存放在数组 obx 中需 $O(n)$时间；第 48～50 行的 while 循环释放队列中存放的结点的存储空间，需 $O(c)$时间。综上所述，在最坏情况下，该算法需花费 $O(cn)$时间。

因为每一个结点需 $O(n)$空间，因此空间复杂度也是 $O(cn)$。

7.5 货郎担问题

令 $G=(V,E)$是一个有向赋权图，顶点集合为 $V=(v_0,v_1,\cdots,v_{n-1})$。货郎担问题可描述为：求从图中任一顶点 v_i 出发，经图中所有其他顶点一次且只有一次，最后回到同一顶点 v_i 的最短路径。这个问题，也就是求图的最短汉密尔顿回路问题。假定 c 为图的邻接矩阵，c_{ij} 表示顶点 v_i 到顶点 v_j 的关联边的长度(它可以是某种费用，例如城市 v_i 到城市 v_j 的交通费用或通信线路的花费等，因此又把 c 称为费用矩阵)。使用分支限界法来解决此问题，首先要确定选择哪一条边进行分支，以及怎么计算其下界。

7.5.1 费用矩阵的特性及归约

假定 l 是图 G 的一条最短的汉密尔顿回路，$w(l)$是这条回路的费用。因为费用矩阵中的元素 c_{ij} 表示顶点 v_i 到顶点 v_j 的关联边的费用，根据汉密尔顿回路的性质，它和费用矩阵 $\boldsymbol{c}$ 中的元素有如下关系。

引理 7.1 令 $G=(V,E)$是一个有向赋权图，l 是图 G 的一条汉密尔顿回路，$\boldsymbol{c}$ 是图 G 的费用矩阵，则回路上的边对应于费用矩阵 $\boldsymbol{c}$ 中每行每列各一个元素。

例如，如图 7-7(a)所示为一个 5 城市的货郎担问题的费用矩阵，令 $l=v_0v_3v_1v_4v_2v_0$ 是汉密尔顿回路，回路上的边对应于费用矩阵中的元素 $c_{03},c_{31},c_{14},c_{42},c_{20}$。可以看到，费用矩阵中的每一行和每一列都有且只有一个元素与回路中的边相对应。

定义 7.1 费用矩阵 $\boldsymbol{c}$ 的第 i 行(或第 j 列)中的每个元素减去一个正常数 lh_i(或 ch_j)，得到一个新的费用矩阵 $\boldsymbol{c}'$，使得 $\boldsymbol{c}'$中第 i 行(或第 j 列)中的最小元素为 0，称为费用矩阵的行归约(或列归约)。称 lh_i 为行归约常数，称 ch_j 为列归约常数。

例如，把图 7-7（a）中的每一行都进行行归约，第 0 行的每一个元素都减去 25，第 1 行的每一个元素都减去 5，第 2 行的每一个元素都减去 1，第 3 行的每一个元素都减去 6，第 4 行的每一个元素都减去 7，得到行归约常数 $lh_0=25$，$lh_1=5$，$lh_2=1$，$lh_3=6$，$lh_4=7$，所得结果如图 7-7（b）所示。把图 7-7（b）的第 3 列进行列归约，得到列归约常数 $ch_3=4$，所得结果如图 7-7（c）所示。

定义 7.2 对费用矩阵 $\boldsymbol{c}$ 的每一行和每一列都进行行归约和列归约，得到一个新的费用矩阵 $\boldsymbol{c}'$，使得 $\boldsymbol{c}'$中每一行和每一列至少都有一个元素为 0，称为费用矩阵的归约。矩阵 $\boldsymbol{c}'$称为费用矩阵 $\boldsymbol{c}$ 的归约矩阵。称常数 h

$$h=\sum_{i=0}^{n-1} lh_i+\sum_{i=0}^{n-1} ch_i \qquad (7\text{-}6)$$

(a)

	0	1	2	3	4
0	∞	25	41	32	28
1	5	∞	18	31	26
2	20	16	∞	7	1
3	10	51	25	∞	6
4	23	9	7	11	∞

(b)

	0	1	2	3	4	
0	∞	25	41	32	28	$lh_0=25$
1	5	∞	18	31	26	$lh_1=5$
2	20	16	∞	7	1	$lh_2=1$
3	10	51	25	∞	6	$lh_3=6$
4	23	9	7	11	∞	$lh_4=7$

(c)

	0	1	2	3	4
0	∞	0	16	3	3
1	0	∞	13	22	21
2	19	15	∞	2	0
3	4	45	19	∞	0
4	16	2	0	0	∞

图 7-7　5 城市货郎担问题的费用矩阵及其归约

为矩阵 $\boldsymbol{c}$ 的归约常数。

例如，对图 7-7（a）中的费用矩阵进行归约，得到图 7-7（c）所示的费用矩阵，该矩阵称为图 7-7（a）中的费用矩阵的归约矩阵。此时，归约常数 h 为：

$$h=25+5+1+6+7+4=48$$

定理 7.1　令 $G=(V,E)$是一个有向赋权图，l 是图 G 的一条汉密尔顿回路，$\boldsymbol{c}$ 是图 G 的费用矩阵，$w(l)$是以费用矩阵 $\boldsymbol{c}$ 计算的这条回路的费用。如果矩阵 $\boldsymbol{c}'$是费用矩阵 $\boldsymbol{c}$ 的归约矩阵，归约常数为 h，$w'(l)$是以费用矩阵 $\boldsymbol{c}'$计算的这条回路的费用，则有：

$$w(l)=w'(l)+h \qquad (7\text{-}7)$$

定理 7.2　令 $G=(V,E)$是一个有向赋权图，l 是图 G 的一条最短的汉密尔顿回路，$\boldsymbol{c}$ 是图 G 的费用矩阵，$\boldsymbol{c}'$是费用矩阵 $\boldsymbol{c}$ 的归约矩阵，G'是与费用矩阵 $\boldsymbol{c}'$相对应的图，$\boldsymbol{c}'$是图 G'的邻接矩阵，则 l 也是图 G'的一条最短的汉密尔顿回路。

7.5.2　分支限界法解最短汉密尔顿回路的思想

按照定理 7.1、7.2，求解图 G 的最短汉密尔顿回路问题，可以先求图 G 费用矩阵 $\boldsymbol{c}$ 的归约矩阵 $\boldsymbol{c}'$，得到归约常数 h 之后，再转换为求取与费用矩阵 $\boldsymbol{c}'$相对应的图 G'的最短汉密尔顿回路问题。令 $w(l)$是图 G 的最短汉密尔顿回路的费用，$w'(l)$是图 G'的最短汉密尔顿回路的费用，由定理 7.1，有 $w(l)=w'(l)+h$。由此得出，图 G 的最短汉密尔顿回路的费用，最少不会少于归约常数 h。因此，图 G 的费用矩阵 $\boldsymbol{c}$ 的归约常数 h，便是货郎担问题状态空间树中根结点的下界。

例如，在图 7-7（a）所示的 5 城市货郎担问题中，图 7-7（c）所示的费用矩阵是其归约矩阵，归约常数 48 便是该问题的下界，说明该问题的最小费用不会少于 48。

7.5.2.1 界限的确定

选取沿着某一条边出发的路径，作为进行搜索的一个分支结点，把这个结点称为结点 Y；不沿该条边出发的其他所有路径集合，作为进行搜索的另一个分支结点，把这个结点称为结点 Y'。仍以图 7-7（a）及图 7-7（c）所示的 5 城市货郎担问题的费用矩阵及其归约矩阵为例。如果选取从顶点 v_1 出发，沿着(v_1,v_0)的边前进，则该回路的边必然包含费用矩阵中的 c'_{10}。根据引理 7.1，回路中恰好包含费用矩阵 $\boldsymbol{c}'$中不同行不同列的元素各一个。因此，费用矩阵 $\boldsymbol{c}'$中的第 1 行和第 0 列的所有元素，在后续的计算中将不再起作用，可以把它们删去。另外，回路中也肯定不会包含边(v_0,v_1)，否则，将构成一个由边(v_1,v_0)和边(v_0,v_1)所组成的小回路，从而使所构成的回路不再成为汉密尔顿回路。因此，可以把边(v_0,v_1)断开，即把元素 c'_{01} 置为∞。经上述处理后，图 7-7（c）中 5×5 的归约矩阵，可以降阶为图 7-7（b）所示的 4×4 的矩阵。对这个矩阵进一步进行归约，得到图 7-7（c）所示的归约矩阵，其归约常数为 5。而图 7-7（a）中的费用矩阵归约为图 7-7（c）中的费用矩阵时，归约常数为 48。根据定理 7.1 和定理 7.2，沿着边(v_1,v_0)出发的回路，其费用肯定不会少于 48+5。因此，就可以把这个数据作为结点 Y 的下界。它表明沿着顶点 v_1 出发，经边(v_1,v_0)的回路，其费用不会少于 48+5=53。

当搜索深度为 m，并选取沿着某一条边 v_iv_j 出发，作为进行搜索的一个分支结点时，一般情况下必须进行如下处理：

① 删除费用矩阵的第 i 行及第 j 列的所有元素，把原来 $n-m$ 阶的费用矩阵降阶为 $n-m-1$ 阶。

② 在费用矩阵中，把 c_{ji} 置为∞，因为今后不会经过边 v_jv_i。

	0	1	2	3	4
0	∞	0	16	3	3
1	0	∞	13	22	21
2	19	15	∞	2	0
3	4	45	19	∞	0
4	16	2	0	0	∞

	1	2	3	4
0	∞	16	3	3
2	15	∞	2	0
3	45	19	∞	0
4	2	0	0	∞

$ch_1=2$	1	2	3	4	
0	∞	13	0	0	$lh_0=3$
2	13	∞	2	0	
3	43	19	∞	0	
4	0	0	0	∞	

图 7-8　Y 结点对费用矩阵的降阶处理

一般情况下，假定父结点为 X，$w(X)$是父结点的下界。现在，选择沿 v_iv_j 边向下搜索作为其一个分支结点，令该结点为 Y；沿其他非 v_iv_j 边向下搜索作为其另一个分支结点，令该结点为 Y'。经过上述步骤处理之后，费用矩阵被进一步降阶和归约，并得到降阶后的归约常数，设为 h，如图 7-8 所示。则结点 Y 的下界可由式

（7-8）确定。

$$w(Y)=w(X)+h \tag{7-8}$$

因为 Y'结点是沿其他非 v_iv_j 边向下搜索的分支结点，所以回路中不会包含 v_iv_j 边。这样可以把 Y'结点相应的费用矩阵中的 c_{ij} 置为∞。同时，根据引理 7.1，它必然包含费用矩阵中第 i 行的某个元素，以及第 j 列的某个元素。如果令 d_{ij} 为第 i 行中除 c_{ij} 外的最小元素与第 j 列中除 c_{ij} 外的最小元素之和，即

$$d_{ij} = \min_{0\leqslant k\leqslant n-1, k\neq j}\{c_{ik}\} + \min_{0\leqslant k\leqslant n-1, k\neq i}\{c_{kj}\} \tag{7-9}$$

则结点 Y'的下界可由下式确定：

$$w(Y')=w(X)+d_{ij} \tag{7-10}$$

例如，在图 7-7（a）中，如果根结点作为父结点 X，则 $w(X)$=48。这时，如果选择边(v_1,v_0)向下搜索作为其一个分支结点，令该结点为 Y，则经过上述处理之后的费用矩阵和归约常数如图 7-8 所示。于是，结点为 Y 的下界为：

$$w(Y)=w(X)+h=48+5=53$$

而结点 Y'的下界为：

$$w(Y')=w(X)+d_{ij}=48+4+13=65$$

7.5.2.2 分支的选择

在明确了 Y 结点及 Y'结点下界的确定方法之后，现在考虑分支的选择方法。在从父结点处理完毕的归约矩阵 $\boldsymbol{c}$ 中，每行每列至少包含一个其值为 0 的元素。于是，分支的选择按照下面两个思路进行：

沿 c_{ij}=0 的方向选择，使所选择的路线尽可能短。

沿 d_{ij} 最大的方向选择，使 $w(Y')$尽可能大。

第一点是显而易见的。第二点是考虑到 Y 结点有一个明确的选择方向，而 Y' 结点尚没有明确的选择方向。如果能够使 $w(Y')\geqslant w(Y)$，使搜索方向尽可能沿着 Y 结点方向进行，将加快解题的速度。

因此，令 S 是费用矩阵中 c_{ij}=0 的元素集合，D_{kl} 是 S 中使 d_{ij} 达最大的元素 d_{kl}，即

$$D_{kl} = \max_{S}\{d_{ij}\} \tag{7-11}$$

则边 v_kv_l 就是所要选择的分支方向。

例如，在图 7-7（a）所示的 5 城市货郎担问题的费用矩阵中，当从根结点 X 开始向下搜索时，把图 7-7（a）所示费用矩阵归约为图 7-7（c）所示矩阵，得到根结点的下界 $w(X)$=48 后，此时有 $c_{01}=c_{10}=c_{24}=c_{34}=c_{42}=c_{43}=0$，其搜索方向的选择如下：

$$d_{01}=3+2=5 \qquad d_{10}=13+4=17 \qquad d_{24}=2+0=2$$
$$d_{34}=4+0=4 \qquad d_{42}=0+13=13 \qquad d_{43}=0+2=2$$

则使 d_{ij} 达最大的元素是 d_{10}=17。因此，D_{kl}=d_{10}=17。由此确定所选择的方向为边 v_1v_0 并可据此建立两个分支结点 Y 和 Y'。此时，可以直接用式（7-12）来代替式（7-10）：

$$w(Y')=w(X)+D_{kl} \tag{7-12}$$

7.5.3 货郎担问题的求解过程

使用分支限界法的求解过程中，将动态地生成很多结点，用结点表来存放动态生成的结点信息。因为必须按费用的下界来确定搜索的方向，因此可以用优先队列或堆来维护结点表。在此使用优先队列来维护结点表。至此，用分支限界法求解货郎担问题的求解过程可叙述如下。

① 令当前可行解的最优下界 bound 置为∞。

② 建立父结点 X，令结点 X 的费用矩阵是 $\boldsymbol{X.c}$，把费用矩阵 $\boldsymbol{c}$ 复制到 $\boldsymbol{X.c}$，费用矩阵的阶数 $X.k$ 初始化为 n；归约 $\boldsymbol{X.c}$，计算归约常数 h，令结点 X 的下界 $X.w=h$；初始化回路的顶点邻接表 $X.ad$。

③ 按式（7-9），由 $\boldsymbol{X.c}$ 中所有 c_{ij}=0 的元素 c_{ij}，计算 d_{ij}。

④ 按式（7-11），选取使 d_{ij} 最大的元素 d_{kl} 作为 D_{kl}，选择边 v_kv_l 作为分支方向。

⑤ 建立子结点 Y'，把 X 的费用矩阵 $\boldsymbol{X.c}$ 复制到 $\boldsymbol{Y'.c}$，把 X 的回路顶点邻接表 $X.ad$ 复制到 $Y'.ad$，$X.k$ 复制到 $Y'.k$；把 $\boldsymbol{Y'.c}$ 中的元素 c_{kl} 置为∞，归约 $\boldsymbol{Y'.c}$；按式（7-12）计算结点 Y'的下界 $Y'.w$；把结点 Y'的 $Y'.w$ 与 bound 进行比较，处理是否插入优先队列。

⑥ 建立子结点 Y，把 X 的费用矩阵 $\boldsymbol{X.c}$ 复制到 $\boldsymbol{Y.c}$，把 X 的回路顶点邻接表 $X.ad$ 复制到 $Y.ad$，$X.k$ 复制到 $Y.k$；c_{lk} 置为∞。

⑦ 删去 $\boldsymbol{Y.c}$ 的第 k 行第 1 列元素，使 $Y.k$−1，从而使费用矩阵 $\boldsymbol{Y.c}$ 的阶数−1；归约降阶后的费用矩阵 $\boldsymbol{Y.c}$，按式（7-8）计算结点 Y 的下界 $Y.w$。

⑧ 若 $Y.k$=2，直接判断最短回路的两条边，并登记于回路邻接表 $Y.ad$，使 $Y.k$=0。

⑨ 把结点 Y 的 $Y.w$ 与 bound 进行比较，处理是否插入优先队列和更新 bound。

⑩ 取下优先队列元素作为结点 X，若 $X.k$=0，算法结束；否则，转步骤③。

【例 7.4】 求解图 7-7（a）所示的 5 城市货郎担问题。

① 开始时，建立一个父结点 X，把费用矩阵 $\boldsymbol{c}$ 复制到 $\boldsymbol{X.c}$，把回路结点邻接表 $X.ad$ 初始化为空，$X.k$=5；归约 $\boldsymbol{X.c}$，得到归约常数 48，它也是结点 X 的下界 $X.w$；

此时，结点 X 对应于图 7-9 所示搜索树中的结点 A。

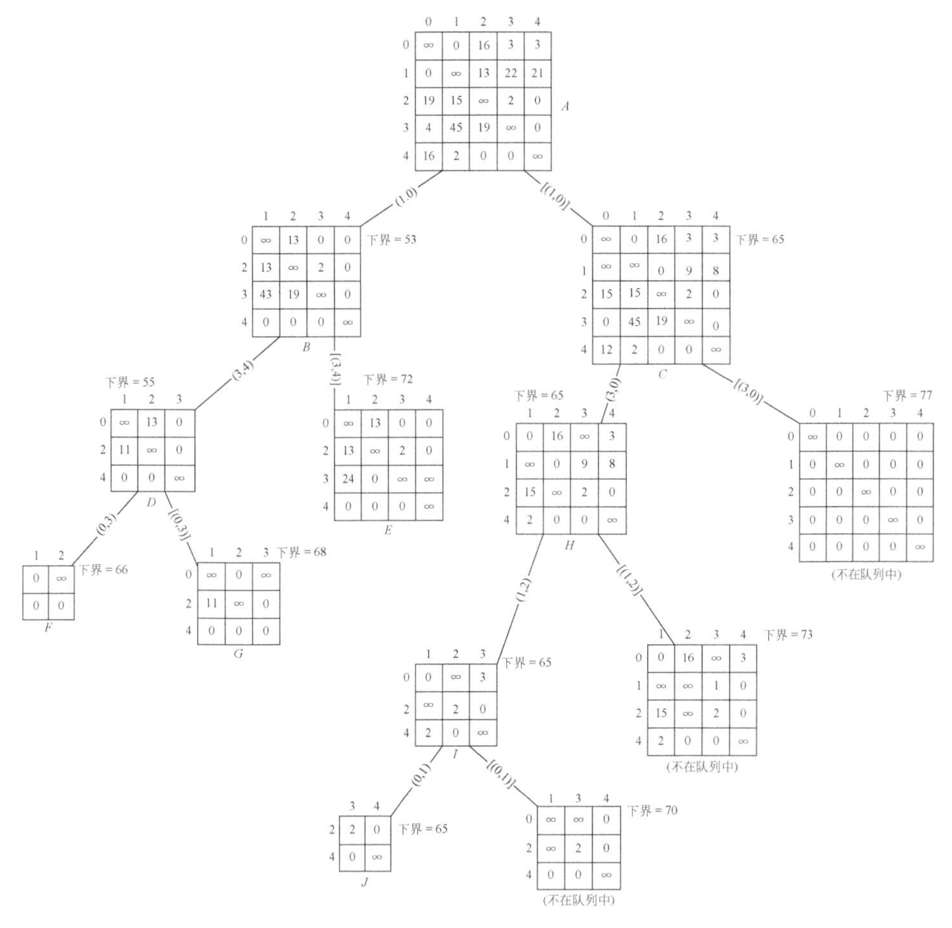

图 7-9　用分支限界法解 5 城市货郎担问题的过程

② 由 $\boldsymbol{X.c}$ 计算最大的 D_{kl}，得到 D_{10}=17，故选取边 v_1v_0 作为左子树的搜索方向；先建立结点 Y' 作为右子树，把结点 X 的所有数据复制到结点 Y'。此时，$Y'.ad$ 仍为空；$Y'.k$=5；把 $\boldsymbol{Y'.c}$ 中的 c_{10} 置为∞，归约 $\boldsymbol{Y'.c}$；$Y'.w$=48+165=213；把结点 Y' 按 $Y'.w$ 插入优先队列；此时结点 Y' 相应于图 7-9 搜索树中的结点 C。

③ 建立结点 Y 作为左子树，把结点 X 的所有数据复制到结点 Y；把边 v_1v_0 登记到回路结点邻接表 $Y.ad$；把 $\boldsymbol{Y.c}$ 中的 c_{01} 置为∞；删去 $\boldsymbol{Y.c}$ 中第 1 行第 0 列的所有元素，$Y.k$ 减为 4；归约 $\boldsymbol{Y.c}$，得到归约常数 5，故 $Y.w$=48+5=53；把结点 Y 按 $Y.w$ 插入优先队列，则结点 Y 为队列首元素；此时，结点 Y 对应于图 7-9 所示搜索树中的结点 B。

④ 取下队列首元素作为新的结点 X，则 X 为结点 B，而结点 C 成为新的队列首元素。

⑤ 由 $\boldsymbol{X.c}$ 计算最大的 D_{kl}，得到 D_{34}=19，故选取边 v_3v_4 作为左子树的搜索方向；先建立结点 Y'作为右子树，把结点 X 的所有数据复制到结点 Y'；此时，$Y'.ad$ 有边 v_1v_0，$Y'.k$=4；把 $\boldsymbol{Y'.c}$ 中的 c_{34} 置为∞，归约 $\boldsymbol{Y'.c}$；$Y'.w$=53+19=72；把结点 Y'按 $Y'.w$ 插入优先队列，结点 C 仍为队列首元素；此时，结点 Y'对应于图 7-9 所示搜索树中的结点 E。

⑥ 建立结点 Y 作为 X 的左子树，把结点 X 的所有数据复制到结点 Y；把边 v_3v_4 登记到回路结点邻接表 $Y.ad$，现在 $Y.ad$ 中包含边 v_1v_0、v_3v_4；把 $\boldsymbol{Y.c}$ 中的 c_{43} 置为∞；删去 $\boldsymbol{Y.c}$ 中第 3 行第 4 列的所有元素，$Y.k$ 减为 3；归约 $\boldsymbol{Y.c}$，得到归约常数 2，故 $Y.w$=53+2=55；把结点 Y 按 $Y.w$ 插入优先队列，则结点 Y 成为队列首元素；此时，结点 Y 对应于图 7-9 所示搜索树中的结点 D。

⑦ 取下队列首元素作为新的结点 X，则 X 为结点 D，而结点 C 又成为新的队列首元素。

⑧ 由 $\boldsymbol{X.c}$ 计算最大的 D_{kl}，得到 D_{03}=13，故选取边 v_0v_3 作为左子树的搜索方向；先建立结点 Y'作为右子树，把结点 X 的所有数据复制到结点 Y'；此时，$Y'.ad$ 有边 v_1v_0、v_3v_4；把 $\boldsymbol{Y'.c}$ 中的 c_{03} 置为∞，归约 $\boldsymbol{Y'.c}$；$Y'.w$=55+13=68；把结点 Y'按 $Y'.w$ 插入优先队列，结点 C 仍为队列首元素；此时，结点 Y'对应于图 7-9 所示搜索树中的结点 G。

⑨ 建立结点 Y 作为 X 的左子树，把结点 X 的所有数据复制到结点 Y；把边 v_0v_3 登记到回路结点邻接表 $Y.ad$，现在 $Y.ad$ 中包含边 v_1v_0、v_3v_4、v_0v_3；把 $\boldsymbol{Y.c}$ 中的 c_{30} 置为∞；删去 $\boldsymbol{Y.c}$ 中的第 0 行第 3 列的所有元素，$Y.k$ 减为 2；归约 $\boldsymbol{Y.c}$，得到归约常数 11，故 Y=55+11=66。

⑩ 此时，$Y.k$ 为 2，直接从 $\boldsymbol{Y.c}$ 中得到最短的边 v_2v_1、v_4v_2，把它登记到 $Y.ad$ 中；$Y.k$ 减为 0；$Y.ad$ 现在包含边 v_1v_0、v_3v_4、v_0v_3、v_2v_1、v_4v_2，是一条汉密尔顿回路，因此得到一个可行解；把 bound 更新为 66，把结点 Y 按 $Y.w$ 插入优先队列，结点 C 仍为队列首元素；此时，结点 Y 对应于图 7-9 所示搜索树中的结点 F。

⑪ 取下队列首元素作为新的结点 X，则结点 C 成为新的结点 X，而结点 F 成为新的队列首元素；此时，$X.k$ 为 5，而 $X.w$=65，说明刚获得的汉密尔顿回路不一定是最短的回路，于是继续从结点 C 进行搜索。

⑫ 由 $\boldsymbol{X.c}$ 计算最大的 D_{kl}，得到 D_{30}=12，故选取边 v_3v_0 作为左子树的搜索方向；先建立结点 Y'作为右子树，把结点 X 的所有数据复制到结点 Y'；此时，$Y'.ad$ 仍为空，$Y'.k$ 仍为 5；把 $\boldsymbol{Y'.c}$ 中的 c_{30} 置为∞，归约 $\boldsymbol{Y'.c}$；$Y'.w$=65+12=77，大于当前可行解 bound 的最优值，故结点 Y'被剪去。

⑬ 建立结点 Y 作为 X 的左子树，把结点 X 的所有数据复制到结点 Y；把边 v_3v_0 登记到回路结点连接表 $Y.ad$，现在 $Y.ad$ 中仅包含边 v_3v_0；把 $\boldsymbol{Y.c}$ 中的 c_{03} 置为∞；删去 $\boldsymbol{Y.c}$ 中第 3 行第 0 列的所有元素，$Y.k$ 减为 4；归约 $\boldsymbol{Y.c}$，归约常数为 0，故 $Y.w$=65+0=65，小于 bound 的当前值，故把结点 Y 按 $Y.w$ 插入优先队列，则它成为新的队列首元素；此时，结点 Y 对应于图 7-9 所示搜索树中的结点 H。

⑭ 取下队列首元素，即结点 H 作为新的结点 X，而结点 F 又成为队列首元素。

⑮ 由 $\boldsymbol{X.c}$ 计算最大的 D_{kl}，得到 D_{12}=8，故选取边 v_1v_2 作为左子树的搜索方向；建立结点 Y'作为右子树，把结点 X 的所有数据复制到结点 Y'；此时 $Y'.k$ 为 4，$Y'.ad$ 包含边 v_3v_0；把 $\boldsymbol{Y'.c}$ 中的 c_{12} 置为∞，归约 $\boldsymbol{Y'.c}$；$Y'.w$=65+8=73，大于 bound 的当前值，故结点 Y'被剪去。

⑯ 建立结点 Y 作为 X 的左子树，把结点 X 的所有数据复制到结点 Y；把边 v_1v_2 登记到回路结点邻接表 $Y.ad$，现在 $Y.ad$ 中包含边 v_3v_0、v_1v_2；把 $\boldsymbol{Y.c}$ 中的 c_{21} 置为∞；删去 $\boldsymbol{Y.c}$ 中第 1 行第 2 列的所有元素，使 $Y.k$ 减为 3；归约 $\boldsymbol{Y.c}$，归约常数为 0，故 $Y.w$=65+0=65，小于 bound 的当前值，故把结点 Y 按 $Y.w$ 插入优先队列，则它成为新的队列首元素；此时，结点 Y 对应于图 7-9 所示搜索树中的结点 I。

⑰ 取下队列首元素，即结点 I 作为新的结点 X，而结点 F 又成为新的队列首元素。

⑱ 由 $\boldsymbol{X.c}$ 计算最大的 D_{kl}，得到 D_{01}=5，故选取边 v_0v_1 作为左子树的搜索方向；建立结点 Y'作为右子树，把结点 X 的所有数据辅助到结点；此时，$Y'.k$ 为 3，$Y'.ad$ 有边 v_3v_0、v_1v_2；把 $\boldsymbol{Y'.c}$ 中的 c_{01} 置为∞，归约 $\boldsymbol{Y'.c}$；$Y'.w$=65+3+2=70，大于 bound 的当前值，故结点 Y'被剪去。

⑲ 建立结点 Y 作为 X 的左子树，把结点 X 的所有数据复制到结点 Y；把边 v_0v_1 登记到回路结点邻接表 $Y.ad$，现在 $Y.ad$ 中包含边 v_3v_0、v_1v_2、v_0v_1；把 $\boldsymbol{Y.c}$ 中的 c_{10} 置为∞；删去 $\boldsymbol{Y.c}$ 中第 0 行第 1 列的所有元素，则 $Y.k$ 减为 2；归约 $\boldsymbol{Y.c}$，归约常数为 0，故 Y=65+0=65。

⑳ 此时，$Y.k$ 为 2，直接从 $\boldsymbol{Y.c}$ 中得到最短的边 v_2v_4、v_4v_3，把它登记到 $Y.ad$ 中；$Y.k$ 减为 0；$Y.ad$ 现在包含边 v_3v_0、v_1v_2、v_0v_1、v_2v_4、v_4v_3，是一条汉密尔顿回路，因此得到一个可行解；把 bound 更新为 65，把结点 Y 按 $Y.w$ 插入优先队列，成为队列首元素；此时，结点 Y 对应于图 7-9 所示搜索树中的结点 J。

㉑ 取下队列首元素作为新的结点 X，它就是结点 J；此时，$X.k$ 为 0，说明结点 X 中的汉密尔顿回路是最短的回路，于是输出 $X.ad$ 和 $X.w$，算法结束。

7.5.4 几个辅助函数的实现

为方便起见，城市顶点用数字 0,1,…,n−1 编号。用如下的数据结构来定义结点中所使用的数据：

```
typedef struct node_data{
    Type   c[n][n];                  //费用矩阵
    int    row_init[n];              //费用矩阵的当前行映射为原始行
    int    col_init[n];              //费用矩阵的当前列映射为原始列
    int    row_cur[n];               //费用矩阵的原始行映射为当前行
    int    col_cur[n];               //费用矩阵的原始列映射为当前列
    int    ad[n];                    //回路顶点邻接表
    int    k;                        //当前费用矩阵的阶
    type   w;                        //结点的下界
    struct node_data *next           //队列链指针
}NODE;
```

因为在搜索过程中，费用矩阵不断地降阶，而原始费用矩阵的行号、列号对应于货郎担问题的城市顶点编号，所以用数组 row_init、col_init 及 row_cur、col_cur 来映射当前费用矩阵中行号、列号与原始费用矩阵的行号、列号的对应关系。它们的映射关系如下：

如果当前行号为 i，则其对应的原始行号为 row_init[i]；如果原始行号为 i，则其对应的当前行号为 row_cur[i]。列号的对应关系类似。

数组 *ad* 用来登记当前搜索过程中的回路顶点邻接表，数组元素 *ad*[i]存放回路中与顶点 i 相邻接的顶点序号。与顶点 i 及顶点 *ad*[i]相关联的有向边，对顶点 i 来说是出边，对顶点 *ad*[i]来说是入边。例如，在例 7.4 中最后生成的回路由边 v_3v_0、v_1v_2、v_0v_1、v_2v_4、v_4v_3 组成，在数组 *ad* 中登记情况如图 7-10 所示。

0	1	2	3	4
1	2	4	0	3

图 7-10 回路顶点邻接表的登记情况

算法中用到以下几个函数。

① Type row_min(NODE *node ,int row, Type &second);

计算 node 所指向结点的费用矩阵行 row 的最小值。

② Type col_min(NODE *node ,int row, Type &second);

计算 node 所指向结点的费用矩阵行 col 的最小值。

③ Type array_red(NODE *node);

归约 node 所指向结点的费用矩阵。

④ Type edge_sel(NODE *node,int &vk,int &vl);

计算 node 所指向结点的费用矩阵的 D_{kl},选择搜索分支的边。

⑤ void del_rowcol(NODE *node,int vk,int vl);

删除 node 所指向结点的费用矩阵第 v_k 行第 v_l 列的所有元素。

⑥ void edge_byp(NODE *node,int vk,int vl);

登记回路顶点邻接表，旁路有关的边。

⑦ NODE *initial(Type c[][],int n);

初始化。

Type row_min(NODE *node ,int row, Type &second)函数描述如下：

```
1.    Type row_min(NODE *node ,int row, Type &second)
2.    {
3.      Type  temp;
4.      int  i;
5.      if (noded->c[row][0]<node->c[row][1])  {
6.              temp=node->c[row][0];  second=node->c[row][1];
7.      }
8.      else {
9.              temp=node->c[row][1];  second=node->c[row][0];
10.     }
11.     for(i=2;i<node->k;i++)  {
12.             if(node->c[row][i]<temp)  {
13.                second=temp; temp=node->c[row][i];
14.             }
15.             else if  (node->c[row][i]<second)
16.                second=node->c[row][i];
17.     }
18.     return temp;
19.  }
```

该函数运行时间取决于第 11 行开始的 for 循环，因此其运行时间为 $O(n)$，所需要的工作单元个数为 $\Theta(1)$。Type col_min(NODE *node ,int row, Type &second)函数类似。

有了上述两个函数后，矩阵归约函数 array_red(NODE *node)的实现就可如下所述，它归约指针 node 所指向的结点的费用矩阵，返回值为归约常数。

```
1.   Type array_red(NODE *node)
2.   {
```

```
3.       int i,j;
4.       Type temp,temp1,sum=ZERO_VALUE_TYPE;
5.       for(i=0;i<node->k;i++) {                    //行归约
6.            temp=row_min(node,i,temp1)          //行归约常数
7.            for(j=0;j<node->k;j++)
8.                node->c[i][j]-=temp;
9.            sum+=temp;                              //行归约常数累计
10.      }
11.      for(j=0;j<node->k;j++)  {                   //列归约
12.           temp=col_min(node,j,temp1);          //列归约常数
13.           for(i=0;i<node->k;i++)
14.                node->c[i][j]-=temp;
15.           sum+=temp;                              //列归约常数累计
16.      }
17.      return sum;
18.  }
```

该函数运行时间是 $O(n^2)$，所需工作单元个数是 $\Theta(1)$。

函数 Type edge_sel(NODE *node,int &vk,int &vl)描述如下：

```
1.   Type edge_sel(NODE *node,int &vk,int &vl)
2.   {
3.     int i,j;
4.     Type temp,d=ZERO_VALUE_OF_TYPE;            //Type 数据类型的 0 值
5.     Type *row_value=new Type[node->k];
6.     Type *col_value=new Type[node->k];
7.     for(i=0;i<node->k;i++)                     //每一行的次小值
8.          row_min(node,i,row_value[i]);
9.     for(i=0;i<node->k;i++)                     //每一列的次小值
10.         col_min(node,i,col_value[i]);
11.    for(i=0;i<node->k;i++)  {           //对费用矩阵所有值为 0 的元素
12.         for(j=0;j<node->k;j++) {    //计算相应的 temp 值
13.              if (node->c[i][j]==ZERO_VALUE_OF_TYPE)  {
14.                   temp=row_value[i]+col_value[j];
15.                   if(temp>d)  {          //求最大的 temp 值与 d
16.                        d=temp;   vk=i;   vl=j;
17.                   }                        //保存相应的行、列号
18.              }
19.         }
```

```
20.     }
21.     delete row_value;
22.     delete col_value;
23.     return d;
24. }
```

该函数运行时间为 $O(n^2)$，工作单元为 $O(n)$来存放每一行、每一列的次小值。

函数 void del_rowcol(NODE *node,int vk,int vl)描述如下：

```
1.  void del_rowcol(NODE *node,int vk,int vl)
2.  {
3.      int i,j,vk1,vl1;
4.      for(i=vk;i<node->k-1;i++)                    //元素上移
5.          for(j=0;j<vl;j++)
6.              node->c[i][j]=node->c[i+1][j];
7.      for(j=vl;j<node->k-1;j++)                    //元素左移
8.          for(i=0;i<vk;i++)
9.              node->c[i][j]=node->c[i][j+1];
10.     for(i=vk;i<node->k-1;i++)                    //元素上移及左移
11.         for(j=vl;j<node->k-1;j++)
12.             node->c[i][j]=node->c[i+1][j+1];
13.     vk1=node->row_init[vk];      //当前行 vk 转换为原始行 vk1
14.     node->row_cur[vk1]=-1;       //原始行 vk 置删除标志
15.     for(i=vk1+1;i<n;i++)         //vk1 之后的原始行,其对应的当前行号减 1
16.         node->row_cur[i]--;
17.     vl1=node->col_init[vl];      //当前列 vl 转换为原始列 vl1
18.     node->col_cur[vl1]=-1;       //原始行 vl 置删除标志
19.     for(i=vl1+1;i<n;i++)         //vl1 之后的原始行,其对应的当前列号减 1
20.         node->col_cur[i]--;
21.     for(i=vk;i<node->k-1;i++)  //修改 vk 及其后的当前行的对应原始行号
22.         node->row_init[i]=node->row_init[i+1];
23.     for(i=vl;i<node->k-1;i++)  //修改 vl 及其后的当前列的对应原始列号
24.         node->col_init[i]=node->col_init[i+1];
25.     node->k--;                     //当前矩阵的阶数减 1
26. }
```

该函数运行时间为 $O(n^2)$，所需工作空间为 $\Theta(1)$。矩阵降阶时元素的移动过程见图 7-11。

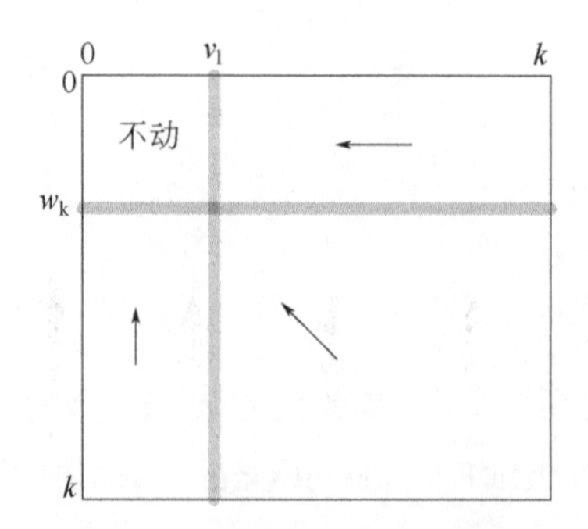

图 7-11　矩阵降阶时元素的移动过程

函数 void edge_byp(NODE *node,int vk,int vl)描述如下：

```
1.   void edge_byp(NODE *node,int vk,int vl)
2.   {
3.       int k,l;
4.       vk=row_init[vk];                    //当前行号转换为原始行 号
5.       vl=row_init[vl];                    //当前列号转换为原始列号
6.       node->ad[vk]=vl;                    //登记回路顶点邻接表
7.       k=node->row_cur[vl];                //v_l 转换为当前行号 k
8.       l=node->col_cur[vk];                //v_k 转换为当前列号 l
9.       if ((k>=0)&&l>=0)                   //当前行、列号均处于当前矩阵中
10.          node->c[k][l]=MAX_VALUE_OF_TYPE;    //旁路相应的边
11.  }
```

该函数运行时间以及工作单元均为 $\Theta(1)$。

函数 NODE *initial(Type c[][],int n)描述如下：

```
1.   NODE *initial(Type c[][],int n)
2.   {
3.       int i,j;
4.       NODE *node=new NODE;             //分配结点缓冲区
5.       for(i=0;i<n;i++)                 //复制费用矩阵的初始数据
6.          for(j=0;j<n;j++)
7.              node->c[i][j]=c[i][j];
8.       for(i=0;i<n;i++)  {              //建立费用矩阵原始行、列号与初始行、
列号的初始
9.          node->row_init[i]=i;          //对应关系
10.         node->col_init[i]=i;
11.         node->row_cur[i]=i;
12.         node->col_cur[i]=i;
```

```
13.     }
14.     for(i=0;i<n;i++)          //回路顶点邻接表初始化为空
15.         node->ad[i]=-1;
16.     node->k=n;
17.     return node;              //返回结点指针
18. }
```

该函数执行时间是 $O(n^2)$，工作单元个数为 $\Theta(1)$。

7.5.5 货郎担问题分支限界算法的实现

定义如下数据结构：

```
NODE *ynode;                //子结点指针
NODE *znode;                //子结点指针
NODE *qbase;                //优先队列首指针
Type  bound;               //当前可行解的最优值
```

于是，货郎担问题分支限界算法描述如下。

算法 7.4 货郎担问题的分支限界算法。

输入：城市顶点的邻接矩阵 ***c***[][]，顶点个数 ***n***。

输出：最短路线费用 *w* 及回路顶点的邻接表 *ad*[]。

```
1.  template<calss Type>
2.  Type traveling_salesman(Type c[][],int n,int ad[])
3.  {
4.      int i,j,vk,vl;
5.      Type d,w,bound=MAX_VALUE_OF_TYPE;
6.      NODE *xnode,*ynode,*znode;
7.      xnode=initial(c,n);                 //初始化父结点，x 结点
8.     xnode->w=array_red(xnode);          //归约费用矩阵
9.     while(xnode->k!=0){
10.        d=edge_sel(xnode,vk,vl);        //选择分支方向并计算 D_kl
11.        znode=new NODE;                 //建立分支结点，z 结点(右子结点)
12.        *znode=*xnode;                  //x 结点数据复制到 z 结点
13.        znode->c[vk][vl]=MAX_VALUE_OF_TYPE;    //旁路 z 结点的边
14.        array_red(znode);               //归约 z 结点费用矩阵
15.        znode->w=xnode->w+d;            //计算 z 结点的下界
16.        if(znode->w<bound)              //若下界小于当前可行解最优解
17.            Q_insert(qbase,znode); //z 结点插入优先队列
18.        else delete znode;              //否则，剪去该结点
```

```
19.            ynode=new NODE;      //建立分支结点，y 结点(左子结点)
20.           *ynode=*xnode;             //x 结点数据复制到 y 结点
21.            edge_byp(ynode,vk,vl)  //登记回路顶点的邻接表，旁路有关的边
22.            del_rowcol(ynode,vk,vl); //删除 y 结点费用矩阵当前 vk 行 vl 列
23.            ynode->w=array_red(xnode); //归约 y 结点费用矩阵
24.            ynode->w+=xnode->w;          //计算 y 结点的下界
25.            if(ynode->k==2)  {           //费用矩阵只剩 2 阶
26.                 if((ynode->c[0][0]==ZERO_VALUE_OF_TYPE)&&
27.                    (ynode->c[1][1]==ZERO_VALUE_O27. F_TYPE))  {
28.                 ynode->ad[ynode->row_init[0]]=ynode->col_init[0];
29.                 ynode->ad[ynode->row_init[1]]=ynode->col_init[1];
30.                 }
31.                 esle  {
32.                     ynode->ad[ynode->row_init[0]]=ynode->
col_init[1];
33.                     ynode->ad[ynode->row_init[1]]=ynode->
col_init[0];
34.                 }                                //登记最后的两条边
35.                 ynode->k=0;
36.            }
37.           if(ynode->w<bound) {               //若下界小于当前可行解最优值
38.                 Q_insert(qbase,ynode);       //y 结点插入优先队列
39.                 if(ynode->k==0)          //更新当前可行解最优值
40.                      bound=ynode->w;
41.           }
42.           else delete ynode;             //否则剪去 y 结点
43.           xnode=Q_delete(qbase);         //删除队列首元素
44.       }
45.       w=xnode->w;                        //保存最短路线费用
46.       for(i=0;i<n;i++)
47.             ad[i]=xnode->ad[i];
48.       delete xnode;                      //释放 x 结点缓冲区
49.       while(qbase) {
50.            xnode=Q_delete(qbase);
51.            delete xnode;
52.       }
53.       return w;                          //回送最短线路费用
54.  }
```

该算法的时间花费估计如下：根据 7.5.4 节的结果，第 7 行初始化父结点，第 8 行归约父结点费用矩阵，都需要 $O(n^2)$时间。第 9 行开始的 while 循环，循环体的执行次数取决于所搜索的结点个数，假定所搜索的结点数为 c。在 while 循环内部，

第 10 行选择分支方向，需 $O(n^2)$时间。第 12 行把 x 结点数据复制到 z 结点(这里包括整个费用矩阵的复制工作)，第 14 行归约 z 结点的费用矩阵，都需要 $O(n^2)$时间。第 17 行把 z 结点插入优先队列，在最坏情况下需 $O(c)$时间。第 20 行，把 x 结点数据复制到 y 结点，同样需要 $O(n^2)$时间。第 21 行登记回路邻接表，旁路有关的边，只需 $O(1)$时间。第 22 行删除 y 结点费用矩阵当前 v_k 行 v_l 列，第 23 行归约 y 结点费用矩阵，这些操作都需要 $O(n^2)$时间。第 38 行把 y 结点插入队列，第 43 行删除队列首元素，都需要 $O(c)$时间。其余的花费为 $O(1)$时间。因此，整个 while 循环在最坏情况下需 $O(cn^2)$时间。最后，在算法的尾部，第 46 行的 for 循环保存路线的顶点邻接表于数组 *ad* 作为算法的返回值，需 $O(n)$时间。第 49 行开始的 while 循环释放队列的缓冲区，在最坏情况下需 $O(c)$时间。所以，整个算法的运行时间为 $O(cn^2)$。

算法所需要的空间，主要花费在结点的存储空间。每个结点需要 $O(n^2)$空间存放费用矩阵，而存放费用矩阵的原始行、列号和当前行、列号的对应关系的映射表，以及回路的顶点邻接表仅需 $O(n)$空间。因此，每个结点相应需要 $O(n^2)$空间。所以，算法的空间复杂度也为 $O(n^2)$。

习　题

1．求如下费用矩阵的归约矩阵和归约常数。

（1）$\boldsymbol{c}=\begin{bmatrix} \infty & 6 & 4 & 5 \\ 1 & \infty & 3 & 1 \\ 4 & 0 & \infty & 6 \\ 2 & 5 & 4 & \infty \end{bmatrix}$　　（3）$\boldsymbol{c}=\begin{bmatrix} \infty & 8 & 6 & 2 \\ 5 & \infty & 3 & 1 \\ 2 & 7 & \infty & 0 \\ 4 & 1 & 7 & \infty \end{bmatrix}$

（2）$\boldsymbol{c}=\begin{bmatrix} \infty & 3 & 4 & 4 \\ 6 & \infty & 8 & 8 \\ 0 & 1 & \infty & 3 \\ 0 & 0 & 1 & \infty \end{bmatrix}$　　（4）$\boldsymbol{c}=\begin{bmatrix} \infty & 3 & 3 & 3 \\ 3 & \infty & 5 & 8 \\ 7 & 2 & \infty & 6 \\ 9 & 8 & 1 & \infty \end{bmatrix}$

2．在上述费用矩阵中，求第一次进行分支选择所选取的边，及相应两个子结点的下界。

3．用最小堆的方式来存放结点的数据，重新设计算法 7.1、7.2 和 7.3，分析在最坏情况下算法的时间复杂度和空间复杂度。

4．使用算法 7.4 求解如下费用矩阵的货郎担问题。

$$(1)\ \boldsymbol{c}=\begin{bmatrix} \infty & 17 & 7 & 35 & 18 \\ 9 & \infty & 5 & 4 & 29 \\ 29 & 24 & \infty & 30 & 12 \\ 27 & 21 & 25 & \infty & 48 \\ 15 & 16 & 28 & 18 & \infty \end{bmatrix} \qquad (3)\ \boldsymbol{c}=\begin{bmatrix} \infty & 7 & 19 & 14 & 21 \\ 13 & \infty & 32 & 17 & 12 \\ 28 & 25 & \infty & 9 & 28 \\ 31 & 9 & 15 & \infty & 21 \\ 23 & 16 & 21 & 14 & \infty \end{bmatrix}$$

$$(2)\ \boldsymbol{c}=\begin{bmatrix} \infty & 11 & 10 & 9 & 6 \\ 8 & \infty & 7 & 3 & 4 \\ 8 & 4 & \infty & 4 & 8 \\ 11 & 10 & 5 & \infty & 5 \\ 6 & 9 & 5 & 5 & \infty \end{bmatrix} \qquad (4)\ \boldsymbol{c}=\begin{bmatrix} \infty & 7 & 3 & 12 & 8 \\ 3 & \infty & 6 & 14 & 9 \\ 5 & 8 & \infty & 6 & 18 \\ 9 & 3 & 5 & \infty & 11 \\ 18 & 14 & 9 & 8 & \infty \end{bmatrix}$$

画出解相应货郎担问题的搜索树，用相应的归约矩阵代表结点，在结点旁边写出相应的下界及其所选择的边，最后写出最优解及最短路径。

5．有如下 0/1 背包问题，画出它们的搜索树，在结点旁边标出相应的上界；写出最后的最优解，及相应的最大价值。

（1）M=20, p={11,8,15,18,12,6}, w={5,3,2,10,4,2}

（2）M=12, p={10,12,6,8,4}, w={4,6,3,4,2}

（3）M=15, p={6,7,8,3,1}, w={5,7,10,5,2}

6．求下面作业分配问题。

$$(1)\ \boldsymbol{c}=\begin{bmatrix} 3 & 6 & 4 & 5 \\ 1 & 2 & 3 & 1 \\ 4 & 3 & 5 & 6 \\ 2 & 5 & 4 & 3 \end{bmatrix} \qquad (3)\ \boldsymbol{c}=\begin{bmatrix} 4 & 8 & 6 & 2 \\ 5 & 4 & 3 & 1 \\ 2 & 7 & 6 & 3 \\ 4 & 1 & 7 & 8 \end{bmatrix}$$

$$(2)\ \boldsymbol{c}=\begin{bmatrix} 2 & 3 & 3 & 3 \\ 3 & 4 & 5 & 8 \\ 7 & 2 & 1 & 6 \\ 9 & 8 & 1 & 5 \end{bmatrix} \qquad (4)\ \boldsymbol{c}=\begin{bmatrix} 7 & 3 & 4 & 4 \\ 6 & 4 & 8 & 8 \\ 5 & 1 & 3 & 3 \\ 3 & 7 & 1 & 6 \end{bmatrix}$$

7．设有 A、B、C、D、E 5 人从事 J1、J2、J3、J4、J5 这 5 项工作，每人只能从事一项，他们的效益如下所示，求最佳安排使效益最高。

	J1	J2	J3	J4	J5
A	10	11	10	4	7
B	13	10	10	8	5
C	5	9	7	7	4
D	15	12	10	11	5
E	10	11	8	8	4

第 8 章

随机算法

到目前为止，本书讨论的算法都是确定性算法，即前面介绍的算法符合以下三个条件：

① 每一个步骤是确定的。即在某一步骤做什么已经确定。

② 整个算法执行的步骤是确定的。即算法的时间复杂度是确定的。

③ 算法的结果是确定的。即同一个输入必然产生同一个输出。

这里的确定性从另一个角度可以这样理解：当你给定一个固定的输入，就可以确定算法执行的每一步过程，中间不会产生任何的不确定步骤，这样一步一步下去，就会得到固定的结果，即输入确定，执行步骤和结果就确定。不能理解为解决一个问题时，不同的输入也会执行同一步骤。

你可能会问，对于同一个输入，难道我们还需要不一样的结果吗？有，比如，我们要实现一个算法，从班级中抽取 n 个同学回答问题，你的算法就不能每次输入 n=2 时，输出都是固定的两个人。

自然界中有很多随机现象要处理，这就要求算法也要有这种类似的功能，关于随机，哲学上有两大流派，一派认为，自然界中没有随机，只有因果。另一派认为自然界所有现象都是随机的结果，人的成功也是运气，与能力大小没有相关性，这就上升到了哲学，本书不讨论这个问题，我们关心的是随机如何体现于自然和生活场景中，有没有必要在算法中应用随机的问题。

8.1 随机化算法

8.1.1 为什么要随机化

有些国家在竞选领导人之前，很多公司在选前都要预测一下候选人的支持率，这个支持率有一个特点，就是不希望一定得到真实值，但希望尽量接近于真实值。做到这一点的办法大家都知道，就是采用随机民调的方式。对某个候选人来说，这种方式相当于把全体民众分成支持和不支持两部分，回答支持的多，说明支持部分的民众多，否则就少。如果调研一次参与民调的人越多，则最后的数据越接近于真实值，这就是概率论与数理统计理论的应用。这种方式一方面可以得到接近于真值的数据，又节省了工作量，所以随机可以让我们避免做最大化的工作但又能得到满意的结果。所以随机可以用于求解不需要精确解的问题。

随机在生活中还有很多应用，大家最熟悉的彩票抽奖问题，如果中奖号事先定好了，会产生诸多混乱，比如有人可以通过不当手段把相应的彩票送人。于是采用摇奖的办法，即中奖号事先不确定，而是采用随机方法确定，这就是一种随机性的策略，让每一个买彩票的人都有机会中奖，这种方式显然比事先确定中奖号码更加合理。所以随机可以防止产生极端的情况。

另外，我们也经常遇到这样的事，以你目前的认知不能确定哪一种更好，但又不得不做出选择的时候，也会采用随机选一个的方式。比如，你考试选择题不会时，采用乱选一个的方式。我们古人的算卦也用这样的一种方式，所谓“疑难困惑之时，圣者占卦以示之”就是这个意思。这些都是随机策略的应用，所以随机的另一个作用就是解决我们不能确定解答的问题。你会发现如果你的随机决策有比较大的正确概率作支撑，得到正确答案的概率会比较大。

我们把这种生活中的随机策略应用于算法中，可以解决诸多问题。

8.1.2 随机算法

前面讲到随机的作用，一是避免求解真实值，节省大量工作，二种是防止出现极端情况，对问题进行随机选择，三是对问题的选择不能确定时，进行随机选择。这些作用都是基于一种随机选择策略，我们把这种选择策略应用于算法中，称为随机算法。更具体地就是用随机方式控制算法的一步或者多步，使得算法可以随机地执行不同的步骤，所以算法即使执行同一种输入，也会导致出现不同的运行过程和不同的运行结果。

本章要讲述的第一种算法是数值概率算法，这种算法用于完成数值方面的计算。第二种算法是拉斯维加斯（Las Vegas Algorithm）算法，这种算法主要保证不出现极端结果的情况，保证公平。拉斯维加斯是美国著名赌城，为防止赌场中有人做手脚，采用了随机方式进行抽牌以及其他一些随机性的做法。人们因为它设计的算法与这种策略类似，就把这种算法称为拉斯维加斯算法。第三种是蒙特卡罗算法（Monte Carlo Algorithm），就是当我们不知道正确的结果时，随机选择一个，然后加以分析，以便找到正确答案。

数值概率算法一般不能得到真实值，得到的是问题的近似解，计算次数越多，得到的结果越接近于问题的真实值，它的难处在于怎样有效合理地获得随机数据。

拉斯维加斯算法因为保证公平，就要牺牲计算的时间，保证公平是第一位，算法所花的时间是第二位，即这种算法按照随机策略最后一定能得到正确结果，但不保证算法执行的时间，它有时可能时间长，有时可能时间短。

蒙特卡罗算法主要用来解决高复杂度的问题，保证算法执行的时间，这就可能造成一种后果，它可能得不到正确结果，也就是不能保证结果的正确性。这就奇怪了，不保证正确性，这种算法有作用吗？当然有，比如，你有几件事不好选择，你根据这些事情的经验尽量以高概率选择好的，最后你很可能得到一个你想要的好结果。人类现在进行的许多预测本质上讲就是一种随机的选择，这与占卦本质上是一样的，只不过古人用的是竹片、龟片等，现代人用的是统计数据与随机模型，但你会发现，如果随机模型好，在很多情况下，会得到一个好的结果。蒙特卡罗算法之所以有名，主要是因为它应用随机策略时往往会得到正确的结果，尽管不保证得到结果。另外，这种算法要解决的问题通常是确定性算法很难解决的问题，既然很难解决，我们又想知道答案，就这种算法试一下也是可以的。

8.2 随机数发生器

在随机算法中，随机选择是靠随机数来确定的，本节我们来看一下计算机中怎样产生一个随机数。其实计算机中的随机数发生器产生的随机数并不是自然界中真正的随机数，它是人类应用数学方法推算出来的，严格说来并不是随机的。不过只要用数学公式产生出来的伪随机数序列通过统计检验符合一些统计要求，如均匀性、抽样的随机性等，也就是说只要具有真正随机数列的一些统计特征，就可以把伪随机数列当作真正的随机数列使用。我们把依据数学原理，在计算机用算法得到的在统计性质上近似于[0, 1]上均匀分布的数，称为伪随机数。

在 CPU 中也有用电子元器件通过放大电路的热噪声来产生所谓的真随机数，但也要通过算法去噪，这实质上也是一种伪随机。

更进一步的随机数发生器是 2018 年中国科学技术大学教授潘建伟及其同事张强、范靖云、马雄峰等与中国科学院上海微系统与信息技术研究所和日本 NTT 基础科学实验室合作，在发展高品质纠缠光源和高效率单光子探测器件的基础上，利用量子纠缠的内禀随机性，实现的与器件无关的量子随机数，这种随机数发生器被称为量子随机数发生器，这有望成为国际标准。目前和未来一段时间内，计算机还将继续广泛应用基于算法的随机数产生器，本书只讲述一种常用的产生随机数的算法。

在计算机中，产生随机数的方法经常用到式（8-1）：

$$\begin{cases} d_0 = d \\ d_n = bd_{n-1} + c \qquad n = 1, 2, \cdots \\ a_n = d_n \bmod m \end{cases} \tag{8-1}$$

这个公式的不断应用会产生一个 0～m−1 的随机数序列 $a_1, a_2, a_3, \cdots$，其中 b、c、d 为事先确定好的正整数，d 被称为随机数序列的种子。根据随机过程理论，b、c 两个数对随机数序列影响很大，通常情况下，m 和 b 互质，所以 b 取一个素数。当 $m = 65536$ 时被称为 232 步长的倍增谐和随机数发生器。

下面的程序代码产生 low 到 high 之间随机数步骤。首先函数 seed()产生一个种子，当形式参数 d 为 0 时取系统当前时间作为种子，否则就以 d 作为种子。

```
const unsigned long b=0x015A4E35L;
const unsigned long c=1;
static unsigned long seed;
//函数确定种子的值
void random_seed(unsigned long d)
{
     if (0==d)
          seed = time(0);                              //取系统时间
     else
          seed = d;
}
```

当用上述函函数确定了种子以后，就可以用下面的函数返回一个在 low 到 high 之间的随机整数，函数返回的数要比 high 小。

```
unsigned int random(unsigned long low, unsigned long high)
{
     seed=b*seed+c;
     return ((seed>>16)%(high-low)+low);
}
```

根据上述原理，我们也可以用下面的函数返回一个 0～1 之间的随机数（不包括 1）：

```
double random()
{
    seed=b*seed+c;
    return ((seed>>16)/63356.0);
}
```

生成随机数时 b、m、c 这些参数选择非常重要，选择不好，产生的随机数效果就不好，各编程平台通常都提供了生成随机数的函数，使用的参数也不尽相同，都经过了检验，因此，可以直接应用。

8.3 数值概率算法

在许多情况下，要计算出问题的精确解是不可能或没有必要的，因此用数值概率算法可得到相当满意的解。下面给一个很简单的实例，先理解一下这个算法的应用之处以及为什么没有必要需要精确解。

【例 8.1】 用随机投点法计算 π 值。

大家知道 π 是一个无限不循环小数，到目前为止，没有人知道它的具体值，但在实践中它经常被应用。一般只要取到小数点后几位，在一些高精尖科研上也只取到小数点后几十位。这里用计算机随机算法来求 π 的大约值。

设有一半径为 1 的圆及其外切正方形，向该正方形随机地投掷 n 个点。设落入圆内的点数为 k。由于所投入的点在正方形上均匀分布，因而所投入的点落入圆内的概率为 $\pi/4$，所以当 n 足够大时，$\pi/4 \approx k/n$。为简化编程，这里取它的 1/4 部分，如图 8-1 所示。

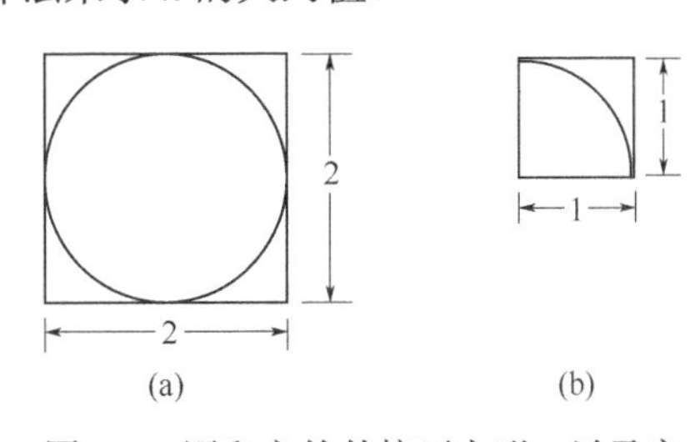

图 8-1　圆和它的外接正方形，以及它的 1/4 部分

现在随机在生成坐标为(x,y)的 n 个点，其

中：$0 \leqslant x < 1, 0 \leqslant y < 1$，然后把坐落于 1/4 圆内，也就是满足 $x^2 + y^2 < 1$ 的点的个数 k 统计出来，就可以得出 $\pi = 4k/n$。整个算法描述如下。

算法 8.1 数值概率法求 π 值。

输入：随机点的个数。

输出：π 的值。

```
1.  double pi(int n)
2.  {
3.       int i,count=0;
4.       double x,y;
5.       random_seed(0);
6.       for(i=0;i<n;i++)
7.       {
8.            x=random(0,1000)/1000.0;
9.            y=random(0,1000)/1000.0;
10.           if(x*x+y*y<1)
11.                count++;
12.      }
13.      return 4.0*count/n;
14. }
```

当 n 取得比较大，如 10000 以上时，函数每次调用后返回的结果基本都接近于 3.14159…这个值，可见应用前面介绍的随机数生成算法，应用概率数值算法求π的近似值是有效的。

我们还可以初步看到，随机化算法求解这种类型问题时，思路非常简单，算法也容易实现，得到的近似值也可以满足一般要求，下面再看一个实例。

【例 8.2】 求解非线性方程组

$$\begin{cases} f_1(x_1, x_2, \cdots, x_n) = 0 \\ f_2(x_1, x_2, \cdots, x_n) = 0 \\ \qquad \cdots\cdots \\ f_n(x_1, x_2, \cdots, x_n) = 0 \end{cases}$$

这里 $x_1, x_2, \cdots, x_n$ 是实变量，f_i 是关于 $x_1, x_2, \cdots, x_n$ 的非线性实函数，求出指定范围内的一组近似解。

解这类问题有很多方法，如牛顿法、拟牛顿法、粒子群算法等，但在具体的方程中，有些方程会失效（比如牛顿法当中的求导），导致不能得到近似解，此时可以借助随机化算法进行求解，下面介绍用随机化算法解决这个问题的思路。

一般地，先构造一个函数：

$$\varnothing\left(x_1,x_2,\cdots,x_n\right)=\sum_{i=1}^{n}f_i\left(x_1,x_2,\cdots,x_n\right) \tag{8-2}$$

函数$\varnothing$的0点就是所求非线性方程组的精确解，$\varnothing$越接近于0，解越精确。这里请大家考虑一下，算法与数学基础之间的关系。

现在要解决这个问题，最简单的想法就是在指定的求根范围D内，随机地定出一个初值$X_0=(x_1^0,x_2^0,\cdots,x_n^0)$，计算$\varnothing$的值，如果$\varnothing$小于某个给定的足够小的正数$\varepsilon>0$，则表明$X_0$为非线性方程组的解，否则，按照某种概率在$D$范围内再随机取值$X_i=(x_1^1,x_2^1,\cdots,x_n^1)$，再计算$\varnothing$的值，如果$|\varnothing|<\varepsilon$，$X_i$为近似解，否则重复上述步骤，直到找到一个$X_i$，使得$\varnothing<\varepsilon$为止。这种解题思路，在很多情况下计算量相当大，因为在各个分量都有不同的可取值情况下，能够得到近似解的概率是比较低的。比如，有两个非线性方程的方程组，假设它的精确解$(x_1,x_2)=(5,5)$，指定根D的范围为（0～100,0～100），指定$\varepsilon=1$，则找到近似解的概率相当于在边长为100的正方形中随机投一个点，这个点落入以点（5,5）为中心，边长为0.5的正方形中的概率。显然，如果解的分量越多，这个概率值就越小，也就越难找到近似值。

因此，这里采用一种有目标的搜索索引算法，就是先随机初始化一个解X_0作为出发点，假如在搜索过程中，第j步得到的解为X_j，那么，第$j+1$步先计算出随机搜索增量Δx_j。$\Delta x_j=ra$，r为随机搜索的方向，a为搜索步长。

从当前点X_j依ΔX_j得到第$j+1$步的$x_{j+1}=x_j+\Delta x_j$随机搜索点。当$\varnothing(x_j)<\varepsilon$时，为所求非线性方程组的近似解，否则进行下一步新的随机搜索过程。这搜索的过程，步长a是可以调整的，当解越接近真值时，步长要变得越小。

算法描述如下。

算法8.2 随机求解非线性方程组问题。

输入：初始值x_0，增量初值dx_0，解向量空间x，步长a_0，$\varnothing$值的精度指定值epsilon，步长变参k，方程个数n，执行次数steps，失败次数M。

输出：解向量x，函数返回找到与否。

```
1.  bool NonLinear(double *x0,double *dx0,double *x,double a0,
                   double epsilon,double k,int n,int Steps,int M)
2.  {
3.      bool success;                         //搜索成功标志
4.      double *dx,*r;
```

```
5.        dx = new double[n+1];                    //步进增量向量
6.        r = new double[n+1];                     //搜索方向向量
7.        int mm = 0;                              //当前搜索失败次数
8.        int j = 0;                               //迭代次数
9.        double a = a0;                           //步长因子
10.       for(int i=1; i<=n; i++)
11.       {
12.            x[i] = x0[i];
13.            dx[i] = dx0[i];
14.       }
15.       double fx = f(x,n);                      //计算目标函数值
16.       double min = fx;                         //当前最优值
17.       srand(time(NULL));
18.       while(j<steps)
19.       {                                        //(1)计算随机搜索步长
20.             if(fx<min)                         //搜索成功
21.             {
22.                  min = fx;
23.                  a *= k;
24.                  success = true;
25.             }
26.             else                               //搜索失败
27.             {
28.                  mm++;
29.                  if(mm>M)
30.                  {
31.                     a /= k;
32.                  }
33.                  success = false;
34.             }
35.             if(min<epsilon)
36.             {
37.                  break;
38.             }
                                              //(2)计算随机搜索方向和增量
39.             for(int i=1; i<=n; i++)
40.             {
41.                  r[i] = 2.0 * random()-1;
                                   //random()为8.2节中求0～1之间的随机数函数
```

```
42.             }
43.             if(success)
44.             {
45.                  for(int i=1; i<=n; i++)
46.                  {
47.                       dx[i] = a * r[i];
48.                  }
49.             }
50.             else
51.             {
52.                  for(int i=1; i<=n; i++)
53.                  {
54.                         dx[i] = a * r[i]-dx[i];
55.                   }
56.             }
                                          //(3)计算随机搜索点
57.             for(i=1; i<=n; i++)
58.             {
59.                   x[i] += dx[i];
60.             }
                                         //(4)计算目标函数值
61.             fx = f(x,n);
62.             j++;
63.           }
64.      if(fx<=epsilon)
65.      {
66.          return true;
67.      }
68.      else
69.      {
70.          return false;
71.      }
72.  }
```

8.4 拉斯维加斯算法

拉斯维加斯算法尽量保证不出现极端结果的情况。它有两种应用方式，一种是对固定算法进行修改，保证它不陷入最坏的情况，这种作用的算法有的书上把它单独列出来，作为随机化算法的一类，并给了一个名称，叫作舍伍德算法，本书中把它归到拉斯维加斯算法类。另一种是通过随机决策去找结果，保证过程中不出现被操纵的情况，但拉斯维加斯算法的这种应用有可能找不到解，但一旦找到解，那么这个解就一定是正确解。虽然这个算法不保证找到解，但通常情况下找到解的效率还不错，不过有时也很慢。

8.4.1 随机快速排序算法

最能说明拉斯维加斯算法能保证不出现极端情况的例子就是随机快速排序，在第 2 章中，我们研究了快速排序算法，知道了这个算法一般情况下的时间复杂度是 $O(n\log n)$，但存在一种最坏情况，那就是在输入数据基本排序好的情况下，它的时间复杂度是 $O(n^2)$，造成这样的时间复杂度的原因，是通过枢点把数据分成左右两块时，一边太多，一边太少。理想的情况是把提取的枢点能大致分成左右相等数据个数，才能使算法达到 $O(n\log n)$这样的时间复杂度。

为了保证枢点不把数据分成一边太多一边太少这样的极端情况，我们可以从要排序的数据中随机选取一个数作为枢点数据，把数据分成左右两块后，再从左右两块中随机选取数据作它们的枢点。通过这样选择的枢点，几乎不可能把数据分成一边太多一边太少这样的极端情况。结合第 2 章的快速排序的代码，随机快速排序算法描述如下。

算法 8.3 随机快速排序算法。

输入：待排序数据 *x*[]，待排序数据最左边的数组下标 low，最右边下标 high。

输出：排序好的数据 *x*[]。

```
1.  void Rand_quicksort(int x[], int low, int high)
2.  {
3.        int k;
4.        if (low<high)
5.        {
6.              k = random(low,high);      //产生随机数 k 作为下标
7.              swap(x+low,A+k);           //交换元素位置，使 A[k]作为枢点
8.              k = split(x,low,high);     //数组划分为两部分
9.              r_quicksort(x,low,k-1);    //递归排序左数组
10.             r_quicksort(x,k+1,high); //递归排序右数组
11.       }
12. }
```

从理论上讲，这个算法最坏的时间复杂度仍然是 $O(n^2)$，但即使出现大致排序好

的数据，随机选择的枢点把数据分成一边太大一边太小的可能性也极低，实际中，基本不可能存在这样的极端情况，所以随机快速排序的时间复杂度的期望值为 $O(n\log n)$。

8.4.2 随机选择算法

现在再来用随机数改进一下第 2 章讲述的选择算法，就是从 n 个数据中找到第 k 个小的数据，这个算法的时间复杂度虽然是 $O(n)$，但它的运行时间却为 $20cn$，所以乘法用的常数比较大。现在利用随机选择方式进行可以节省计算量，并可以从数学上证明它的时间复杂度小于 $4n$。具体做法是：放弃第 2 章中递归的 5 个数一组选择中间值的方法，随机选择一个数作为中间数 m，把 m 为枢点数据，利用快速排序算法中使用的数据划分算法（我们用的 split()函数）把数据分为三个部分，左边部分小于等于 m，中间数为 m，右边部分大于等于 m，如果中间数据的下标为 k，则 m 为第 k 个小；如果 $i>k$，则放弃中间和右边部分，递归在左部分继续找第 k 个小；如果 $i+1<k$，则放弃左边及中间部分，k 变成 $k-i+\text{low}-1$，递归在右边部分继续找第 k 个小。如果递归到只有一个元素，则此时 k 一定为 1，直接返回该元素的值。下面是随机选择算法描述。

算法 8.4 随机选择算法。

输入：数据 $x[]$，最左边的数组下标 low，最右边下标 high，以及第 $k=k-1$ 个小。因为数据下标从 0 开始，而通常讲的第 k 个小是从 1 开始，所以输入函数参数时，把 k 减 1。

输出：排序好的数据 x[]。

```
1.  int random_select(int A[], int low, int high, int k)
2.  {
3.        int i;
4.        if (high==low)
5.              return A[high];            //直接返回最高端元素
6.        else
7.        {
8.              i = random(low, high);     //产生随机数 i
9.              swap(A+low, A+i);          //元素交换位置
10.             i = split(A,low,high);     //按元素 A[low]划分
11.             if ((i-low) == k)          //元素 A[ i ]就是第 k 小元素
12.                   return  A[i];
13.             else if ((i-low) > k)      //从第一个子数组寻找
14.                   return random_select (A, low, i-1, k);
15.             else                       //从第二个子数组寻找
16.                   return random_select (A, i+1, high, k-i+low-1);
```

```
17.         }
18.  }
```

本算法通过随机选择一个中间数，也可避免过度地把数分为一个组，虽然这当中有可能因为随机数选择得不好，有可能出现一边数据过多的情况，但随机选择几次都出现这种情况的概率极低，这保证了整个算法的时间复杂度在期望值上是线性的。

8.4.3 n皇后问题的随机算法

下面再来看一下通过随机决策去找结果的拉斯维加斯算法，这种算法的一个特点是随机选择答案，有时可以有效加快算法的有效性，甚至对于确定性算法不能很好解决的问题都可以有效解决，有好必有坏，这样处理问题的方式有可能找不到有效解，但如果找到了解就是正确解。所以在实际应用这种拉斯维加斯算法求解问题时，都是应用一个循环反复执行求解过程，如果一次求解过程没有找到正确解，就再执行一次求解过程。

假设x是随机选择的一个可能解，这个解正确的概率是$p(x)$。如果$p(x)\geqslant\varepsilon$，其中$0<\varepsilon\leqslant 1$，那么前n次运行都是错误的概率就是$\left[1-p(x)\right]^n$，显然随着n的增大，$\left[1-p(x)\right]^n$趋近于0，也就是说随着运行次数的增多，找到正确解的概率趋近于1，所以可以得出这样的结论：如果$p(x)>0$，只要运行足够多的时间，就能找到问题的解。在此基础之上进一步给出一个概念就是：如果$p(x)>0$，这个拉斯维加斯算法是正确的。

如果将$s(x)$记为成功地运行实例x所耗费的平均时间，将$u(x)$记为失败地运行实例x所耗费的平均时间，$p(x)$是成功运行的概率，那么总的平均耗费时间$T(x)$的表达式就是$T(x)=p(x)s(x)+\left[1-p(x)\right]u(x)$。整个算法期望运行时间：

$$\bar{T}(x)=\left\{p(x)s(x)+\left[1-p(x)\right]u(x)\right\}/p(x)$$

n皇后问题的随机算法为设计高效的拉斯维加斯算法提供了很好的例子。对于n皇后问题的任何一个解而言，每一个皇后在棋盘上的位置无任何规律，不具有系统性，而更像是随机放置的，正好符合拉斯维加斯算法的要求。

算法具体思路：在1～n之间随机选择1个数，如果这个数作为第i行皇后的位置，不与第i行之前所放皇后位置冲突，则这个随机数就作为第i行皇后的位置，并按照同样的方式继续随机选择下一行皇后位置。如果冲突，则继续随机选择第i行皇后的位置，如果冲突次数超过一个设定的值，则认为找不到结果，算法没有找到正确解，返回错误。如果随机选择的第n行皇后位置与前面的皇后位置都不冲突，则找到了正确答案，返回正确。如果返回错误，则再次执行上述过程。

从上述算法思路中可以看出，这样随机选择问题的解，得到一个正确解的概率一定大于 0，所以用拉斯维加斯算法解 *n* 皇后问题只要运行足够多的次数一定可以找到正确解。具体算法描述如下。

算法 8.5 求解 *n* 皇后问题的拉斯维加斯算法。

输入：皇后个数 *n*，存放解向量数组 *x*[]。

输出：解向量，函数返回找到与否。

```
1.  bool NQeeue(int n,int x[])
2.  {
3.      int i,j,t, flag,count=0; //count 某行皇后随机选择位置的次数
4.      int FalseNumber=8;       //设置一个皇后随机选择位置失败的最高次数
5.      for(i=1;i<=n;i++)x[i]=0;    //初始化解向量为 0
6.      for(i=1;i<=n;i++)
7.      {
8.          j=random(1,n+1);        //随机选择一个 1～n 中的整数
9.          count++;
10.         flag=1;
11.         for(t=1;t<i;t++)
12.         {
13.             if(x[t]==j || abs(j-x[t])==abs(i-t))   //冲突
14.             {
15.                 flag=0;
16.                 break;
17.             }
18.         }
19.         if(flag==1)                //不冲突
20.         {
21.             x[i]=j                 //把随机值 j 作为第 i 行皇后的位置
22.             count=0;               //为下一行皇后选择次数做准备
23.             continue;
24.         }
25.         else                       //冲突
26.         {
27.             if(count== FalseNumber)       //如果达到设定的冲突次
数，返回 false
28.                 return false;
29.             i--;      //继续选择第 i 行皇后位置。i 减 1 是因为前面 for
循环中有 i++
30.         }
31.
32.     }
```

```
33.     return true;
34. }
```

上述函数执行一次就是对 n 皇后问题求解一次，有可能失败，所以用以下函数重复执行上述过程，直到找到答案为止。

```
void N_queens_repeat (int n, int x[])
{
    while(!NQeeue(n,x));                    //一直运行到成功为止
}
```

上述算法是对每一行的皇后位置进行随机选择，如果前面行选择的皇后位置不是问题解的子部分，则第 i 行皇后位置的选择肯定失败，而且随着行数的增多，后面皇后选择失败的可能性就越大，因此，对于 n 皇后问题，可以把随机算法与回溯法相结合，会得到更好的效果。可以先在棋盘上的前若干行中按上述方法随机地放置皇后，然后在后继行中用回溯法继续放置，直到找到一个解或宣告失败。

8.4.4 随机字符串匹配算法

给定长度为分别为 n 和 m 的字符串 S 和 P，其中 $n \geqslant m$，判断 S 中是否包含 P，称为字符串匹配。把 S 串称为正文，P 称为模式。字符串匹配的算法很多，其中有一种算法称为暴力算法，即在串 S 中设置一个大小为 m 的窗口，逐个字符检查窗口内的字符与否与串 p 一致，开始时窗口位于 S 的第一个字符，然后逐个字符移动窗口，直到窗口右边位于字符 S 的最后一个字符为止，这种算法的时间复杂度为 $\Theta(nm)$。

本节要介绍另一种应用到随机选择的字符串匹配算法叫 RK（Rabin-Karp）算法，由 Rabin 和 Karp 两人在 1987 年提出。这个算法是在暴力算法的基础之上改进的，其基本思想是先把 P 串转换成一个数值，然后定义一个 Hash 函数，并把这个数值用 Hash 函数生成一个 Hash 值，之后分别把正文 S 中每一个长度为 m 的字符子串按同样的方法生成 Hash 值，如果这个 Hash 值与 P 串的 Hash 值不同，则两者必不匹配，如果相同，由于 Hash 函数可能产生冲突值，则把这个子串与 P 中字符逐一比较，全部相同，则匹配，有一个不同，则不匹配。例如：

P: DEF ————————> Hash(p)的值为 HP。

S: ABCDEFG————————>子串 ABC、BCD、CDE、DEF、EFG 的 Hash 值分别为 HA、HB、HC、HD、HE。

那么 P 的 HP 与下面各子串的 Hash 值比较，只有子串 DEF 的 Hash 值与 P 串的 Hash 值相同，那么这个子串可能与 P 串匹配，为防止因 Hash 函数引起的 Hash 值冲突，产

生 Hash 值而字符串不匹配的问题，再把它们两者每个字符比较一下，一一对应相等，则匹配，否则不匹配。这相当于用 Hash 值确定匹配，如果不成功，就再次继续运算，这与拉斯维加斯算法的思路一致。很显然，这种算法比较的次数只有 $n-m+1$ 次。

我们用 Σ 表示组成文本的字符集。如果 S、P 中是二进制数据，则 $\Sigma=\{1,0\}$；如果 S、P 表示基因序列，那么 $\Sigma=\{A,C,G,T\}$；如果 S、P 是由 26 个英文小写字母组成，那么 $\Sigma=\{a,b,\cdots,z\}$。用 $|\Sigma|$ 表示字符集中字符的个数，设为 k。并把 Σ 中的每一个字符与 $N=\{0,1,2,\cdots,k-1\}$ 固定地一一对应。

这样由 Σ 组成的串就可以转换成一个 k 进制的整数。首先，来看一下 P 串转换成 Hash 值的过程。

假设一个 P 串对应的字符根据 N 中的数字形成变为：$P=p_1p_2\cdots p_{\mathrm{m}}$，$p_i\in N,i=1,2,\cdots,m$，那么 P 转换成的整数为 p：

$$p=p_1k^{m-1}+p_2k^{m-2}+\cdots+p_{m-1}k+p_m \quad (8\text{-}3)$$

为避免编程时计算幂，式（8-3）写成：

$$p=\left(\cdots\left(\left(p_1k\right)+p_2\right)k+\cdots+p_{\mathrm{m-1}}\right)k+p_{\mathrm{m}} \quad (8\text{-}4)$$

现在引入 Hash 函数：

$$h\left(p\right)=p \bmod q \quad (8\text{-}5)$$

其中 q 为一个大的素数。

为引入算法，这里给出两个公式：

$$xy \bmod q=\left[\left(x \bmod q\right)y\right] \bmod q \quad (8\text{-}6)$$

$$\left(x+y\right) \bmod q=\left[\left(x \bmod q\right)+y\right] \bmod q \quad (8\text{-}7)$$

所以：

$$\mathrm{Hash}\left(p\right)=\left[\left(\cdots\left(\left(p_1k\right)+p_2\right)k+\cdots+p_{m-1}\right)k+p_m\right] \bmod q \quad (8\text{-}8)$$

根据式（8-7）

$$\mathrm{Hash}\left(p\right)=\left[\left(\cdots\left(\left(p_1k\right)+p_2\right)k+\cdots+p_{m-1}\right)k \bmod q+p_m\right] \bmod q$$

再根据式（8-6）

$$\mathrm{Hash}\left(p\right)=\left[\left(\cdots\left(\left(p_1k\right)+p_2\right)k+\cdots+p_{m-1}\right) \bmod qk) \bmod q+p_m\right] \bmod q$$

不断应用式（8-6）和式（8-7），最后可得：

$$\mathrm{Hash}\left(p\right)=\left[\left(\cdots\left(\left(\left(p_1 \bmod q\right)k \bmod q\right)+p_2\right) \bmod qk\right) \bmod q+\cdots+p_{m-1}\right]$$

$$\bmod q)k)\bmod q+p_m)]\bmod q \tag{8-9}$$

因此，我们可以如下代码求得模式 P 的 Hash 值。

```
p=0;
for(i=0; i<m; i++)
  p = (p * k + p[i]) % q;
```

现在再来看一下 S 串的 Hash 值。假设 S 串对应的字符根据 N 中的数字形成变为：$S=s_1s_2\dots s_n$，$s_i\in N,i=1,2,\cdots,n$。按照前述匹配思想，把 S 串分成一系列大小为 m 的窗口，然后计算每个窗口串的 Hash 值。

设 S 中某个窗口值为：$w_i=s_is_{i+1}\cdots s_{i+m-1}$，这里 $i=1,2,\cdots,n-m+1$。很显然可以用求 $\text{Hash}(p)$ 的原理求 w_i 的 Hash 值 $\text{Hash}(w_i)$。但这样会导致每一个 $\text{Hash}(w_i)$ 都要运行一次上面的循环。

考虑到 w_i 和 w_{i+1} 有相当多的重复部分，所以可以利用 $\text{Hash}(w_i)$ 来推导出 $\text{Hash}(w_{i+1})$。

因为：$w_i=s_ik^{m-1}+s_{i+1}k^{m-2}+\cdots+s_{i+m-2}k+s_{i+m-1}$

$$w_{i+1}=s_{i+1}k^{m-1}+s_{i+2}k^{m-2}+\cdots+s_{i+m-1}k+s_{i+m}$$

$$w_{i+1}=\left(s_ik^{m-1}+s_{i+1}k^{m-2}+s_{i+2}k^{m-3}+\cdots+s_{i+m-1}\right)k$$

$$-s_ik^m+s_{i+m}$$

所以：$w_{i+1}=w_ik-s_ik^m+s_{i+m}$

所以：$\text{Hash}(w_{i+1})=\left(w_ik-s_ik^m+s_{i+m}\right)\bmod q$

根据模运算规则，有：

$$\text{Hash}(w_{i+1})=\left[(w_ik)\bmod q-s_ik^m+s_{i+m}\right]\bmod q$$

$$\text{Hash}(w_{i+1})=\left[\left(w_i\bmod q\right)k-s_ik^m+s_{i+m}\right]\bmod q$$

$$\text{Hash}(w_{i+1})=\left\{\left[\text{Hash}(w_i)-s_ik^{m-1}\right]k+s_{i+m}\right\}\bmod q$$

$$\text{Hash}(w_{i+1})=\left\{\left[\text{Hash}(w_i)-s_i\left(k^{m-1}\right)\bmod q\right]k+s_{i+m}\right\}\bmod q \tag{8-10}$$

因为 k、q、m 在计算 Hash 值之前就已确定，所以 $\left(k^{m-1}\right)\bmod q$ 可以先求出来，再进行 Hash 值的计算。

根据式（8-6），$\left(k^{m-1}\right)\bmod q=\left[\left(k^{m-2}\right)\bmod q\mathrm{k}\right]\bmod q=\dots$

$$=\left\{\left[\dots\left(k\bmod q\right)k\right]\dots\right\}\bmod q \tag{8-11}$$

所以，$\left(k^{m-1}\right)\bmod q$ 可用如下代码计算：

```
x=1;
for(i=0; i<m-1; i++)
        x = (x * k) % q;
```

代码运行结束后，x 的值即为$\left(k^{m-1}\right)\bmod q$ 的值，代入式（8-10）有：

$$\text{Hash}\left(w_{i+1}\right)=\left\{\left[\text{Hash}\left(w_i\right)-s_i x\right]k+s_{i+m}\right\}\text{modq} \tag{8-12}$$

因此，匹配时，先根据式（8-9）原理，把 $\text{Hash}\left(w_1\right)$ 值计算出来，其他的 $\text{Hash}\left(w_{i+1}\right)$ 值只要按式（8-12）进行计算，不需要再用循环，这样就可以大大节省计算时间。

综上所述，整个字符串匹配基本过程如下。

步骤 1：根据式(8-9)计算 $\text{Hash}\left(P\right)$，$\text{Hash}\left(w_1\right)$，根据式(8-11)计算 $\left(k^{m-1}\right)\bmod q$，并使 i=1。

步骤 2：如果 $\text{Hash}\left(P\right)==\text{Hash}\left(w_i\right)$，则找到可能的匹配串，转步骤 3。

否则转步骤 4。

步骤 3：顺序比较 P 和 w_i 中的每一个数值，如果全部相等，则找到匹配的串，返回位置 i，算法结束，如果中间有一个数不相等，则转步骤 4。

步骤 4：执行“i=i+1;”，如果 $i \leqslant n-m+1$，根据式（8-12）计算 $\text{Hash}\left(w_i\right)$，转步骤 2，否则算法结束。

下面以一个实例来说明用代码描述一下整个过程，假设组成串 S 和 P 的文本的字符集 $\Sigma=\{a,b,\cdots,z\}$，那么 $k=26$，整个过程用代码描述如下。

算法 8.6 字符串匹配算法。

输入：字符串 S 的数据 s[],长度 n,字符串 P 的数组 p[],长度 m，Hash 函数中的模数 q（为素数）。s[]和 p[]从下标为 1 的位置开始放置字符。

输出：匹配时 S 中首字符的位置 pos。

```
1.  int str_match(char s[],long n, char p[],long m,long q)
2.  {
3.       long k=26;                    //字母集所含字符的个数
4.       long i,t,hashw=0,hashp=0,x=1;
5.       long pos=-1;
6.       for(i=1; i<=m-1; i++)        //计算 k^(m-1) mod q
7.       x = (x * k) % q;
8.       for(i=1; i<=m; i++)          //s 第一个窗口子串的 Hash(w1)
```

```
                                    //Char_Num 为字符转数值函数
9.        hashw = (hashw * k + Char_Num(s[i])) % q;
10.       for (i=1; i<=m; i++)
11.       hashp = (hashp * k + Char_Num(p[i])) % q;  //模式串的 Hash 值
12.       i = 1;
13.       while ((i<n-m) && (pos ==-1))
14.       {
15.            if (hashw == hashp)          //判断 Hash 值是否相等
16.            {
17.                 for(t=1; t<=m; t++)      //若相等,检查是否匹配
18.                     if(s[i+t-1]!= p[t]) break;
19.                 if (t>m) return pos = i;    //匹配成功，返回 pos
20.            }                  //则匹配，否则不匹配
21.            hashw=((hashw-Char_Num(s[i])*x)*k+Char_Num(s[i+m]))%q;
22.            if(hashw<0)
23.            hashw+=q;
24.            i++;
25.       }
26.       return pos;
27.  }
```

由上述代码可以看出，如果函数 Char_Num 的运行时间准确界为$\Theta(1)$，则求$\text{Hash}(p)$、$\text{Hash}(w_1)$和$(k^{m-1})\bmod q$所需运行时间均为$\Theta(m)$。

在计算匹配的 while 循环中，如果不考虑 Hash 值均不相等，while 内部的 for 循环不执行，则整个算法的运行时间为$O(n+m)$。如果有一个匹配，则 for 循环执行一次，它的运行时间为$\Theta(m)$，此时整个算法的运行时间也为$O(n+m)$。

现在考虑一种最坏的情况，如果每次均有$\text{Hash}(p)$和$\text{Hash}(w_i)$相等，但内部 for 循环又有字符检验不匹配，则整个算法的时间复杂度就是$O(nm)$，这就与暴力算法一样了。因此，想要减少这种情况，就要减少 Hash 函数值的冲突，即当$w_i \neq p$时，尽量不要使$\text{Hash}(p) == \text{Hash}(w_i)$。

如果出现了 Hash 值冲突的情况，必然是算法中选择的q使得：

$$|w_i - p| \bmod q == 0 \tag{8-13}$$

在实际应用中，通常选择一个非常大的q值，比如10^{20}以上的一个素数，这样发生 Hash 值冲突的概率就会小于10^{-20}，如果真的偶尔发生了冲突，也就是多运行一次w_i与p各个字符的比较，对最终计算时间影响不大，所以如果q值选择得好，RK 算法既能保证匹配的正确性，又可使时间复杂度为$O(n+m)$。

从这个实例中，我们可以进一步体会到拉斯维加斯算法思想的独到之处。它通过 Hash 值相等判断两个串的匹配情况，这种算法思路简单且时间复杂度变小，但仅用 Hash 值相等判断又不能保证结果正确，所以加入了保证匹配一定正确的 for 循环，但加了 for 循环又使得算法退化，所以算法通过选择大的模数 q，使得 Hash 值相等，串又不匹配这种情况出现的概率非常低。因此既保证了算法的复杂度小，又保证了结果一定正确。所以从平均意义上讲，RK 算法就是一种时间复杂度小的好算法。

RK 算法的时间复杂度虽然达到了线性级别，但它要进行内部循环，并且要进行算术运算，而其他算法只要比较字符。

对于字符串匹配，还有效果更好的算法，如 KMP 算法、BM 算法、Sunday 算法，其中后两种尤其优秀，经常用于各种文本的查找上。有兴趣的读者可以查找相关资料进行学习。

当所有的 w_i 与 p 都不等，但它们的 Hash 值相等时，有：

$$\left(\prod_{i=1}^{n-m}|w_i-p|\right)\bmod q == 0$$

下面来讨论一下这个问题。

令 $r=\prod_{i=1}^{n-m}|w_i-p|$ ，因为 p 和 w_i 均为 k 进制，所以 $r<(k^m)^n=k^{mn}$ 。

根据数论理论：小于整数 x 的素数个数趋近于 $x/\ln(x)$ 。能整除一个整数 y 的素数个数小于等于 $\log_2 y$ 。

所以如果我们选择一个 x，在比 x 小的素数中找一个素数 q。

8.4.5 整数因子

假设 N 是一个能被分解为 pq 的数 ($N=pq$ ，且 $p\neq q$)，目标是找到 N 的其中一个因子。对于这一问题，用小于 N 的正整数逐个去试，就是一个线性算法，假设 N 很大，计算量是非常大的。进一步地，如果用随机算法去猜一个因子，假设 N 为 10^{10} 级别，则能猜中的概率就是 $1/(5\times10^9)$，接近于 0，基本上是不可能的事件。

但进一步考虑，如果在 1～1000 中，随机取一个给定的数，如 50，则取到 50 的概念为 1/1000。但如果随机取两个数 i, j，则 $|i-j|=50$ 的概率大约是 1/500。那如果我们在[1,1000]中选取 k 个数，$x_1,x_2,\cdots,x_k$，使得在这 k 个数中有至少一对数 $|x_i-x_j|==50$ 的概率是多少？随着 k 取值的不同，概率值如表 8-1 所示。

表 8-1　k 值不同，$|x_i-x_j|==50$ 成立的概率

k	概率	k	概率
2	0.0020	20	0.2870
3	0.0090	30	0.5710
4	0.0210	40	0.7650
5	0.0230	50	0.9050
6	0.0230	60	0.9710
7	0.0490	70	0.9890
8	0.0510	80	0.9990
9	0.0521	90	1.0000

注意到，在 1～1000 中，只要随机取 30 个数，在这 30 个数就有 50%以上概率存在两数之间相差为 50。再想一下在学习概率论时，有一个生日问题：班上有 k 个人，则这个班存在生日相同学生的概率如表 8-2 所示。

表 8-2　不同的 k 值，对应有生日相同学生的概率

k 值	概率	k 值	概率	k 值	概率
2	0.0010	22	0.4860	42	0.9050
3	0.0060	23	0.5180	43	0.9360
4	0.0200	24	0.5390	44	0.9360
5	0.0260	25	0.5760	45	0.9380
6	0.0400	26	0.5850	46	0.9430
7	0.0560	27	0.6050	47	0.9490
8	0.0830	28	0.6830	48	0.9630
9	0.0880	29	0.6590	49	0.9690
10	0.1340	30	0.7020	50	0.9680
11	0.1410	31	0.7390	51	0.9740
12	0.1710	32	0.7580	52	0.9820
13	0.1900	33	0.7810	53	0.9820
14	0.2240	34	0.8000	54	0.9850
15	0.2540	35	0.8350	55	0.9890
16	0.2810	36	0.8300	56	0.9850
17	0.3120	37	0.8660	57	0.9910
18	0.3720	38	0.8800	58	0.9870
19	0.3850	39	0.8870	59	0.9910
20	0.4110	40	0.8820	60	0.9900
21	0.4480	41	0.9000		

当 k 为 23 时，概率值超过了 50%，结合上一次 k=30 时 50%概率，提示我们，当一次性随机选择的个数到了大约总量的平方根数时，存在相减之差有一半的概率是我们想得到的数据。

那么现在就可以问另一个问题，在小于 N 的正整数中，随机取 k 个数，$|x_i - x_j|$ 能整除 N 的概率是多少？答案是随机取 $k = \sqrt{N}$ 个数，$|x_i - x_j|$ 能整除 N 的概率大约是 50%。这样从原来的 N 个数中随机找一个数去整除 N，找到的概率是 $1/N$，现在变成了 $1/\sqrt{N}$。

如果是 10 位数，现在只需要找 5 位数。但我们还再在这个里面去两两做减法并且还要做除法。这里不仅要装 5 位数，还要进行 10 位数数据的比较。似乎又回到了原始状态。然而，现在不问 $|x_i - x_j|$ 能否整除 N，而是问 $|x_i - x_j|$ 和 N 的最大公约数是不是大于 1，如果它们的公约数大于 1，即：$\gcd\left(|x_i - x_j|, N\right) > 1$,则表明这个公约数就是 N 的一个因子，任务也就完成了。因为存在公约数的情况比仅仅一个因子 q 要多很多，例如：如果 $N = 16$，随机找出 k 个数，出现 $|x_i - x_j|$ 为 8，这只有一个数，但如果找最大公约数大于 1 的情况，那么 $|x_i - x_j|$ 就可以为 2、4、6、8、10、12、14 等数据，只要找到一个，就找到了 N 的一个因子，这样随机找出的 k 个数出现因子的概率就要大得多。

但这又带来了新的问题，即使是这样的调整，k 值大约要找 $N^{1/4}$ 个数据，当 N 很大时，这些数据找出来后要占据大量内存，Pollard 算法解决了这个问题。它的主要思想是不生成随机的 k 个数并两两比较，而是一个一个地生成并检查连续的两个数，反复执行这个步骤并希望能够得到想要的数。在这个过程中，内存中只存放了两个数据。具体做法是用一个函数来生成伪随机数，这个函数是：

$$f(x) = \left(x^2 + c\right) \bmod N \tag{8-14}$$

这里的 c 是自己给定的。现在从 $x_1 = 2$ 或者其他数开始，然后，就可以计算：$x_2 = f(x_1)$，$x_3 = f(x_2)$，…，$x_{n+1} = f(x_n)$，并判断 $\gcd\left(|x_{n+1} - x_n|, N\right) > 1$。如果大于 1，则最大公约数就是 N 找到的一个因子，结束；否则断续判断。

然而，这种算法再一次存在一个问题，就是 $f(x)$ 函数在某些少数情况下，计算出的 $x_1,\cdots,x_n$ 系列会陷入一种无限循环中，生成不了应该有的 x_i。针对这种情况，Floyd 发明了一种算法，先令 $x_1 = x_2 = 2$，然后按公式：$x_1 = f(x_1)$ 和 $x_2 = f(f(x_2))$ 再计算 x_1 和 x_2，并判断 $\gcd\left(|x_2 - x_1|, N\right)$ 是否大于1，如果大于 1，则找到一个因子，如果等于 1，继续计算 x_1 和 x_2，并判断。代码如下：

```
long Integerfactor(long N)
{
  long x1=2,x2=2;
  while(x1!=x2)
  {
   x1=fun(x1);      //fun 函数完成式（8-14）的计算
   x2=fun(fun(x2));
   int gcdNum=gcd(x1,x2,N);  //gcd 函数求 gcd(|x2-x1|,N)
   if(gcdNum>1)
      return gcdNum;
   }
   return-1;//没有找到
}
```

如果算法没有找到因子，可以更换函数$f(x)$，或者调整式（8-14）中的c值继续计算。

8.5 蒙特卡罗算法

20世纪40年代，J.冯·诺伊曼、S.M.乌拉姆和N.梅特罗波利斯三巨头在洛斯阿拉莫斯国家实验室为核武器计划效力时，发明了一种算法，这是一种以概率为基础的算法。乌拉姆因为他的叔叔经常在摩纳哥的蒙特卡罗赌场赌钱，本质上也是依赖于概率的事件，因此他戏称这种算法为蒙特卡罗算法。

在实际应用中，我们经常会遇到一些问题，不论采用什么算法都无法保证每次都能得到正确的解答，但我们又想得到答案，于是就采用某种经验给出一个答案，如果你试的次数越多，就越有可能接近或者得到答案，这就是蒙特卡罗算法的本质。但蒙特卡罗算法可以对问题的实例给出一个解，但是通常无法判定这个解是否正确。

设p是一个实数，且$0.5<p<1$。如果一个蒙特卡罗算法对于问题的任一实例得到正确解的概率不小于p，则称该蒙特卡罗算法是p正确的，且称该算法的优势是$p-0.5$。这就相当于赌博，如果你能保证赢的概率大于0.5的话，就可以尽情地赌，虽然不能保证你每次都赢，但你赌的次数多了，赢的可能性就非常大。问题是现实非常残酷，基本上没有人能做到赢的概率大于0.5。

如果对于同一实例，蒙特卡罗算法不会给出 2 个不同的正确解答，则称该蒙特卡罗算法是一致的。

8.5.1 函数极大值估计问题

有函数 $f(x)=200\sin(x)\times e^{-0.05x}$，试估计 x 在区间[−2,2]上该函数的极大值 $f_{\max}$。对于这个问题，我们难以用求解极值的方法去求它的正确值，于是我们在[−2,2]上对 x 进行随机采样，然后计算出 $f(x)$ 的值作为函数的极值，显然，这个值不是函数极值的概率非常大，于是进行多次采样，把得到最大值作为函数的极值，这样采样的次数多了，最终得到的极值估计就有很大可能接近极大值。

假设集合 $X=\{x\,|\,\mathrm{abs}\left(f\left(x\right)-f_{\max}\right)<\varepsilon\}$ 是估计值允许精度范围内的 x 值的集合，其中 ε 是允许的误差值，设 X 在[−2,2]范围内的长度为 s，则采样得到 X 中一个元素的概率就是 $s/4$。所以如果想要估计的精度越高，也就是 ε 越小，则需要采样的次数就可能越多，因为采取到一个 X 中的元素的可能性越小。

代码描述如下。

算法 8.7 求函数极值的蒙特卡罗算法。

输入：采样的次数 n。

输出：可能的极值。

```
1.  double  MonteCarlo(int n)
2.  {
3.      int i;
4.      double max=0,f,x=0;
5.      max= 200*sin(x)*exp(-0.05*x);          //给 max 一个初始值
6.      srand(time(NULL));
7.      for(i=0;i<n;i++)
8.      {
9.          x=(rand()*1.0/RAND_MAX-0.5)*4;     //在区间[-2,2]上随机选一个 x
10.         f= 200*sin(x)*exp(-0.05*x);
11.         if(max<f)
12.             max=f;
13.     }
14.     return max;
15. }
```

最后得到的一个结果为 185.122504，多次执行这个代码，基本上维持在这个数附近，也非常接近于函数在区间[−2,2]上的极值。

8.5.2 主元素问题

设数组 T 含有 n 个元素，当数组中有一半以上（不含一半）的元素为 x 时，称元素 x 是数组的 T 主元素。例如：数组 T[]={5,5,5,5,5,5,1,3,4,6}中，其中元素 5 占到整个元素个数的 6/10>0.5，所以 5 为数组 T 的主元素。

判断是否存在主元素，可以拿数组中每一个元素与数组中所有元素比较，得到每个元素在数组中出现的次数，这种算法的时间复杂度为 $\Theta(n^2)$ 。

由于一个数列中主元素出现的次数超过 $n/2$ ，因此，如果主元素存在，随机抽取一个元素，则抽到主元素的概率大于 1/2，这就构成了蒙特卡罗优势。当我们随机抽样次数增加以后，判断失误的概率就会变得越来越小。

应用蒙特卡罗算法，求解主元素，随机选择一个下标，然后把这个下标所在元素值 x 与数组中所有元素的值比较，发现它的个数大于 $n/2$ ，则返回 True,否则返回 False。具体代码描述如下。

算法 8.8 求序列数据中的主元素。

输入：数组 T，元素个数 n。

输出：函数返回是否找到主元素（找到返回 true ,否则返回 false，并把随机的取值存入 x 返回）。

```
1.  bool Majority(int *T,int n,int &x)
2.  {
3.       int i,j,count=0;
4.       srand(time(NULL));
5.       i=rand()%n;    //随机取得下标
6.       x=T[i];         //得到下标 i 中的元素值
7.       for(j=0;j<n;j++)  //判断这个元素是否是主元素
8.       {
9.            if(T[j] == x)
10.           {
11.                count++;
12.           }
13.      }
14.      return (count>n/2.0);  //k>n/2 时，T 含有主元素
15. }
```

从代码可以看出，这个函数运行的时间复杂度为 $\Theta(n)$ ，并且空间复杂度为 $\Theta(1)$ 。因为如果有主元素，返回 false 的概率小于 0.5，这说明序列存在主元素而

函数找不到主元素的概率小于 0.5，因此，如果序列存在主元素，连续执行函数 t 次返回 false 的概率小于 2^{-t}，即发生错误的概率小于 2^{-t}。

设序列中有主元素而函数找不到的概率小于一个给定值 $\varepsilon>0$，即：$2^{-t} < \varepsilon$，则 $t > \log_2(1/\varepsilon)$，因此，把上面的函数 Majority 改成如下算法。

算法 8.9 求序列数据中的主元素。

输入：数组 T，元素个数 n，错误概率 e。

输出：函数返回是否找到主元素（找到返回 true, ,否则返回 false，并把随机的取值存入 x 返回）。

```
1.  bool Majority_M(int *T,int n,int &x,double e)
2.  {
3.        int i,j,count=0,num;
4.        srand(time(NULL));
5.        int t;
6.        t=(int)(log(1/e)/log(2.0));
7.        for(num=0;num<t;num++)
8.        {
9.              i=rand()%n;
10.             x=T[i];
11.             for(j=0;j<n;j++)
12.             {
13.                   if(T[j] == x)
14.                   {
15.                         count++;
16.                   }
17.             }
18.             if(count>n/2.0)
19.             {
20.                   return true;
21.             }
22.       }
23.       return false;
24. }
```

这是一个偏真的蒙特卡罗算法，且其错误概率小于 ε。算法所需的计算时间显然是 $O\left[n\log_2(1/\varepsilon)\right]$。

现在假设序列中搜索到主元素的概率为 p，那么内层 for 循环返回 true 的概率就是 p，则执行两次返回 true 的概率是 $p+(1-p)p$，如果执行 t 次，则返回 true

的概率为：

$$
\begin{aligned}
& p+(1-p)p+(1-p)^2 p+\cdots+(1-p)^t p \\
& = p\left[(1-p)^0+(1-p)^1+(1-p)^2+\cdots+(1-p)^{t-1}\right] \\
& = 1-(1-p)^t
\end{aligned}
$$

也就是说，如果主元素个数越多，则上述算法找到主元素的可能性就越大。表 8-3 显示了不同概率 p 和次数 t 返回 true 的概率 p_t。

表 8-3 不同概率 p 和次数 t 返回 true 的概率

p \ p_t \ t	1	2	3	4	5	6
0.5	0.5	0.75	0.875	0.938	0.969	0.984
0.6	0.6	0.84	0.936	0.974	0.990	0.996
0.7	0.7	0.91	0.973	0.992	0.998	0.999

从表 8-3 可以看出，当蒙特卡罗算法优势一定时，增加执行次数可以稳步提高返回正确值的概率，当主元素出现的概率为 0.7 时，只需要执行 6 次，返回 true 的概率就能达到 0.999。当执行次数一定时，如果优势越大，得到正确结果的可能性就越大，同时，如果优势小，可以通过增加执行次数来加大获取正确结果的可能性。

有了理论上的概率估计，就可以在实际应用中根据需要调整代码的执行次数，反之，缺少理论指导，就会导致在实际编程时盲目地确定执行的次数。

8.5.3 素数测试问题

测试素数是一个常见的问题，比如 8.4.4 节中随机字符串匹配算法中就要确定一个素数 q，还有在计算机构建密码安全体系时也常常用到素数，并且所用到的素数非常大，达到 2000 位以上。判断一个整数 x 是不是素数，用一个简单的算法就是扫描区间 $\left[2,\sqrt{x}\right]$ 中的所有整数，如果有一个数能整除 x，则 x 就不是素数，否则就是素数。这个算法看起来能解决问题，但现在判断的如果是一个有 2000 位以上的数，那么判断整除的次数就是某个 1000 位以上的数，1000 位以上的数是一个非常庞大的数，即使你用速度为每秒 10^{20} 次浮点运算的超级计算机计算，所花时间也是不可想象的，因此检测素数必须寻找新的办法。

大家都拿过自己买的快递，当你去拿快递的时候，快递小哥为验证你是不是货件的买家，会问你电话尾号是多少，如果你说对了，他就认为你是货件买家的可能性非常大，如果他再问你一句，货从哪里寄来的，你也答对了，他基本上就确认你是买家了，之所以可以作这样的判断，是因为快递小哥认定别人知道你的电话尾号和货物来源地的概率极小。我们把快递小哥的思路用到素数的检测上来，假设我们先认定素数（买家）和极少数合数（其他人）具有某些性质（知道电话尾号、货物寄出地等），那么一个要检测的数（你）如果满足这些性质，则这个数（你）是素数（货主）的可能性就比较大。如果我们把性质进一步严格限定，素数都符合，合数具有这种性质的可能性极小，那么能通过性质检测的数就可以基本认定是一个素数。也就是说，通过素数检测的数是真正素数的概率就极高。

下面介绍一个素数性质的定理，即费尔马（Fermat）小定理：

如果一个整数 n 是素数，而整数 a 不是 n 的倍数，有 $a^{n-1} \bmod n = 1$。

在很多时候 $a^{n-1} \bmod n = 1$ 通常写成 $a^{n-1} \equiv 1 \pmod{n}$。这个定理这里不加证明，有兴趣的读者可以参考数论方面的书。费尔马小定理表明，如果存在一个小于 n 的正整数 a，有 $a^{n-1} \bmod n \neq 1$，则 n 一定不是素数。但费尔马小定理反过来不一定成立，有些合数也满足这个定理，如 341，我们把这样的合数称为伪素数，幸运的是伪素数个数较少，后面会说明这种情况的处理办法。

现在我们先说明怎样应用费尔马小定理来判断一个数是不是素数或伪素数，具体做法是先随机选择一组整数 a，检查所有选出的 a 对于 n 是不是满足费尔马小定理，如果不满足，则说明 n 一定不是素数。

那么如何得到 $a^{n-1} \bmod n$ 的值呢？这里先考虑求 $a^m \bmod n$ 的值，前面式（8-10）给出了一种算法，但这个算法的时间复杂度为 $\Theta(m)$，这里给出另一种算法，它的时间复杂度为 $\Theta(\log m)$。

令 m 的二进制形式为 $b_k b_{k-1} \cdots b_0$，$b_k=1$ 为最高位，那么 $a^m = a^{b_k b_{k-1} \cdots b_0}$。假设 $c = a^{b_k b_{k-1} \cdots b_j} \bmod n$，根据二进制数据特点，有：

$$c = a^{b_k b_{k-1} \cdots b_j b_{j-1}} \bmod n = \begin{cases} (cc) \bmod n, & b_{j-1} = 0 \\ (cca) \bmod n, & b_{j-1} = 1 \end{cases} \tag{8-15}$$

所以求 $a^m \bmod n$ 的值的算法先求得 $c = a^{b_k} \bmod n$，然后根据式（8-15）推出 $c = a^{b_k b_{k-1}} \bmod n$，这样一直计算 c，直到计算出 $a^{b_k b_{k-1} \cdots b_0} \bmod n$，用代码描述如下。

算法 8.10 指数运算后求模。

输入：a,m,n。

输出：返回 $a^m \bmod n$ 的值。

```
1.  int mode_n(int a,int m,int n )
2.  {
3.        int i, c, k = 0;
4.        int *b =new int[(int)(log(n)/log(2.0)+1)];        //开辟空间
5.        while (m != 0)                          //把 m 转换为二进制数并存放在 b[k]
6.        {
7.              b[k++] = m % 2;
8.              b=(int*)realloc(b,sizeof(int)*(k+1));      //增加空间
9.              m /= 2;
10.       }
11.       c = 1;
    //下面的循环计算 a^m(mod n)
12.       for (i=k-1;i>=0;i--)
13.       {
14.              c = (c * c)% n;
15.              if (b[i]==1)
16.                   c = (a * c) %n;
17.       }
18.       delete b;
19.       return c;
20.  }
```

这个算法包含两个循环，其运行时间均为$\Theta(\log m)$，所以整个算法的时间复杂度也为$\Theta(\log m)$。其空间复杂度主要是存放 m 的二进制的数组和一个存放余数的 c，很显然，这个空间复杂度也为$\Theta(\log m)$。

有了这个算法，就可以简单地用下面的程序做一下测试：

```
bool prime_test(int a,int n)
{
     if(1==mode_n(a,n-1,n))              //如果结果为 1，则是素数或者伪素数
          return true;
     else
          return false;
}
```

因为费尔马小定理只是素数的必要条件，而不是充分条件，因为有一些合数，存在不同的 a 值，一些使 $a^{n-1} \bmod n$ 的值为 1，另一些又不为 1。比如合数 n=341，当 a 取为 2 时，$2^{341-1}\text{mod}341$的值为 1，当 a=3 时，$3^{341-1}\text{mod}341$ 的值为 56。那么伪素数多不多呢？统计表明，在前 10 亿个自然数中共有 50847534 个素数，而满

足 $2^{n-1} \bmod n = 1$ 的合数却只有 5597 个。这样算法出错的可能性约为 0.00011。这个概率显得有点高了，但是注意到 5597 个合数是 a=2 为底时才满足结果为 1 的。

一个合数 n 能在 a=2 时满足 $2^{n-1} \bmod n = 1$，能通过素数的测试，它并不满足 $3^{n-1} \bmod n = 1$，排除了素数的可能，比如合数 341。于是，人们扩展了伪素数的定义，称满足 $a^{n-1} \bmod n = 1$ 的合数 n 叫作以 a 为底的伪素数。

前 10 亿个自然数中同时以 2 和 3 为底的伪素数只有 1272 个，这个数目一下就减少了 3/4。这就告诉我们，如果同时验证 a=2 和 a=3 两种情况，算法验证的出错概率大概就只有 0.000025。基于此，就可以用多个 a 对待检测数据 n 作测试，a 选取的越多，算法越准确。

通常做法是随机选择若干个小于待测数 n 的正整数 a 测试，只要有一次没有通过，则 n 就是合数。这就是 Fermat 素性测试。

那么有没有这样的合数 n，把所有小于它并且与它互质的底数 a 都测试一次，所有测试都满足 $a^{n-1} \bmod n = 1$ 呢？如果有，对这种数来说，变化 a 做测试就没有意义，但是现实中居然就有这样的合数。Carmichael 第一个发现了这样极端的伪素数，他把它们称作 Carmichael 数。

第一个被发现的 Carmichael 数为 561，前 10 亿个自然数中 Carmichael 数居然有 600 个之多。Carmichael 数的存在说明，Fermat 素性测试还是有点小问题，需要继续探索新的素数测试算法。

Miller 和 Rabin 两个人的工作让 Fermat 素性测试工作向前推进了重要的一步，建立了 Miller-Rabin 素性测试算法，该算法是在定理 8.1 的基础之上建立的。

定理 8.1 如果 n 是素数，x 是小于 n 的正整数，且 $x^2 \bmod n = 1$，则 $x \bmod n = 1$ 或者 $x \bmod n = n-1$。

因为 $x^2 \bmod n = 1$ 相当于 n 能整除 x^2-1，也即 n 能整除 $(x+1)(x-1)$。由于 n 是素数，那么只可能是 $x-1$ 能被 n 整除或 $x+1$ 能被 n 整除，前者 $x \bmod n = 1$，后者 $x \bmod n = n-1$。

前面对合数 341 进行了测试，它可以通过以 2 为底的 Fermat 测试，因为 $2^{341-1} \bmod 341 = 1$，可写成 $\left(2^{170}\right)^2 \bmod 341 = 1$。如果 341 真是素数的话，那么 $2^{170} \bmod 341$ 的结果只能是 1 或 340。

算得 $2^{170} \bmod 341$ 确实等于 1，因为 2^{170} 是 $(2^{85})^2$，继续查看 $2^{85} \bmod 341$ 的结果发现，$2^{85} \bmod 341 = 32$，因为 32 不为 1 或者 341-1，所以 341 不为素数。

这就是 Miller-Rabin 素性测试的方法。不断地提取指数 $n-1$ 中的因子 2，把 $n-1$ 表示成 $2^m d$（其中 d 是一个奇数），检测素数时需要计算的 $a^{n-1} \bmod n$ 就相当于计算

$a^{2^m d}\bmod n$。如果 n 真的为素数，$a^{2^m d}\bmod n=1$，且根据定理 8.1，$a^{2^{m-1} d}\bmod n$ 的值要么为 1，要么为 $n-1$。

如果 $a^{2^{m-1} d}\bmod n=1$，则继续计算 $a^{2^{m-i} d}\bmod n$，直到 $m-i=0$ 或者 $a^{2^{m-i} d}\bmod n=n-1$ 为止。在这个过程当中，如果有一个 i 值 $(0\leqslant i\leqslant m)$ 使得 $a^{2^{m-i} d}\bmod n=1$，但 $a^{2^{m-i-1} d}\bmod n$ 的值不是 1 或者 $n-1$，则 n 就不是素数。

Miller-Rabin 素性测试同样是一个不确定性算法，数学家们把可以通过以 a 为底的 Miller-Rabin 测试的合数称作以 a 为底的强伪素数(strong pseudoprime)。第一个以 2 为底的强伪素数是 2047，第一个以 2 和 3 为底的强伪素数为 1373653。

由上面分析可知，如果 n 不能通过 Miller-Rabin 测试，则一定是合数；如果能通过，则 n 是素数的概率是非常高的。

可以证明，如果 n 是 Carmichael 数，Miller-Rabin 测试把它当成素数的概率小于等于 1/4。为进一步降低错误率，可以选择不同的 a，多次进行测试。如果测试次数为 k，则错误概率为 4^{-k}，所以当 k 很大时，Miller-Rabin 测试正确率是很高的。

因为上述描述的 Miller-Rabin 测试过程中，在求完 $a^{2^{m-i} d}\bmod n$ 后，再求取 $a^{2^{m-i-1} d}\bmod n$ 时产生过多计算，在实际编程实现中，一般反过来测试。先求 $a^d\bmod n$ 值 temp，再求 $a^{2d}\bmod n$ 的值为 $c=(\text{temp}\times\text{temp})\bmod n$，这样就避免了多运行一次 mode_n 函数求余数值了。实际测试的 Miller-Rabin 算法描述如下。

步骤 1：把 n−1 转化为 2^m*d 的形式，算出 d 和 m 的值；给定测试次数 testnum 的值；test←1。

步骤 2：在[2,n−2]上随机选择一个整数 a 作为底。

步骤 3：temp=c=mode_n(a,d,n)，并且 j←0。

步骤 4：当 $j<m$ 时，执行以下语句，否则转步骤 8。

步骤 5：c=(c*c)%n;

步骤 6：如果 c 是 1 但 temp 不为 n−1 或 1，则返回 false 并结束。

步骤 7：temp←c;c←(c*c)%n; j←j+1;转步骤 4。

步骤 8：如果 c 不等于 1，返回 false 并结束。

步骤 9：test←test+1，如果 test<testnum，返回步骤 2，否则，返回 true。

这个描述中返回值 false 表示不是素数，true 表示是素数。

具体算法用代码描述如下。

```
1.  bool MillerTest(long n)
2.  {
3.       int i,j,d,m=0,testnum=0,c;
4.       long a;
```

```
5.        long temp;
                                    //把 n-1 转化为 2^m*d 的形式，算出 d 和 m 的值
6.        d=n-1;
7.        while(0==d%2)
8.        {
9.             d=d/2;
10.            m++;
11.       }
12.       testnum=12;                        //12 为测试次数，可以根据需要自己选
13.       srand(NULL);
14.       for(i=0;i<=testnum;i++)            //进行素数测试
15.       {
16.            a=rand() %(n-3)+2;           //随机选择一个基数
17.            c=mode_n(a,d,n);            //求 a^d mod n
18.            temp=c;
19.            for(j=0;j<m;j++)
20.            {
21.                 c=(c*c) % n;                      //a^(2^m*d) mod n
22.                 if(c==1 && temp!=n-1 && temp!=1)  //返回不是素数
23.                      return false;
24.                 else
25.                 {
26.                      temp=c;
27.                      c=(c*c) % n;
28.                 }
29.            }
30.            if(c!=1)return false;
31.       }
32.       return true;
33.  }
```

根据上述算法描述，mode_n(a,d,n)的运行时间为$O(\log_2 d)$，for(j=0;j<m;j++)循环执行时间为$O(m)$，考虑到执行次数 testnum，所以整个 Miller-Rabin 测试的运行时间为$O(\text{testnum}\times(\log d+m))$。

8.6 随机算法的应用

随机算法以其优秀的特性和对自然世界随机的相似性，其思想已经被广泛应用。与此相关的应用中，AlphaGo 和 AlphaGo Zero 战胜世界围棋顶尖高手这一事

件在大众中都具有极大的影响。AlphaGo 和 AlphaGo Zero 软件就是应用了一种称为蒙特卡罗搜索树的算法，还有我们可能平时没有注意的微信红包上都应用了相应的随机算法。

随机化算法在概率论和数理统计以及随机过程理论指导下，已经在机器学习、大数据、博弈论、控制、最优化、网络工程、通信、密码学、应用统计学、金融学、计量经济学等各领域占有独特的位置。本书不能进一步去举例与分析，读者可以进一步阅读相关资料，比如莫特瓦尼(美)著的《随机算法》以及参考相关论文或资料。

习 题

1．思考如何衡量随机算法的性能。

2．设计一个随机检索算法，在有序表的 low 和 high 之间检索 x。要求在 low 和 high 之间随机选择一个元素进行检索，以取代二叉检索算法。

3．假设使用随机选择算法来选择数组 A=（3,2,9,0,7,5,4,8,6,1）的最小元素。请给出一个划分序列，它导致了随机选择算法的最坏情形的发生。

4．设计一个算法，要求输入包含两个整数 m 和 n，其中 $m<n$，输出是 $0\sim n-1$ 范围内的 m 个随机整数的有序列表，不允许重复。从概率角度来说，希望得到没有重复的有序选择，其中每个选择出现的概率相等。

5．假设 n 是一个素数，令 x 为 $1\leqslant x\leqslant n-1$ 的整数，如果存在一个整数 y，$1\leqslant y\leqslant n-1$，使得 $x=y^2(\bmod n)$，则称 y 是 x 的模 n 的平方根。例如，9 是 3 的模 13 的平方根。设计一个拉斯维加斯算法，求整数 x 的模 n 的平方根。

6．抛掷 10 次硬币，得到正面的次数可能为 0,1,2,…,10。用数组元素 $C[i]$来统计每抛掷 10 次硬币出现 i 次正面的计数。例如，连续抛掷 10 次硬币，全部出现反面，元素 $C[0]$加 1；出现 3 次正面，元素 $C[3]$加 1……用随机数发生器产生的 0、1 来模拟硬币抛掷出先正、反面。设计一个算法，把每抛掷 10 次硬币作为一个试验，重复 10000 次这样的试验，打印出现正面的频率图。

第9章

NP 完全问题

到目前为止，我们从排序开始，相继在递归分治、贪婪、动态规划、回溯、分支与限界和随机算法上进行了很多算法设计与分析，似乎没有解决不了的问题，这可能给我们一个印象——算法可以解决一切问题。那么算法真的能解决所有问题吗？很遗憾的是：不能。实际上，前面我们讨论的算法所解决的问题都是“易解的”一类问题，即容易解决的一类问题，现实世界中还有很多“难解的”问题。

所谓易解的问题，要满足两个条件，一是问题要存在一个答案，二是这个答案要能够被找出来，这里的找出来指的是在寻找问题的答案过程中，所需的时间和空间应是合理的。在第 1 章分析时间复杂度时，我们知道指数阶算法随着规模的增大，计算量增加趋势太快，当规模增大时，很快就会超出物理计算设备所容许的条件，导致计算时间超过人们承受的范围。

定义 9.1 如果一个算法的最差时间效率属于 $O(p(n))$，如果 $p(n)$是一个问题规模 n 的多项式函数，则可以在多项式时间内解决的问题称为易解的，不能在多项式时间内求解的问题称为难解的。注意能在对数阶时间内求解的问题也能在多项式时间内求解。

本书前面讨论的问题所用算法，其时间复杂度大部分是多项式时间，所以是易解问题，一个特例是汉诺塔问题，这是一个难解问题，它的时间复杂度是 $O(2^n)$。所有与指数阶同步或者比指数阶增长更快的问题都是难解的，所有与多项式同步或者比多项式增长慢的都是易解的。

为什么要按多项式时间来把问题分为易解的和难解的呢？这主要有四条理由：一是难解问题很难在合理的时间内解决所有实例求解；二是多项式时间虽然因为指数有差别，运行时间差别也很大，但实际中一般多项式的指数很少大于 3，而且作为算法下界的多项式，它的系数一般也不会太大；三是多项式函数有良好的特性，具体来说，就是两个多项式相加也是一个多项式；四是用选用了多项式这种类型以后，可以发展出一种称为计算复杂度的理论，这个理论试图根据问题的内在复杂度对问题分类，根据这种理论，只要用一种主要的计算模型来描述问题，并用一种合理编码方案来描述输入，问题的难解性都是相同的。

从计算的观点看，本章不针对问题去设计算法，而是讨论它们在计算复杂度上存在什么关系。

9.1 判定问题和优化问题

本书前面讨论了许多算法，解决了许多问题，这些问题看似多种多样，但不外乎两种问题，一种是判定问题，一种是优化问题。判定问题讨论的是“一种特定的表述”是否为真，其最终答案只有两种情况：“对”或者“错”；优化问题讨论的是根据定义好的标准找一个最优的解，它牵涉到极值问题。

判定问题可以很容易地表述为语言的识别问题，从而方便在图灵机上求解。比如背包问题可以表述为：给定 n 个物体，其价值和重量分别为 v_i 和 w_i，再给定一个总重量 w 和一个实数 c，是否存在一个物体组合，其价值大于 c 而总重量小于等于 w？如排序问题可以表述为：给一组数据，它们是否可以按非升序排序？图的着色问题可以表述为：给定无向图 $G=(V,E)$，是否可以用 c 种颜色为每一个顶点着色，使得相邻两个顶点的着色不同？

优化问题涉及极值问题，分为极小值问题和极大值问题。比如，最小生成树问题，给定一个带权图，要求寻找一棵权值之和最小的生成树。这显然是一个极小值问题。比如背包问题：给定 n 个物体，其价值和重量分别为 v_i 和 w_i，再给定一个总重量 w，寻找一个物体组合，使得总重量不超过 w 的情况下，其价值最大。这就是极大值问题。

如果我们把上述最小生成树问题表述成：给定一个带权图和一个数 c，是否存在一棵权值之和小于 c 的生成树？这就成了一个判定问题。再考虑到上述背包问题的两种不同描述，有人就可能问这样的问题：是不是判定问题和优化问题可以转换呢？是的，答案是肯定的。

例如图着色问题的优化问题，给定图 $G=(V,E)$，寻找一个最少的颜色种数，使得相邻顶点的颜色不同。令图的顶点个数为 n，给定一个颜色种数 c，现在假设存在着一个多项式时间算法 GraphColoring 可以实现图的判定问题，即图 G 是否可以用颜色数 m 进行着色。

bool GraphColoring(Gragh G, int n, int & m) //能进行着色，返回 true

那么可以用下面的算法来实现图着色的优化问题：

```
void Min_color(Gragh G,int n int &m)
{
    int low,high,mid;
    high=n; low=1;
    while(high>=low)
    {
        m=(low+high)/2;
        if(GraphColoring(G,n,m))
            low=m+1;
        else
            high=m-1;
    }
    m=high;
}
```

这个算法中，while 语句实现的是一个二叉检索过程，找到给图着色的最少颜色种数，调用 GraphColoring 的次数为 $O(\log n)$。因为算法 GraphColoring 是一个多项式时间算法，因此，Min_color 算法也是一个多项式时间算法，这样一个图着色的判定问题就转换成了它的优化问题。

正是由于判断问题和优化问题之间对应和相互转换，因此下面就只讨论判定问题，而不关心优化问题。

9.2 P 类问题和 NP 类问题

有了上述概念以后，下面介绍两个重要的概念，就是 P 类问题和 NP 类问题。

定义 9.1 一个判定问题，如果满足以下条件，就可以被认为是确定性多项式时间内求解的。

① 存在一个算法 A，A 的输入是 D 的实例，算法 A 最后总能给出“是”或“不是”的答案。

② 存在一个多项式函数 p，D 的实例规模为 n，则算法 A 可以在 $p(n)$ 的时间内结束。

如果一个问题在多项时间内可以求解，则这个问题就称为 P 类问题，所有满足上述两个条件的问题就构成 P 类问题的集合。

例如，最小生成树问题、网络流问题都是 P 类问题，汉诺塔问题因为所用递归算法的时间复杂度不是多项式时间，因此不是 P 类问题。

一般地，人们将 P 类问题等同于计算可行性问题，是易解的，但在现实中，多项式的指数过高是不是易解呢？例如：$O(n^{200})$，这与我们从算法分析中的角度来看，还是易解的，算法分析中还是一个多项式，增长是合理可控的。指数或更高阶是难解的。

与 P 类问题对应的是 NP 类问题，NP 类问题的英文为：Non-deterministic Polynomial Problem，即非确定性多项式问题。

定义 9.2 一个判定问题 D，如果满足以下两个条件，称其为非确定性多项式时间可解的。

① 存在一个算法 A，A 的输入是 D 的潜在证人，A 总是正确辨认该证人的是否正确。

② 存在一个多项式函数 p，如果潜在证人对应的 D 的实例大小为 n，则 A 在不超过 $p(n)$个步骤内结束。

给定一个问题，如果它是在非确定性多项式中可求解的，则这个问题属于 NP 类问题。从定义 9.1 和定义 9.2 看，多项式时间可解与非确定性多项式时间可解好像没有什么区别，但仔细看定义就可以知道，两个定义区别在于定义里的第①条，多项式时间可解是给出答案，而非确定性多项式时间可解是判定答案是否正确。

为进一步理解这个概率，下面介绍一下（确定性）图灵机和非确定性图灵机。图灵机是 1936 年由英国数学家艾伦·麦席森·图灵(1912—1954 年)提出了一种抽象的计算模型，可以将它想象成一个带有很长磁带的机器，机器上有一个磁头，可在磁带上左右移动，可从磁带上面读取字符作为图灵机的输入或输出字符到磁带上，作为其输出。如图 9-1 所示。

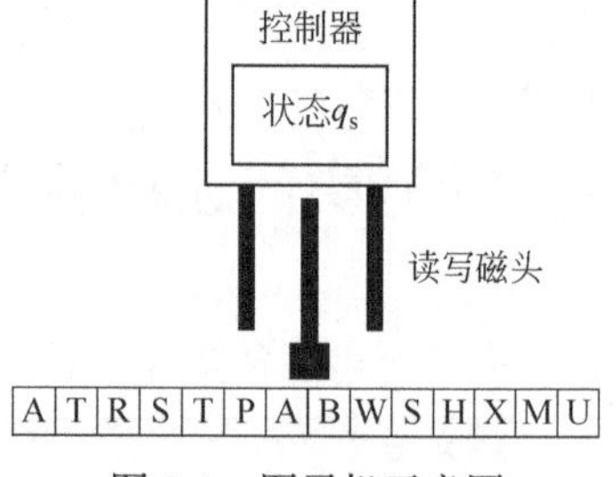

图 9-1 图灵机示意图

该状态机如果给定一个状态和输入，就可确定一个输出，一个向左或向右的移动以及下一个状态。这种图灵机只要状态和输入给定，后面的三个结果就是确定的。图灵机的执行指令通常用一个五元组表示（q_s,input,ouput,move,q_{next}），例如在图 9-1 中，如果在状态 q_s 时有这样一个五元组（q_s,A,C,R,q_t），那么，读写头把字符 A 改写为 C，并且向右移动一位，并使图灵机处于状态 q_t。其实，这就是计算机所执行的指令系列，一个算法实质上也就是在执行这样的系列。

这表面看起来非常简单，但现实世界中大多数问题都可以转化为这种方式来解决，图灵机中的字符只是对现实世界的一种抽象化，随着状态、读取和读入的增加，可以模拟更复杂的现实问题。

更正式地，一台图灵机 M 是一个七元组，$\left(Q,\Sigma,\Gamma,\delta,q_0,q_{accept},q_{reject}\right)$，其中 Q,Σ,Γ 都是有限集合，且满足：

① Q 是有限状态集合。

② Σ 是输入字母表，其中不包含空白符（一种特殊字符）。

③ Γ 是带子上字母表，其中空白符$\in\Gamma$ 且 $\Sigma\in\Gamma$ 。

④ δ：$Q\times\Gamma\to Q\times\Gamma\times\{L,R\}$ 是转移函数，其中 L,R 表示读写头是向左移还是向右移。

⑤ $q_0\in Q$ 是起始状态。

⑥ q_{accept} 是接受状态。

⑦ q_{reject} 是拒绝接受状态，且 $q_{accept}\neq q_{reject}$ 。

图灵机是在带子格子上顺序进行读写的，所以其动作的每一步都是一个顺序过程。计算时每一步输入都是 Γ 中的单一字符，所以选择状态只有 1 种，令 n 表示有限次状态选择。如果一个问题复杂到需要图灵机重复对带子上的符号进行读写，令重复有限次数为 k，则图灵机的状态变化总数至多为 n^k 。现在假设每一次重复的长度和包含的状态不同，则其状态变化数为：$a_0 n_0^{k_0}+a_1 n_1^{k_1}+\ldots+a_n n_n^{k_n}$ 。如果图灵机读写一次的时间确定，那么图灵机解决一个问题所需时间就是 n^k 型的时间，即“多项式时间”。

与确定性图灵机对应的是非确定性图灵机，这种类型的图灵机在一个给定的输入和状态下，输出、移动和下一个得到的状态是不确定的，虽然非确定性图灵机这些东西不确定，但它总是可以选择最好的反应。图灵机是确定的，我们可以说它跟踪一条计算路径，非确定性图灵机可以计算多条路径，只要有一条路径可达终止状态，那么，就说非确定性图灵机接受了给定的那个输入。

在非确定性算法在非确定性图灵机上运行，在第 8 章中，我们讲到随机算法时，相同的输入因为有随机选择的参与，接下来的步骤可能是不一样的，用非确定性图灵机运行非确定性算法可由两个阶段组成。

① 推测阶段　对于规模为 n 的问题，任意猜想一个答案 x，就会产生一个输出 y，y 可能是对的，也可能是错的。如果经过多次运行，可得到不同的 y，这个算法可以在 $O\left(n^k\right)$ 时间内完成（k 为非负数）。

② 验证阶段　以一个确定性算法对 y 进行验证，如果正确，输出“对”，否则输出“错”，这个确定性算法也可以在 $O\left(n^t\right)$ 时间内完成（t 为非负数）。

不确定性图灵机的正式定义成一个六元组 $\left(Q,\Sigma,\beta,b,A,\delta\right)$，这里：

① Q 是有限状态集。

② Σ 是有限个字符元素的字符集在纸带上的字符。

③ $\beta \in Q$ 是初始状态。

④ $b \in \Sigma$ 是一个空格字符。

⑤ $A \subseteq Q$ 是可接收的终止状态集。

⑥ $\delta \subseteq \left(Q \setminus A \times \Sigma\right) \times \left(Q \times \Sigma \times \left\{L,S,R\right\}\right)$。$L$ 为左移，S 为不动，R 为右移。

图 9-2 为确定性计算与非确定性计算区别的示意图。

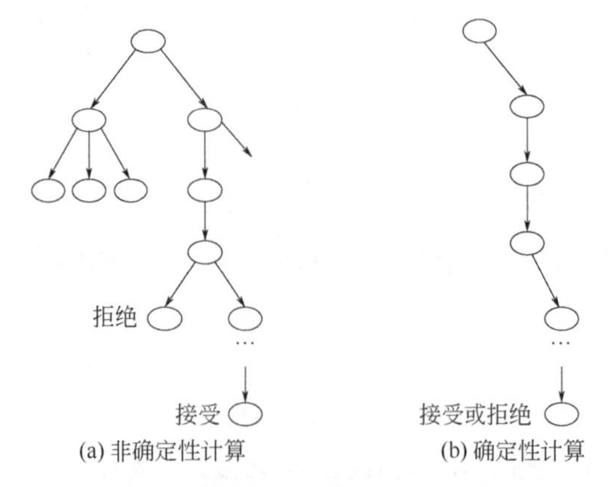

图 9-2　非确定性计算与确定性计算比较

从图中可以看出，确定性图灵机只跟踪一条路径，它对应于确定性计算，计算时每一步都是确定的，而非确定性图灵机跟踪一棵计算树，同时跟踪多条计算路径，这些路径中只要有一条引入了终止状态，就可以说非确定性图灵机可以接受输入。确定性算法通过给定的信息通过一步一步的确定运行，得到判断，非确定性算法通过一系列的正确猜想得到判断。当然，在目前的计算机没有使用非确定性图灵机，因为没有办法实现一系列正确猜想。

对于问题的每一个实例，非确定性算法都会在执行后正确给出判断，得到“是”或“否”，我们就认为它可以求解这个判定问题。进一步地，如果该算法能够在多项式时间内完成验证，则称这个不确定性算法是不确定多项式类型的。

NP类问题是一类可以用不确定多项式算法求解的判定问题。我们把这种问题类型称为不确定多项式类型。首先，大多数判定问题属于NP类问题，明显地P类问题属于NP类问题。因为一个判定问题如果是P类问题，它就存在一个多项式时间复杂度的算法求解这个问题，那么一定就可以在一个确定的多项式时间判定它的一个实例是否是该问题的解，也就是不确定性算法步骤中只运行第二步的验证。但NP类问题也包含了诸如完全子图问题、汉密尔顿回路问题、背包问题、整数划分问题、图的着色问题等，另外，一些高难度的优化组合问题，也属于NP类问题。举例如下。

① 完全子图问题，如图9-3所示，有优化问题和决策问题两种。

优化问题：给定一个图$G=(V,E)$，找出这个图的最大完全子图（即最大团）。

决策问题：给定一个图$G=(V,E)$和一个正整数 k，是否存在一个顶点数为 k 的完全子图。

这里一个蛮办法是把图中所有顶点数为k的子图都拿到，看是不是完全子图，这种算法的时间复杂度与$|V|^k$成比例，但考虑到k不是一个常数，因此，这是一个效率不高的算法，只能说这个问题是NP类问题。经过许多人的努力，到现在为止，也没有人给出针对这个问题的多项式时间复杂度算法。

② 图的着色问题，如图9-4所示。这个问题在第6章回溯法中解决过它的验证算法，它的真正描述应该是对一个给定的图的顶点进行着色，且相邻顶点间的颜色不同，在给定图$G=(V,E)$的情况下，能给图进行有效着色的最少颜色种类数（色度基数）是多少？它也有优化问题和决策问题两种。

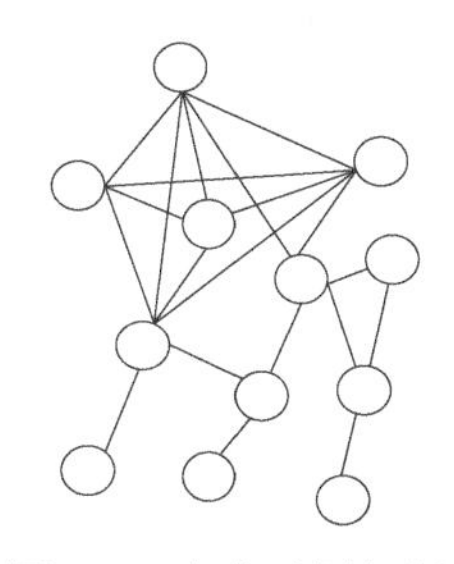

图9-3　完全子图问题

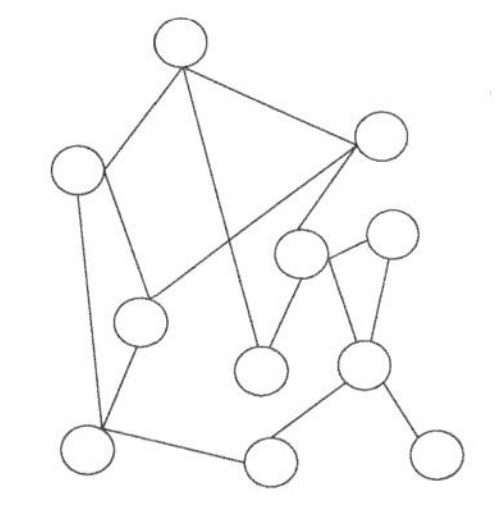

图9-4　图的着色问题

优化问题：给定一个图$G=(V,E)$，找出进行有效着色的最少颜色种类数。

决策问题：给定一个图$G=(V,E)$和一个正整数k，该图是否可用k种颜色进行有效着色？

子集和问题：给定个正整数集合 T 和一个整数 N，是否存在一个 T 的子集，这个子集各元素的和为N。

例如：$T=\{3,5,2,4,8,4,23,45,32,54,41\}$，$k=76$，这里有一个子集是：$\{8,23,45\}$。

这些问题的求解有一个共同的特点是可以通过不断变化验证数来进行验证一个特例，而这些特例都可以在多项式时间内完成，比如图的着色问题，可以在多项式时间内完成给定的颜色种类k是否可以有效着色，通过不断变化k的值最终确定问题的解。比如子集和问题，可以改变子集，然后验证和的数据是不是N，这里的验证也是多项式时间内可以完成。

定义NP类问题这个概念的原因是因为我们不会去为那些无法在多项式时间复杂度内验证的问题去在多项式的时间复杂度内求它的解。有没有验证都无法在多项式时间内完成的问题呢？有，比如：图$G=(V,E)$中是否不存在一条汉密尔顿回路？汉密尔顿回路指从图中的任意一点出发，最终回到起点，路途中经过图中每一个结点当且仅当一次，则成为汉密尔顿回路。

这个问题非常复杂，如果给定一个回路去验证它是不是汉密尔顿回路很简单，可以在多项式时间内完成，但要验证一个图中不存在汉密尔顿回路，则在多项式时间内都无法完成，因为你必须把所有的回路都再试一遍才可以得出是否不存在的结论。

通常只有NP类问题才可能找到多项式的算法，找到了多项式解法的NP类问题就是P问题。NP类问题是没有找到多项式算法的问题，但也不能证明它一定存在或不存在多项式解法。如果NP类问题一定存在多项式算法，则$\mathrm{P}=\mathrm{NP}$，不存在多项式算法，则$\mathrm{P}\neq\mathrm{NP}$。

对NP类问题的研究都集中在一个问题上，即$\mathrm{P}=\mathrm{NP}$究竟是否成立。这个问题至今没有结果，是一个世纪难题。现在一个趋势是越来越多的人认为$\mathrm{P}\neq\mathrm{NP}$，即现实中至少有一个NP类问题，它不可能有多项式复杂度的算法。

9.3 NP完全问题

为什么越来越多的人认为$\mathrm{P}\neq\mathrm{NP}$呢？是因为在研究NP类问题的过程中找出了一类非常特殊的NP类问题叫作NP完全问题，也即所谓的NPC（NP-complete）问题。

为了说明NPC问题，先引入一个叫作归约的概念 (reducibility，有的资料上叫“约化”)。

一个A类问题可以归约为问题B的含义是，可以用问题B的解法解决问题A，也就是说，问题A可以转换成问题B。

“问题A可归约为问题B”即表示：B的时间复杂度高于或者等于A的时间复杂度，也就是说，问题A不比问题B难，这很容易理解。既然问题A能用问题B来解决，倘若B的时间复杂度比A的时间复杂度还低了，那么A的算法就可以改进为B的算法，两者的时间复杂度还是相同。

举个例子，A问题为求100以内的素数，B问题为求正整数n以内的素数，我们知道，求正整数n以内的素数要比求100以内的素数难一点，如果能求正整数n以下的素数，那么就能求100以内的素数，所以问题A就可能归约为问题B，即如果能解决问题B，问题A也就能求解。也就是说，如果我们找到一算法解决B问题，那么解决A问题的时间不会多于B问题。假如有好运，找到一个解决B问题的算法优于原来解决A问题的算法，那么，解A问题的原算法就一定能得到改进。也就是说，只要A问题能归约到B问题，求解A问题的时间复杂度至少和求解B问题的时间复杂度一样好。

归约还有一个重要的性质就是传递性。如果问题A可归约为问题B，且问题B又可归约为问题C，则问题A一定可归约为问题C。

综上所述，归约的正规定义可以表述为：如果能找到某个变化法则，它对任意一个程序A的输入，都能按这个法则变换成程序B的输入，使两程序的输出相同，那么我们说，问题A可归约为问题B。

从归约的定义中可以看到，一个问题归约为另一个问题，坏处是时间复杂度增加了，好处是问题的应用范围也增大了。通过对某些问题的不断归约，就能够不断寻找复杂度更高，但应用范围更广的算法，用这种算法来代替复杂度虽然低，但只能用于较小范围内的一类问题算法。基于这种考虑，如果把一个NP问题不断地归约，最后是否可找到一个时间复杂度最高，但所有的NP问题都可以归约到它的这样一个超级NP问题？是的，可以。这也就是说，存在这样一个超级NP问题，所有的NP问题都可以归约成它，并且这种超级NP问题居然还不止一个，而是有很多个，我们把这些超级的NP问题看成是一类问题，这样的一类问题就是NPC问题，也就是NP完全问题。

正规一点说，同时满足下面两个条件的判定问题就是NPC问题：

① 它是一个NP类问题。

② 所有的NP类问题都可以在多项式时间内归约到它。

既然所有的NP问题都能归约成NPC问题，那么只要任意一个NPC问题找到了一个多项式的算法，那么所有的NP类问题都能用这个算法解决了，那么NP类问题也就等于 P 类问题了。然而到目前为止，NPC 问题还没有找到一种多项式时间复杂度的有效算法，只能用指数级或者是阶乘级的时间复杂度算法求解，但我们又不能证明说，NPC 问题就一定不存在多项式时间复杂度的算法，因此，计算机界的世纪难题“$P = NP$？”就依然挂在那里。

正是因为 NPC 问题的存在，现在许多人相信 $P \neq NP$，直观地理解就是，许多人凭感觉认为 NPC 问题找不到多项式时间算法，只能用指数级甚至阶乘级时间复杂度的算法求解。

下面说一下 NP – hard 问题。NP – hard 问题是指这样一种问题，所有的 NP 类问题都能归化到它，而它本身并不一定是个 NP 类问题。也就是即使有一天发现了 NPC 问题的多项式算法，但 NP – hard 问题仍然无法用多项式算法解决，因为这个问题本身就不一定是 NP 问题，NP – hard 问题的答案验证都很困难。

综上所述，为了进一步理解各类问题，把本章提出的问题关系和范围用图 9-5 表示出来。

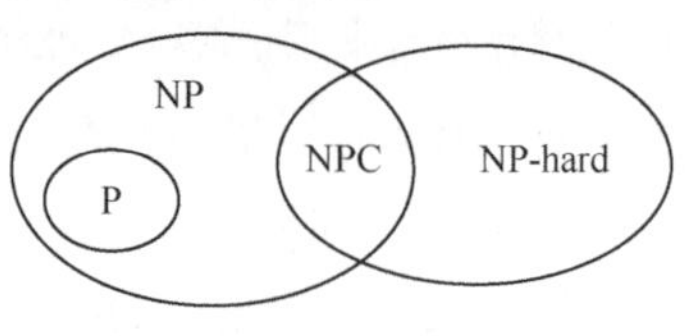

图 9-5　各类问题的关系图

本章讲述了计算复杂性的一些基本概念，说明了各类可计算问题的互相关系，为今后进一步学习和研究相关理论打下基础。

习　题

1．什么是 NP-hard 问题？什么是 NPC 问题？

2．设计一个多项式时间算法解二着色问题。

3．证明：三着色问题是 NP 完全问题。

4．证明：若问题是 NP 完全问题，并可用确定性的多项式时间算法求解，则 NP=P。

参考文献

[1] Thomas H. Cormen, Charles E. Leiserson, Ronald L. Rivest, et al. 算法导论[M].第 3 版. 殷建平，译. 北京：机械工业出版社，2013.

[2] 郑宗汉，郑晓明. 算法设计与分析[M]. 第 3 版. 北京：清华大学出版社，2017.

[3] 王晓东. 算法设计与分析[M]. 北京：清华大学出版社，2018.

[4] Donald E. Knuth. 计算机程序设计艺术——第 1 卷：基本算法[M].第 3 版. 李伯民，译. 北京：人民邮电出版社，2016.

[5] Mark A. Weiss. 数据结构与算法分析：C 语言描述[M].第 2 版 冯舜玺，陈越，译. 北京：机械工业出版社，2019.

[6] Robert Sedgewich, Kevin Wayne. 算法[M]. 第 4 版. 谢路云，译. 北京：人民邮电出版社，2012.

[7] 邹恒明. 算法之道[M]. 北京：机械工业出版社，2012.

[8] 卢开澄. 计算机算法导引[M]. 北京：清华大学出版社，2006.

[9] 周培德. 算法设计与分析[M]. 北京：机械工业出版社，2002.

[10] Donald E. Knuth. 计算机程序设计艺术——第 3 卷：排序与查找[M].第 2 版. 苏运霖，译. 北京：国防工业出版社，2002.

[11] Sanjoy Dasgupta, Christos Papadimitrious, Umesh Vazirani. 算法概论[M]. 钱枫，邹恒明，注释. 北京：机械工业出版社，2009.

[12] Yildiz Z, Aydin M, Yilmaz G . Parallelization of bitonic sort and radix sort algorithms on many core GPUs[C]// International Conference on Electronics. IEEE, 2014.

[13] Rakesh N, Nitin N. Parallel Prefix Sum Computation on Multi Mesh of Trees[C]// 2009 Annual IEEE India Conference. IEEE, 2009.

[14] Jaszkiewicz A. On the performance of multiple-objective genetic local search on the 0/1 knapsack problem-a comparative experiment[J]. IEEE Transactions on Evolutionary Computation, 2000, 6(4):402-412.

[15] Tsigas P, Yi Z. A Simple, Fast Parallel Implementation of Quicksort and its Performance Evaluation on SUN Enterprise 10000[C]// Euromicro Conference on Parallel. IEEE, 2003.

[16] Andrei Alexandrescu. Fast deterministic selection[C]// 16th International Symposium on Experimental Algorithms, 2017.

[17] 曲吉林，寇纪淞，李敏强. 一种确定点集最远点对的最优算法[J]. 模式识别与人工智能，2006, 19(1):27-30.

[18] 牟廉明，罗开宝，陈琳，等.图像碎纸片半自动可视化拼接方法[J].计算机工程与应用，2016, 52(01):206-209.

[19] Zheng Z, Schwartz S, Wagner L, et al. A greedy algorithm for aligning DNA sequences[J]. Journal of Computational Biology, 2000, 7(1-2):203-214.

[20] Peeters M. The maximum edge biclique problem is NP-complete[J]. Discrete Applied Mathematics, 2000, 131(3):651-654.

[21] Dube R. The P versus NP Problem[J]. Computer Science, 2010:87-104.

[22] Ovadia Y, Fielder D, Conow C, et al. The co phylogeny reconstruction problem is NP-complete.[J]. Journal of Computational Biology A Journal of Computational Molecular Cell Biology, 2011, 18(1):59-65.